再造家园

顺德艺术乡建民族志

REBUILDING "HOMELAND"
ETHNOGRAPHY OF "ARTISTIC RURAL CONSTRUCTION" IN SHUNDE

刘姝曼　著

中央民族大学出版社
China Minzu University Press

图书在版编目（CIP）数据

再造“家园”：顺德艺术乡建民族志 / 刘姝曼著 . —北京：中央民族大学出版社，2022. 3（2023. 10 重印）

ISBN 978-7-5660-1956-1

Ⅰ . ①再… Ⅱ . ①刘… Ⅲ . ①艺术—关系—城乡建设—研究—顺德区 Ⅳ . ① TU982.296.55 ② F299.276.5

中国版本图书馆 CIP 数据核字（2021）第 134941 号

再造“家园”—— 顺德艺术乡建民族志

著　　者　刘姝曼

责任编辑　买买提江 · 艾山

封面设计　舒刚卫

封面摄影　王小红

出版发行　中央民族大学出版社

北京市海淀区中关村南大街 27 号　　邮编：100081

电话：（010）68472815（发行部）　传真：（010）68933757（发行部）

（010）68932218（总编室）　（010）68932447（办公室）

经 销 者　全国各地新华书店

印 刷 厂　北京鑫宇图源印刷科技有限公司

开　　本　787 × 1092　1/16　印张：20.5

字　　数　300 千字

版　　次　2022 年 3 月第 1 版　2023 年 10 月第 3 次印刷

书　　号　ISBN 978-7-5660-1956-1

定　　价　78.00 元

目 录

导论

第一节　研究缘起

乡村常常被臆想为农业文明的最后一方净土。阡陌交通、鸡犬相闻，黄发垂髫、怡然自乐，自古是中国乡村原野的写照。随着现代文明浪潮般迅速席卷，其田园牧歌式的和谐与宁静被无情打破。在由传统向现代化、城镇化转型的进程中，乡村正遭遇着前所未有的阵痛，从环境恶化到贫富差距加大，从空村空巢到人情冷漠，从习俗崩塌到伦理瓦解……这些史无前例的困扰接踵而至、如影随形，尚来不及欣赏风景这边独好，如同附骨之疽，侵蚀着乡村的每一寸肌肤。于是，各个领域的知识分子都深切感受到问题的严重性，以身作则的乡村建设者尽管来自不同领域，但都不谋而合地以“建设者”的身份，积极地投身到这片热土之中。于是，这块“试验田”在新时期内展现出不同的形态，比如社会建设的试验田、权力交织的对弈场、资本扩张的竞技场、文艺青年的怀旧地、艺术创造的工作室等，一时间，乡村建设在中国蔚然成风。

2017年10月18日，习近平总书记在中国共产党第十九次全国代表大会上作了《决胜全面建成小康社会　夺取新时代中国特色社会主义伟大胜利》的报告，明确提出“乡村振兴”战略，重申“三农”问题依然是关系国计民生的根本性问题，从五条具体路径分别推进，即产业振兴、人才振兴、文化振兴、生态振兴和组织振兴。于是，乡村振兴运动如火如荼，全国各地争相加入这一浪潮中，力求用乡村旅游、产业开发与文化传承等方式努力实现振兴的愿望。主流思想下的乡村建设尽管初衷是美好的，提出应当以老百姓的根本利益作为出发点，但在实践中极有可能受到不良资本和权力的裹挟。更进一步说，短期飞跃式的建设也许是不切实际的，经常会出现以下问题："形象工程"泛滥，大亭子、大牌坊、大公园、大广场等"巨型建筑"随处可见；不顾乡村具体实际，照搬城市整齐划一的规划模式；更有甚者，将乡土原有的生态环境和自然风貌彻底改头换面等。在这种情况下，"介入""建设"等语汇的寓意中虽隐含着强烈的救赎意味，却在无形中逐渐凸显出自上而下的强势意味。于是，乡村建设中就出现了南辕北辙的"怪现状"，乡村的"建设者"变成"破坏者"，原本的善意却有可能在执行中发生变向。因此，乡村建设不可揠苗助长，不可一蹴而就，这是一个持久自由的过程，不仅包括乡村的自然生长，还有乡建者的自我成长。

在全球化进程中，在地知识和地方感逐渐获得重视，艺术作为一种文化思潮，成为一个与乡村活化几乎彼此呼应的方向。20世纪初，伴随着精英艺术观念日益淡化、大众文化热潮兴起，公共艺术走入人们的视野。到了60年代晚期，波普艺术广泛传播，冲击了之前备受推崇的精英艺术，随着民众对火柴盒式建筑物以及建筑物前冰冷的雕塑失去兴趣，参与感较强的公共艺术应运而生。于是，当代艺术家开始走出工作室，进入公共空间进行创作，乡村作为非主流的创作场域，吸引着他们的目光。不同于室内艺术的个人工作方式，创作公共艺术不但需要特定专业技术，还需要艺术家与在地村民、规划师、建筑师、设计师、管理者、投资者等密切交流合作。在大力实施乡村建设行动、全面推进乡村振兴的新时代，"艺术乡建"应运而生，成为一条新型探索路径。

2016年底，我有幸加入当代艺术家渠岩教授的艺术乡建项目——"青田范式"，从2017年3月到2018年12月，在广东省佛山市顺德区杏坛镇龙潭村青田坊[①]开展田野调查并参与乡建实验。渠岩教授是“许村计划”的发起人，在许村的艺术乡建走过了十个年头后，他选择在南方开辟新的“战场”，青田是他踏破铁鞋寻得的艺术乡建理想之地。艺术家的认知方式是独特的，他希望以艺术为载体，重建人与人、人与自然、人与神祇的关联，修复乡村的礼俗秩序和伦理精神，激发不同文化实践主体的参与感、积极性和创造力，在乡愁中追索传统文明，延续内心深处的敬畏与温暖，进而探索乡村复兴的新进路。从理论上讲，这种对地方文脉追溯的方式，为乡村建设提供了一种新的趋势和可能，这不禁让我们思考，“场景性”的处理方法能否触及人们心目中对“完美主义”的企盼，以艺术为修辞、从出生就带有“乌托邦”色彩的乡村建设如何将村民主体性落到实处，进而重建一个理想的“精神家园”。人类只有在遭遇严重的社会危机或不满足于与世俗合流时，才会怀揣对美好生活的理想，开始寻找适于共同体生存的全新维度和出路。所以，不妨把艺术参与的“家园”建设视为一场“路漫漫其修远兮”的求索，一次“不待扬鞭自奋蹄”的耕耘。

“艺术乡建”作为乡村振兴中的创新理念和方法，已受到学界的广泛关注和推崇，但至今鲜有将其作为研究对象进行参与观察和民族志写作的反思性田野个案。我是“青田范式”艺术乡建项目的亲历者，见证着“青田”的横空出世。在这个曾经默默无闻的小村庄里，我与众多乡建者共同成长，曾经创造的成绩令我们备感欣慰，至此经历的挫折也激励我们进行自我反思和总结。就学术价值而言，本书将以“青田范式”探索和实践的过程为例，以13个月的田野调查为契机，从互动论和整体观立场出发，深描并阐释不同主体在乡村场域中生成的张力与互动关系，剖析艺术乡建的独特价值以及可

① 青田坊，根据《广东省顺德市地名志》：“此地明代中期重建的社坛上刻有‘青田坊’三字，祈望田园作物一片青绿，获得丰收。故名。”依照人们日常习惯和官方表述，下文统称“青田”。

能遇到的困境，进而对当前多重主体共同参与的艺术乡建之理论与方法，做进一步的深化和省思。从实践价值来看，本书所呈现的艺术乡建的实践经验和学术观察，将为承担乡村建设和发展工作的中央和地方各级政府部门、从事乡村建设的基层实践者提供最前沿的学理参考，同时为提升在地村民的文化自信、情感认同和主体意识注入精神动力。

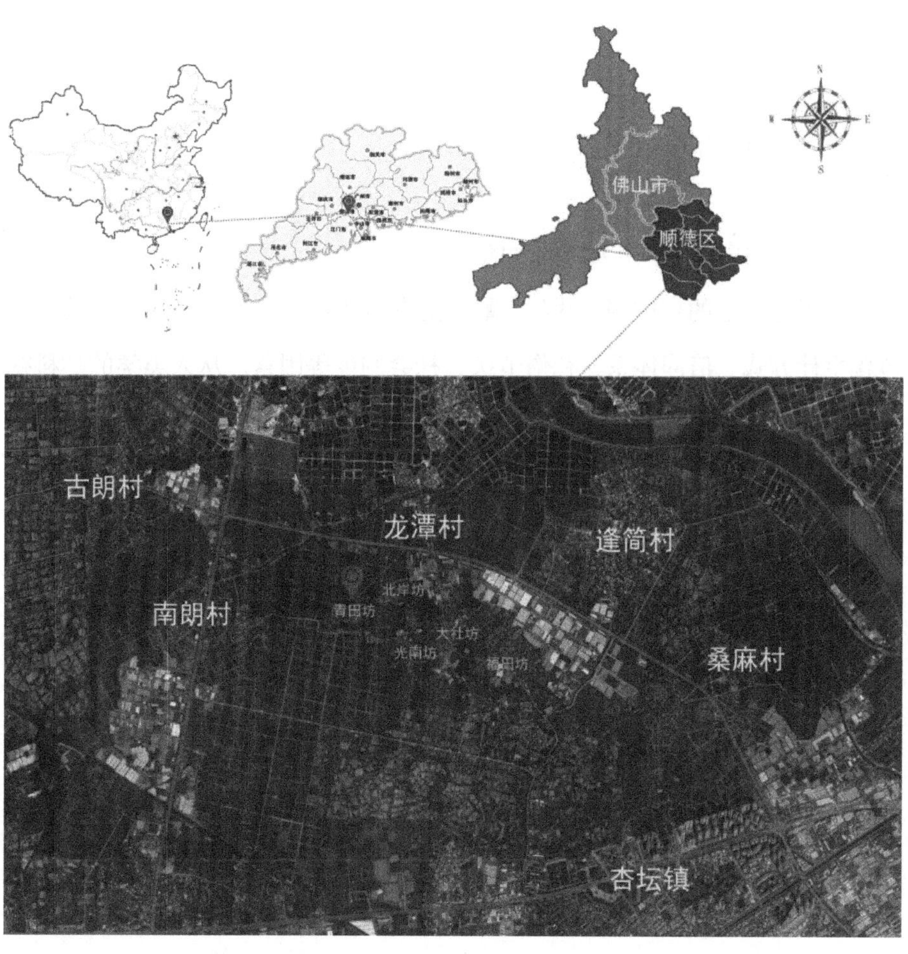

图0-1 青田及周边村落区位图（图片来源：全能电子地图下载器）

第二节 文献回顾

一、乡村的人类学表述

（一）人类学对华南乡村的观照

今天意义上的“中国乡村”，基本指农村的社区、聚落、地方，其结构包含生计方式、信仰体系、礼俗节庆、社会制度等因素。从人类学的学科视角切入，“中国乡村”则包含两层意思，一是关注非资本主义制度下的乡民或乡村社会（peasant society），二是对中国本土特定的乡村社会进行回访与再研究。① 早在中国人类学学科创立之初，华南乡村就和人类学结下了不解之缘。周建新从地理区域的角度将华南研究划分为四个板块，每一部分在研究内容和方法路径上都有所侧重：科大卫（David Faure）、萧凤霞（Helen Siu）、刘志伟等主要集中在珠江三角洲地区的广府族群，研究重点为宗族社会和国家观念；科大卫、蔡志祥、张兆和、廖迪生等将族群与宗教活动作为研究对象，是研究香港地域社会和族群文化的代表；劳格文、谢剑、房学嘉等的侧重点在粤东北的客家族群，探讨客家传统社会的结构与原动力；韩

① 庄孔韶：《时空穿行：中国乡村人类学世纪回访》，北京：中国人民大学出版社，2004年，第4页。

江三角洲和福建的闽南语系族群，以丁荷生、陈春声、郑振满、黄挺等为代表，研究对象为民间信仰与地域社会。以上四个研究群体都拥有明确的研究范围，此外还有以黄淑娉和周大鸣等为代表的整合研究，他们倡导将华南或广东地区看作一个整体单元，以整体视角看待族群和区域文化。[①] 蔡志祥在地域和概念这两种理解方式基础上，更强调将参与观察与解读地方文献及档案相结合的方法论作为重要指涉。[②] 历史上的广东包括今香港、岭南的中心地区，该地的汉族包括三大民系，即广府、潮汕和客家，每个区域的自然和社会环境都各有特点。青田所在的佛山市顺德区，处在以珠江三角洲为中心的广府地区，因此需要对华南学派对广东村庄的田野调查与回访研究给予重点关注，尽管该地也包含零星潮汕和客家文化，但在此处从略。

最早在中国乡村社区进行田野调查的学者当属美国社会学家丹尼尔·葛学溥（Daniel Kulp），他曾于20世纪20年代在广东凤凰村进行人类学调查，1925年出版的《华南农村生活》是第一本研究华南汉人村落社区的论著。该书全方位记载了凤凰村的经济、政治、婚姻、家庭、宗教、教育、人口及社会控制等情况，揭示了“家族主义”的基本概念。[③] 1994年起，周大鸣几次前往凤凰村进行追踪调查，对其“家族主义”这一核心概念做了反思，从文化变迁的视角，对葛学溥研究的方面进行了更加深入的对比研究，提供了追踪研究的范例。[④] 杨庆堃的《向共产主义转化前期的中国村落》是关于20

① 周建新：《历史人类学在中国的论争与实践 —— 以华南研究为例》，《内蒙古社会科学》（汉文版）2006年第3期，第83–86页。

② 蔡志祥：《华南：一个地域，一个观念和一个联系》，见华南研究会编辑委员会编：《学步与超越：华南研究论文集》，香港：文化创造出版社，2004年。

③ [美]丹尼尔·哈里森·葛学溥：《华南的乡村生活 —— 广东凤凰村的家族主义社会学研究》，周大鸣译，北京：知识产权出版社，2012年。

④ 周大鸣：《凤凰村的追踪研究》，《广西民族学院学报》（哲学社会科学版）2004年第1期，第33–38页。

世纪40—50年代对广州郊区南京村的调查，全面细致地记录了该村的文化形貌，实践了中国社会学派的社区研究方法，再现了历史性的变迁过程。孙庆忠以追踪调查回应了杨庆堃半世纪前的研究，重新阐释了新背景下南景村的巨变，在此能够窥探出中国南方的变迁图景。[①] 以上两例皆为著名的追踪回访研究，从文化变迁的角度对前辈的调研进行补充和反思。通过对一个田野点的持续关注，以小见大，映射出华南乡村乃至整个中国乡村的发展状况。

乡村不是独立的个体，也不是封闭的真空，国家、世界体系的存在是避不开的话题，以下几个案例中，作者便阐释了华南乡村与国家、全球的互动之道。科大卫从华南宗族的历史脉络切入，呈现出宗族与国家的双向互动，进而揭示了华南社会结构的生成，推动了莫里斯·弗里德曼（Maurice Freeman）的中国宗族研究。他展示了两条线索，一方面是宗族从出生到壮大的历时性演变，一方面是国家对华南地区的权力渗透，这两方面是相互作用的，地方宗族精英在国家权力延伸到地方的同时，机智地运用象征资本，建立自己的合法性。[②] 陈春声对广东省东部澄海市（现广东省汕头市澄海区）的樟林乡神庙系统与社区历史发展的关系的考察，深刻反映了地方文化资源和权力结构的历史变迁与存在实态。通过当地人的“口述资料”可以折射出乡村历史的“事实”和内在脉络，要将“乡村社会”的概念放到更丰富的前提和更深刻的程度上。因此，要用“整体历史”的观念去理解地域社会的历史脉络，而将乡村置于地域社会的脉络之中，以此更深刻地理解乡村的故事

① 孙庆忠：《都市村庄：南景——一个学术名村的人类学追踪研究》，《广西民族学院学报》（哲学社会科学版）2004年第1期，第62-68页。

② [香港]科大卫：《皇帝和祖宗——华南的国家与宗族》，卜永坚译，南京：江苏人民出版社，2010年。

与国家历史的关系。[①] 苏耀昌则从全球化视角出发，以一个区域卷入世界体系及随之发生的社会经济变动过程的历史顺序作为分析框架，考察了珠三角蚕丝产区在“卷入”前的社会形态，如何卷入资本主义世界体系，以及农业的商业化、工业化、无产阶级化的途径和周期性发展的模式，向人们展现了中国传统社会对外开放历史的重要侧面。尽管对“自梳女”“不落家”等理解有偏差，但就整体而言这不失为一次把地方历史的发展放到世界体系动态的广阔的背景中考察，强调从世界体系与地方社会的复杂的互动中了解社会变迁的尝试。[②] 在华南研究中，香港学者也扮演了非常重要的角色，例如，廖迪生与张兆和在香港西陲大澳社区的田野考察，尝试透过人类学的全貌性视野了解大澳社会的运作，龙舟活动中的礼俗信仰、社会组织、渔业经济与地理生态紧密联结，背后涉及的因素彼此相关；大澳族群标记被认为建构的产物，可以从中探索浙西理念与社会政治经济生活的关系及不同历史情境下的变化；从大澳社区观察政治经济中心与边缘的关系以及社区与政府和国家的关系。[③]

与此同时，更多西方学者也参与到华南研究的队伍中来，比如，英国人类学家华德英（Barbara Elsie Ward）以香港渔民社区田野体验为例，超越功能论的架构，提出动态的、多重叠合的“认知模型”（conscious model）来解决身份与认同问题。[④] 再如，华琛（James Watson）和华若璧（Rubie S.

① 陈春声：《乡村的故事与国家的历史 —— 以樟林为例兼论传统乡村社会研究的方法问题》，《中国乡村研究》2003年第2期，第1–33页。

② 刘志伟：《开放的历史及其现代启示 —— 读〈华南丝区：地方历史的变迁与世界体系理论〉》，《农村经济与社会》1988年第5期，第54–58页。

③ 廖迪生、张兆和：《香港地区史研究之二：大澳》，香港：三联书店（香港）有限公司，2006年。

④ [英]华德英：《意识模型的类别：兼论华南渔民（1965）》，见冯承聪编译：《从人类学看香港社会：华德英教授论文集》，九龙：大学出版印务公司，1985年。

Watson）在香港元朗新田及厦村通过对于文氏和邓氏宗族文化传统的参与观察，探讨了两个村庄的社会结构、性别差异及礼俗系统，[①] 对于华南乡村文化传统的认识具有启发性的价值。华琛在香港妈祖信仰的研究中提出“神的标准化”（Standardizing the Gods）的概念，包括两个层面的含义：一是由于国家力量的“鼓励”，导致许多地方神灵逐渐让位于国家所允准的神灵，如妈祖、关帝等；二是在此历史过程中，在象征符号与仪式行为一致的表象下，不同的主体（国家、地方精英和普通民众）对该神灵信仰的不同解释和行为差异。[②] 在对民间信仰的不同阐释中，国家和地方社会的意义相互交叠，因此信仰的脉络必须从地方社会的历史中寻找。

与上述个案研究不同，下列两项研究都是从宏观视角出发，对广东族群、华南社会的全面且整合的把握。例如，黄淑娉曾主持“广东族群和区域文化研究”的课题，其出版的《广东族群与区域文化研究》整合了人类学、社会学、经济学、语言学以及医学等学科的研究者，对广东境内的族群文化进行全面而深入的探讨。[③] 周大鸣的课题“汉的重新思考”，其成果结集为《当代华南的宗族与社会》，立足于广东及华南地区，关注宗族结构与乡村政治、宗族与乡村经济、宗族与村落文化、宗族与民间信仰、宗族与族群关系、宗族与社会变迁等问题，进而对当代华南宗族的社会地位及对社会发展的影响做出了深刻反思和严肃审视，是目前华南宗族社会研究的第一部专门著作，亦是历史人类学理论视野和研究方法较好的实践运用之成果。[④]

华南地区由于其独特的地理位置和中国调查研究传统的因缘际会，成为

① [美]华琛、华若璧：《乡土香港：新界的政治、性别及礼仪》，张婉丽、廖迪生、盛思维译，香港：香港中文大学出版社，2011年。

② [美]华琛：《神的标准化：在中国南方沿海地区对崇拜天后的鼓励（960—1960年）》，见韦思谛编：《中国大众宗教》，陈仲丹译，南京：江苏人民出版社，2006年，第57-92页。

③ 黄淑娉：《广东族群与区域文化研究》，广州：广东高等教育出版社，1999年。

④ 周大鸣：《当代华南的宗族与社会》，哈尔滨：黑龙江人民出版社，2003年。

学者们重要的关注点和田野地。历史学者和人类学者彼此合作，尤其是对于历史学者，吸收了人类学者的田野调查方法，进一步与原来的历史学和社会经济史的学术传统结合起来形成新的学术传统。通过对相关文献的梳理，我们得知：广东的村庄体现了华南农村的一些共通之处，比如农村过密化，家族聚落以单姓为主，与全国其他村落经历了相同的发展过程等。因此，广东在华南村落的研究中占有重要地位，乡村小社会的发展就是整个广东地区大社会发展的缩影，由此勾勒出广东地区的历史脉络。不过广东顺德处于经济发达的东部沿海地区，随着乡镇企业的异军突起，工业在经济总量中的比重迅速超过了农业，从事农业的人口迅速减少，纷纷转入工厂做工或从事商业经营，经济发展突飞猛进，农村景观发生了翻天覆地的变化，城乡界限日趋模糊。在表象改变的同时，广东社会的运行机制以及当地人的思想、观念、心态等方面也在悄然变化。也就是说，乡村已不是孤立的存在，它与外界的紧密联系，要求我们用整体的、发展的思维方式去看待。

（二）人类学对乡村牧歌的反思

在城市势不可当的发展的社会文化背景下，乡村被人们赋予了前所未有的意义和想象。于是，田园牧歌成为流传最为持久的浪漫神话：乡村是最自然的、最质朴的地方，村民有着最和谐与最完整的生活方式，人们根据自己声称的乡村性或城市性来斟酌自己的身份并使自己的生活风格有意义。[①] 这种乡村生活的想象通常来自媒体对乡村的频繁报道和观光客的猎奇心理，他们的共同点都是以城市或来自城市的观点来观察乡村，因此他们想象的“美好生活”就是成为土地所有者或退休人员或小业主，甚至就是“山地人的女

① Strathern, M. *The Villages as an Idea*, in A. P. Cohen (ed.) *Belonging*, Manchester: Manchester University Press, 1982.

儿”就算生活相对艰难，也会被看成在追寻朴实而新鲜和无污染的智慧。[①]他们或许为了寻找工作、娱乐、退养之地，或者一个能利用通勤到城市工作的地方，于是越来越多的城市居民加入了“反城市”的大军，社会关系也在悄然分裂。[②]在这个浪漫的理想中，如今被托管给农村人口的乡村成为人们最合适的、健康的、原始的，可能也是最后的栖居之地。

在精致的二分法下，不可否认，乡间的确存在一种与城市几乎完全相反的生活方式和社会组织类型，城市变迁的众多力量和现代民族国家的普适结构威胁着传统的秩序和地方。因此，乡村往往被认为是组织严密的、平等的，它所体现的文化是自愿共享的、均匀统一的，所形成的社会系统相当于一个环绕的整体，其基础是地位关系、多元角色、密集的互动网络、均衡的社会结构，以及归属感。[③]乡村地区存在一种自相矛盾的情感，一方面对过去的生活方式眷恋不已，但又清楚过去的方式如今已不可行，一种聊以自慰的感觉是，加入社区的城市外来者好像很重视当地一直沿用的生活方式。寻找“真正自然的”乡村社区的结果是，迁入者会竞争工作、利益和房子，并带来他们的社会实践——不论是好听，还是武断的领导和刺眼的消费，这些都使当地人感觉在自己家乡成了被剥夺的少数人。[④]

在此，田园牧歌般的乡村已经成为一个卓越的象征、一个语言的习惯、

① Hauxwell, H. *Daughter of the Dales*, London: Arrow, 1991; Moggach, D., *How I Learnt to Be a Real Countrywoman*, in D. Spears ed. *Woman's Hour fiftieth Anniversary Short Story Collection*, London: BBC, 1996.

② Forsythe, D. *Urban Incomers and Rural Change.The Impact of Migrants from the City on Life in an Orkney Community*, *Sociologia Ruralis*, 1980, Vol. 20, No. 1; Rapport, N. J., 1993a. *Diverse World-view in an English Village*, Edinburgh: Edinburgh University Press, 1980.

③ Frankenberg, R. *Communities in Britain*, Harmondsworth: Penguin, 1966; Harris, C., *Hennage*, New York: Holt, Rinehart and Winston, 1974.

④ Cohen, E. *Authenticity and Commoditization in tourism*, *Annals of Tourism Research* 1988, 15(3).

一个微观的制度，在人类学的制度化过程中成为研究的规范和写作的传统。但是需要反省的是，这些似乎都是城市人对乡村的刻板印象（stereotypes），是“对一个群体的相对呆板和过度简单的设想，群体中的每个人都被贴上了群体性格的标签”[①]，“这些往往来自道听途说和谣言，而不是来自事实的归纳；只是将自己的价值观和期望简单地投射到周围的世界中去。”[②] 因此，这是一个大而无序的概念，“蜷缩其中的群体通常如‘井底之蛙’，自欺欺人地相信自己的传统观念是正确的，同时也对别人的伪装和自己的幻觉满怀偏见，而不是实在的人。”[③]

是以，乡村作为人们终生为之奋斗和期待的“家园”，被视为城市的对立面，人们在不遗余力追求“本真”的价值。于是，城乡的区隔逐步凸显，很多地点被分离出来，乡村被划分到“原始的”“自然的”“历史的”“异族的”“非现代”的范畴。然而，如今的乡村并不是孤立的、封闭的、静止的领域，它与外部世界有着千丝万缕的联系。尽管该领域从时间和空间都与城市不同，然而，人类学者逐步意识到，本真的乡村也常常是被建构出来的，与人们生活其中的社会文化环境的真实的复杂性关系不大。[④] 正如戴维·帕金（David Parkin）所说，没有任何真实的社会文化形式是彻底原生的，也没有任何社会文化实践和专门技术是完全原始的。[⑤] 随着个体与生俱来的创造性不断地与既有的社会文化形式对话，进化的修订作用使新的、不同的现

---

① Ashmore，R. & Boca，F. D. *Conceptual approaches to stereotypes and stereotyping*，in D. Hamilton ed. *Cognitive processes in stereotyping and intergroup behavior*，Hillsdale：Erlbaum，1981.

② Allport，G. *The Nature of Prejuice*，Reading：Addison-Wesley，1954.

③ Basow，S. *Sex-role stereotypes* ，Monterey：Brooks/Cole，1980；Glassman，B.，*Anti-semitic stereotypes without jews* ，Detroit：Wayne State University Press，1975.

④ Wagner，R. *The Invention of Culture*，Englewood Cliffs：Prentice-Hall，1988；Kuper，A. *The Invention of Primitive Society*，London：Routledge，1975.

⑤ Strathern，M. *Why Anthropology? Why Kinship?*，paper presented at the ESRC seminar Kinship and New Peproductive Technologies，University of Manchester，September，1991.

实和实践也不断产生出来。新世界从旧世界中产生，文化也变成了一个一直不断修订的产品、一个平凡的拼凑物，不但没有开始，也没有结局。尼尔森·古德曼也认为这是一个“制造世界”（worldmaking）的过程，即世界的真相、客体和关系都是建构出来的，而不是发现的。我们所经历的世界的任何秩序，都不简单是“现成地等着被发现”，也不是由被动观察决定的。新的制造方式在不断产生，既然新的方式可以通过组合和分层产生，变化就可以从不止一个过程中同时产生。[①] 因此，不能把田园牧歌式的他性本质化和理想化，我们应该记住的仍旧是，关于牧歌的习惯用语和它们要描述的经验现实之间的裂缝。[②]

二、艺术介入乡村建设

（一）中国乡村建设的历史脉络

20世纪20年代起，在中国大地上掀起一场规模大、时间长、波及面广、影响深远的乡村建设运动，到20世纪30年代中期达到高潮，蔓延至山东、山西、河北、河南、江苏等十余个省、几十个县和上千个乡、村，成燎原之势。中国的知识分子的觉醒并不比西方晚，他们很早就提出社会发展的主张和理念，并且积极投身于实践。他们担负起立国化民之重任，深入挖掘传统资源，制定明确的乡村建设方案。乡建方式重在平民教育或职业教育，当然也有的侧重于社会服务、灾荒救济，或侧重在农业技术改良、农业合作的推广，或侧重在乡村自治、乡村自卫等。陈序经先生曾将民国时期乡村建设的

---

① Goodman, N. *Ways of Worldmaking*, Hassocks: Harvester, 1978.

② Fabian, J. *Time and the Other*: *How Anthropology Makes Its Object*, New York: Columbia University Press, 1983.

方式“分为四方面：一为教育，一为卫生，一为政治，一为农业”①。这期间涌现出了一大批乡村建设的杰出人士，最具代表性的有梁漱溟、晏阳初、卢作孚等。

梁漱溟在山东，以建立村学、乡学，实行政教合一，企图创造一种所谓新的社会组织构造。他认为，中国的出路问题究其根源是中国文化的出路问题，复兴中国的唯一出路，是复活以儒家文化为代表的中国传统文化，因此若要解决中国的现实问题，只能走农业立国、乡村建设的道路。他曾在山东邹平、菏泽等地创办乡村建设研究院和实验区，其乡村建设方案是：把乡村组织起来，建立乡农学校作为政教合一的机关，向农民进行安分守法的伦理道德教育，达到社会安定的目的；组织乡村自卫团体，以维护治安；在经济上组织农村合作社，来谋取乡村的发达，即“乡村文明”“乡村都市化”，并以全国乡村建设运动的大联合，以期将中国改造为一个因袭“伦理本位”和“职业分途”传统的新国家。他将乡村学校视为乡村建设的重要场域，认为“我们的乡村学校就是给他一个安排，摆出来，让乡村领袖与农民多有聚合的机会。在他们聚合的时候，就容易谈到他们说痛苦的问题，谈到他们本身的问题，如没有聚合的机会，则只能在各自家里发愁叹气。能够经常聚合，就可以渐到自觉里去，渐往大家齐心合作解决问题里去”②，让每个人都对自己主体身份深有认同，让“农民自觉”落地。因此，胡应汉认为梁漱溟“所谓乡村建设实在是社会改革，中国文化的重建运动”③。晏阳初以“民为邦本，本固邦宁”为第一信条，一生致力于平民教育和乡村建设事业。他将中国社会归结为四大病症：愚、穷、弱、私，要从根本上治理这些病症，关键在于打好“人”的基础，只有解决好人的问题，才能使中国的问题得以

---

① 余定邦、牛军凯：《陈序经文集》，广州：中山大学出版社，2004年。

② 梁漱溟：《乡村建设理论》，上海：上海人民出版社，2011年。

③ 梁培宽：《梁漱溟先生纪念文集》，北京：中国工人出版社，2003年。

根本解决，所以必须在文化教育方面下功夫，将平民教育和乡村建设结合起来。针对中国农民的四大病症，他主张采取学校式、社会式、家庭式三大方式，大力推行四大教育，即以文艺教育治愚，以生计教育治穷，以卫生教育治弱，以公民教育治私，以培养知识力、生产力、强健力、团结力，以实现国家的新生和“民族的再造”。他将河北定县作为实验区，进行社会调查，扫除文盲，开办平民学校，推广合作组织，创建实验农场，传授农业科技，改良动植物品种，倡办手工业和其他副业，建立医疗卫生保健制度，还开展了农民戏剧，诗歌民谣演唱等文艺活动，受到农民欢迎。[①] 梁漱溟的乡村建设理论具有传统文化色彩，而晏阳初的理论则显露了西化教育和近代化的倾向。除了以梁漱溟先生为代表的新儒学文化教育派和晏阳初先生为首的中华平民教育促进会之外，还有黄炎培先生的职业教育派和陶行知先生的生活教育派。卢作孚作为著名爱国实业家、教育家、社会活动家、乡村建设理论家和实干家，他主持的嘉陵江三峡地区乡建实验，不同于前者把乡建的重点放在教育上，而是把经济建设放在各项建设的首位，由此体现了他“乡村现代化”的思想。他采取以经济建设为中心，以交通建设为先行，以乡村城市化为带动，以文化教育为重点的建设方针，从而取得重大成就。换言之，“实业救国论”是他乡建的指导思想。[②]

大多数乡建者都对黯淡而萧条的社会状况甚为不满，他们在积极地寻求中华民族自救自强的道路，在普及农村教育、发展农村经济、培养农业人才、传授和推广农业技术、改变农村社会风气等方面做了大量工作，蕴含着更为久远的理性发展的趋向，无论从乡村建设理论还是实践上，都取得了一定成效，不可否认对今天的乡村建设有着重要的借鉴意义。但也必须指出的

① 晏阳初：《平民教育与乡村建设运动》，北京：商务印书馆，2013年。

② 刘重来：《卢作孚与民国乡村建设研究》，北京：人民出版社，2007年。

是，在军阀混战和日本帝国主义入侵的历史条件下，改良主义是行不通的。这不仅要归咎于战乱之中不稳定的外部因素，更多的还要落实到生产力基础结构和根本社会制度上，在无法触动封建制度根基的前提下，知识分子的乡建运动在经济落后的农村缺乏应有的物质土壤，不符合乡村的文化结构，因此无法有效并长久地推行，更无法根本改变中国乡村的面貌。所以，他们振兴中国农村的愿望不仅不能实现，他们的农村实验也不可能继续下去，这些运动不可避免地要走向失败。从这些史料的爬梳中，我们看到了知识分子下乡去的宣传，听到了各种改革的呼声，但是我们似乎没有机会听见一个调查农民态度的忠实报告——农民对于乡建运动所抱的态度如何却是最有意思也是最重要的问题。正如费孝通先生所说，“好像邹平、定县已在乡村中引入了种种新的生活形式，我们很愿意知道这辈在改变生活形式中的农民对于新形式的认识是怎样的，在态度上，我们才能预测这种乡村运动的前途”[①]。

实际上，中国近现代历史进程中的乡村建设并非始于我前文所述的梁漱溟、晏阳初、卢作孚等的乡建运动，早在清末民初，乡村改造实践就已萌芽。乡建运动发展至今日已有百年，温铁军、潘家恩将其划分为前后呼应的三个时间段：第一波乡村建设以“官民（间）合作”为特点，起于1904年河北定县翟城村良绅之地方自治与乡村自救，具有自觉性的“自下而上”式社会改良，被替代于1949年中国共产党国家力量的全面建设；紧接着的第二波乡村建设由全面执政后的中国共产党推动，在官方资本主导的大规模工业化条件下由“官方主导”，也可以理解为“没有乡建派的乡村建设”实践；第三波乡村建设于2000年起持续至今，以“官民互动”为特点，起于三大资本全面过剩和“三农”问题进入中央决策，兴于新农村建设，转型于城市

① 费孝通：《费孝通论小城镇建设》，北京：群言出版社，2000年。

化加快与全球金融危机代价转移对乡土社会造成的大规模破坏。①

当代中国的乡村建设、也就是第三波乡村建设由民间力量率先引领，成千上万的农民、进城务工人员、学生、知识分子、市民、社会各界人士加入其中，经过十五年的努力，发展出包括“学生下乡、教育支农”“农民合作、改善治理”“工友互助、尊严劳动”“社会农业、城乡融合”“大众参与、文化复兴”在内的当代乡村建设五大体系。② 当前的乡村建设在实践中面对着来自附庸全球化的“资本”和“权力”更大的压力、竞争与诱惑。正因如此，其在实践中不限于“乡”与“土”，而动员更广泛的社会力量与跨界参与；除传统的实践外，还开展包括全球化挑战下的第三世界的经验比较，并与发展批判、文化反思、话语建设等多领域的工作结合，其面向与涉及范围也更加宽广。③ 比起对中国乡村建设历史的研究与综述，虽然正在展开的当代乡村建设在时间跨度和参与范围都有着延续与更大突破，但对当代实践的研究却相对较少。同时，相关研究仍多以单一学科为框架，未能将历史与当代实践有机结合起来，当代研究和历史研究同样被处理为浪漫化的道德主义视角，并以模型化和理想化后的乡村建设实践与论述为讨论对象。这些都对实践本身的复杂性及其与外部环境的互动挖掘不足，不利于对乡村建设实践进行更加准确和深入的把握。④

于是，我们不禁从人类学的视角对乡村建设予以反思。传统中国社会中，乡村一直是国家的根本，从来不需要改造和建设来满足城市精英的特殊

---

① 潘家恩、温铁军：《三个“百年”：中国乡村建设的脉络与展开》，《开放时代》2016年第4期，第126–145、7页。

② 潘家恩、张兰英、钟芳：《不只建设乡村：当代乡村建设的内容与原则》，《中国图书评论》2014年第6期，第32–41页。

③ 潘家恩、温铁军：《三个“百年”：中国乡村建设的脉络与展开》，《开放时代》2016年第4期，第126–145、7页。

④ 潘家恩、杜洁：《中国乡村建设研究述评》，《重庆社会科学》2013年第3期，第48–54页。

审美，那是人们寄托乡愁的情感所在，然而乡村建设从20世纪初至今，人们越来越坚定不移地认为乡村的问题在于“疾病”，病根则是整个民族的沉沦和涣散，唯有改造才可“治病救人”。时至今日，这种思维方式依然为众多乡建者所推崇，如今艺术介入下的乡村建设又何尝不是这样。在费孝通先生看来，这是一种“传教精神”，也就是先假定了自己的“是”去教育别人的“不是”，就是“以正克邪”，就是“着手教育”，在这种前提下，乡村就成为罪恶的源头。农民于是陷入了落后、苦难、混乱的“刻板印象”中，这种话语体系严重影响了不了解农村的城市人的思维。人类学家与民国乡建先驱最大的区别在于，作为乡村主体的村民的能力被肯定，乡建者能够和村民站在平等的位置上，而不是高高在上的教化。赵旭东进一步认为，由此而养成的一种看待乡村的理念是实用主义加改良主义的，唯独不理会学理本身的争论，搁置所有的争论而直接去向他们所看到的“现实”中求得学问。他们基本上相信这样的说教，那就是，由于既有的西方理论无法应用于中国实际，因此就应该完全抛弃或者闲置它们，使得中国问题的特殊性更加合理化，并困守于中国问题本身；由此直接去描述中国的现实，并相信中国的问题便是中国特有的问题而非其他。但更应该清楚的是，这种描述预先把中国的情境界定为有问题的或者界定中国的乡村是有问题的。这种意识支配下的描述显然无法摆脱固有的偏见，这种偏见首先是观察者不肯看到乡村问题的历史连续性，进而不肯耐心地看待事情发生的过程，而仅仅是选取连续事件的某一个发展片段来代表整个事件，并将这些片段误读成整个社会。① 因此，乡村建设并非技术或经济层面的单一回应，也不只是微观实践与具体做法，它需要跨学科和整体性的思考和实践，也意味着我在青田进行艺术介入乡村

① 赵旭东：《乡村成为问题与成为问题的中国乡村研究——围绕“晏阳初模式”的知识社会学反思》，《中国社会科学》2008年第3期，第110–117页。

的研究有了新的空间。

（二）艺术乡建溯源与案例分析

介入性艺术是指艺术家进入到特定社会现场，与现场形成互动并展开批判性对话的艺术。以公共艺术的形式介入乡村，对安全、工程技术、文化习俗等诸多因素的考虑也必不可少，由此形成一整套独立的创作规则与运作体系。其中，听取村民意见，吸纳大众参与，应该是完成艺术过程最重要的条件。换言之，介入性的公共艺术以非精英、非经典、日常化的方式，体现了大众的精神诉求和审美意愿。[①] 从此，艺术的视角扩展到社会领域，成为连接人与人、人与自然、人与社会的桥梁和纽带，组成激发对话、增进认同的社会艺术综合体。介入性艺术的早期实践形态可以追溯至20世纪初的历史前卫主义以及20世纪60年代的新前卫主义的艺术运动。未来主义（Futurism）、构成主义（Constructivism）和达达主义（Dadaism）是历史前卫主义的代表，这些艺术家将行为表演转移到城市的公共空间，使艺术作品成为大众参与的公共事件，希望以此激发人们从狂飙的现实世界抽离出来，抵达精神的乌托邦家园，批判资本主义启蒙现代性。如此形式是对现代主义审美自律性的否定，同时也预示了当代艺术的伦理转向。[②]

新前卫主义与前者的区别在于对“景观社会”的批判，居伊·德波（Guy Debord）此前指出，景观消解了主体的反抗功能和批判否定性，人们在景观中往往会迷失自我，只能单向度地默从。[③] 但是新前卫主义的代表，无论是

① 王洪义：《西方当代美术：不是艺术的艺术史》，哈尔滨：哈尔滨工业大学出版社，2008年，第184页。

② 周彦华：《艺术的介入——介入性艺术的审美意义生成机制》，北京：中国社会科学出版社，2017年，第1–2页。

③ [法]居伊·德波：《景观社会》，王昭凤译，南京：南京大学出版社，2006年，第10页。

情境主义国际倡导的“漂移”“异轨”“情境建构”等“凡艺术”策略，还是激浪派艺术家约瑟夫·博伊斯（Joseph Beuys）倡导的“社会雕塑”，都试图以在公共空间中制造全民参与社会艺术实践的方式，通过事件激发公众积极性，进而批判资本主义的“景观”化社会。正如博伊斯所倡导的，“人人都是艺术家”，这种生活经验的回归，模糊了艺术家与群众的界限，人人都有创作艺术的潜能，当这样的能力被激发出来，那么人们共同建造的社会便可看作一件“艺术品”。在这里博伊斯扮演的角色不只是一个艺术家或学究，而是一个组织者和协调者，因为艺术是所有人的事业，每个人都有构建社会的力量，因此他坚信艺术能够改变社会结构。① 不过，介入性艺术并非西方独有的艺术经验，在中国的民国时期这种经验初现端倪，即鲁迅倡导的“左翼木刻”运动。就创作题材来说，该运动反映着救亡图存和民族解放的政治时事；从创作方式来看，这是艺术团体独立发起的、具有明确政治倾向和审美价值取向的艺术介入运动，在中国现代艺术史上具有开先河的意义。②

20世纪90年代中国当代艺术逐渐从狭隘的立场中解脱出来成为一种新的艺术样态，作为公共艺术分支的介入性艺术逐渐走入社会视野，正如李公明所言，中国艺术于这一时间段发生了“社会学转向”，当代艺术的公共性问题恰好是以社会学问题为核心的，首先解决的不是审美问题而是社会问题。③ 可见，艺术家的视界已经从纯粹的艺术问题扩展到艺术与社会的广阔领域，近年来悄然兴起的社区重建、乡村建设等运动就直接与艺术介入发生关联，从此艺术家与社会之间有了更新的空间。通常认为，艺术

---

① Cara Jordan. *The Evaluation of Social Sculpture in the United States*: *Joseph Beuys and the Works of Suzanne Lacy and Rick Love*, *Public Art Dialogue*, No.2, Vol.3, 2013, pp.144–167.

② 周彦华：《艺术的介入 —— 介入性艺术的审美意义生成机制》，北京：中国社会科学出版社，2017年，第201页。

③ 李公明：《当代艺术的社会学转向与学院人文教育》，《艺术探索》2004年第4期，第5–9页。

家们更关注的是艺术品的形式感即外观的改进，但是我们可以从当今艺术家的乡建计划中逐渐感受到他们的社会关怀和人文情怀。如此说来，公共艺术或许已经超越了为艺术而艺术的自我完结的境界，它的身上肩负了更重要的任务和使命，其社会意义和功能更加深远。在中国大陆，当代艺术最具代表性的乡建实践有二，一个是北方的“许村计划”，一个是南方的“碧山计划”。

许村位于山西省晋中市和顺县松烟镇，这是一个桃花源般的古村落。艺术家渠岩是“许村计划”的发起人，许村艺术乡建是一项综合工程，“小到为许村制定文明守则、带头捡拾垃圾，大到修复濒危倒塌的民居和老宅、筹备乡村国际艺术节、建造许村艺术广场等”[①]。渠岩认为，这不是一场风花雪月的乡村美化，也不是将古村修复成乡村文物，而是对“家”的修复，从一宅一院开始，从一桌一席入手，重建精神新家园。但是“许村计划”最初并没有得到认同，无论是政府官员还是当地村民都是反对的。在众多阻力下，他们力排众议，提出“新乡村修复计划”：“希望在尊重传统营造法式的前提下，用当代的技术手法修复传统民居和村落，在收集和整理传统手工艺的基础上，找出与今天的生活有关联的部分加以发挥和推广，并与今天的生活相通。复兴和传承传统节日与仪式，融入今天的生活方式与文明习惯，建立起来一个全新而完整的活动空间系统以及东方人的生活方式。恢复一个有精神灵性、有伦理规范、彼此关怀和仁德本性的现代中国乡村。”[②]“许村计划”走了近十年，许村村民、艺术家、当地政府共同见证了村庄从凋敝到复兴的转变。尽管地理位置的局限和政府官员的消极态度，使得项目推行一度陷入“瓶颈期”，但这条曲折之路至今仍在继续。在艺术家们看来，乡村已经不

① 渠岩、王长百：《许村——艺术乡建的中国现场》，《时代建筑》2015年第3期，第44-49页。

② 渠岩：《艺术乡建——许村家园重塑记》，《新美术》2014年第11期，第76-87页。

再成为被否定的对象，其文化价值被肯定和接纳，并且与当代元素相衔接。这是一个具有划时代意义的转折点。

“碧山计划”的理念和“许村计划”有所不同，策展人欧宁和左靖遵循了晏阳初的乡村建设思想，他们被安徽省黄山市黟县碧山村的风光所打动，试图打造“碧山共同体”。“碧山计划”的出发点是对中国过度城市化导致农业破产、农村凋敝、农民失权、城乡关系失衡等现实的忧虑，于是他们发起“黟县百工”的调研项目，挖掘黟县传统工艺品，开展碧山丰年祭，出版碧山系列杂志，举办讲座和传统民间工艺展览。为更好地宣传这一项目，他们还创办了《碧山》杂志。① 然而，“碧山计划”引来了不少社会争议，比如：这种邀请各个文艺界人士，举办各种形式活动的方式，更像是一场生活的“表演”：这种“新型乡村”的建设模式仿佛是一种乡村文旅的开发，是文青自娱自乐且与当地村民隔离的“乌托邦”。②

除此之外，还有一系列艺术家引领的乡建案例，比如策展人左靖又在贵州茅贡进行“空间生产”“文化生产”和“产品生产”的实践，在云南景迈山进行空间设计改造、出版与展览等工作，进而帮助当地古茶林申遗；③ 艺术家焦兴涛在贵州桐梓以“弱”姿态发起的年轻艺术家与当地村民共同创作的协商性乡村新公共艺术运动“羊蹬艺术合作社”；④ 画家孙君在河南信阳郝

① 欧宁：《碧山共同体：乌托邦实践的可能》，《新建筑》2015年第1期，第17–22页。

② 观察者网：《碧山计划引哈佛博士周韵与策展人欧宁笔战》，2014年7月6日，https://www.guancha.cn/culture/20140706244166.shtml。

③ 左靖：《碧山、茅贡及景迈山 —— 三种文艺乡建模式的探索》，《美术观察》2019年第1期，第12–14页。

④ 焦兴涛：《寻找“例外” —— 羊蹬艺术合作社》，《美术观察》2017年第12期，第22–23页。

堂村建设乡土建筑的试验，并提出严苛的“孙九条”①；艺术家靳勒在甘肃省天水市秦安县叶堡乡，创办“石节子美术馆”②等。通过上述梳理可见，当下艺术介入乡村建设中存在诸多模式：比如，有些艺术家以废旧的工业区或乡村为创作场域运用艺术创作理念和技法进行装饰和修整，以改变景观的方式，力图化腐朽为神奇；再如，有的艺术家意识到当地人的重要性，因此在创作过程中会不断征求当地人的意见，或者让当地人参与到艺术创作当中，实现对话式的艺术建设；又如，有些艺术家会借助学院派的力量，将这些乡村作为艺术创作的实验基地，让更多学生参与其中，达到艺术教学的目的，同时为乡村注入年轻的力量；还有些创作者，他们希望以“去艺术化”的方式，还原乡村的固有面貌，发现自然之美；或者开展支教等公益活动，抑或是开发旅游观光业等。从这些艺术介入乡村建设的案例中，我们可以看出，尽管艺术介入的姿势并不一致，但目的都是改善乡村建设。与之前的政策性参与相比，艺术的表达方式既没有宏大主题的宣泄，也没有社会情绪的挑逗，以春风化雨般的柔性姿态，提示着改变世界的一种新的可能。但是，这种方式构建出的家园是艺术家的想象还是村民的实际需求，依然是需要反思的。如此建设出来的乡村未免会落入一种本质论的臆想。

现在把目光从中国大陆转向台湾地区，其社区营造政策自推动迄今已逾20年。1994年，行政事务主管机关“文化建设委员会”（简称“文建会”）代表当局提出“社区总体营造”（简称“社区营造”或“社造”）之政策概念，并以“辅导美化地方传统文化建筑空间计划”具体落实社造政策。2002年，

① “孙九条”具体内容为：甲方三次邀请才能去考察；对农村和农民不利的不做；不能落地的项目不做；主要领导任期已满两年以上的不做；对生态环境不利的不做；不跟没有品位的人合作；还价的不做；项目没有示范价值不做；没有兴趣的不做。

② 艺术国际：《石节子美术馆：种在黄土地上的美术馆》，2012年7月26日，http：//art.china.cn/huihua/2012-07/26/content_5192063.htm 。

提出“挑战2008——台湾发展重点计划”，将“新故乡社区营造计划”列为重点；2012年，提出“泥土化”“产值化”“国际化”“云端化”等四大理念方针，推行“村落文化发展暨推广计划”；2014年，以实验性质推出“扩展社造创新活力网络计划”及“青年村落文化行动计划”等。[①] 这些政策基于文化振兴与推广的概念下，结合地方特有产业及地方经济发展目标，将文化、产业与经济三者进行总体经营。政策推动初期常以艺术家建构地方艺术活动为主轴，以艺术的表现手法结合产业营销在地方办活动，借此活泼化地方意象，并以活动吸引人潮。台湾地区的公共艺术能与社区总体营造的方式结合，多半是因为属于公共艺术的社区操作策略与方法论是空洞的，因此希望取经于社区总体营造的方式，而环境的改善和目标两者之间有重叠之处。台湾地区20多年的宝贵社造经验给予中国大陆很多启示，但需要反思的是，多数情况下，艺术家仍无法脱离展演的模式，而居民与艺术的距离仍然存在。

紧接着是在全台湾地区范围内开展的“闲置空间再利用”的艺术村推动计划，此项计划是结合艺术创作使用空间的开拓与艺术休闲产业的创造为社区发展概念，将社区中旧有闲置的仓库、房室加以修正、利用，让艺术家进驻并借此创造话题带动周边参观人潮。比如，“宝藏岩国际艺术村”（Treasure Hill Artist Village），这一历史聚落始于日据时期，由不同时代的不同文化及不同族群有机“拼凑”和“组装”而成；20世纪80年代，城乡移民等弱势群体陆续迁入，经过长期自力建造，聚落规模逐步扩大，形成成熟绵密的生活网络及互助合作的生活方式；2010年，“台北国际艺术村”团队正式进驻。地景的特殊性推动了一系列聚落保护活动，被赋予文化机能，

① 王本壮等：《社区 × 营造——政策规划与理论实践》，北京：社会科学文献出版社，2017年，第9–10页。

重新纳入城市板块。引入“艺术驻地”与“青年会所”创意，提出“宝藏家园”“宝藏岩国际艺术村”及“国际青年会所”三大计划，结合“生产、生活、生态”，以“共生”精神让历史建筑得以转化为聚落活化的形态保存下来。①这种计划的精神虽然以艺术表现刺激居民想象，但因艺术村的设置带动地方产业与经济发展的案例，仍然停留在摸索阶段。

这两项政策目前仍继续发展中，虽然就政策而言仍在持续阶段，无法立即看到效益，但艺术渗透进社区的思考，已经成为另一种社区营造的形式；在这一形式中，艺术的主体是由人、社区与艺术家共同造就，而作为客体的艺术作品可能只是一种过程而已；走入社区营造后的艺术主体将真实地与大众连接一体。台湾地区的艺术发展与社会变迁正朝向多元的面向前进，但可以确定的是艺术正逐渐从观察的主体走入表现的客体，这个距离虽仍存在，但正不断拉近中。艺术从主体融入客体的过程与艺术理念的渗入，除活化社区精英的空间之外，也许反馈在艺术上，会是接近本土以在地泉源的创作能量与表现。②

三、人类学与艺术乡建

（一）艺术与人类学在乡建中的结合契机

乡村建设为什么需要艺术与人类学？乡村活化不仅仅是要建设漂亮的房子，更需要能够以乡村为落脚点，延续中华文明传统文化。其中不但需要大量的艺术家和设计师来参与，还需要人类学家能够通过田野民族志，获得乡村的文脉、历史，以及多年积累下来的生态智慧。因此，从艺术人类学的视

① 赖香伶、朱惠芬：《宝藏岩国际艺术村》，《公共艺术》2012年第8期，第119页。

② 吴玛悧主编：《艺术与公共领域——艺术进入社区》，台北：远流出版事业股份有限公司，2007年。

角切入，为乡村建设提供了新的可能。

一方面，艺术参与是乡村活化的重要方式。乡村活化并不是简单的地方和地理空间的营造，而是整合了政治、经济、文化等多元因素的复杂共同体的塑造，真正使乡村成为一个生机勃勃的共同体。麦肯·迈尔斯（Malcolm Miles）认为，艺术恰好是乡村风貌和地方认同中不可或缺的要素，艺术实践与乡村活化在一个尊重多元差异性、地方性知识及生命尊严的价值体系中，借由参与或融合，可以创造出更尊重人性、能引发社会认同的公共领域，为乡村的永续性与欢愉活力做出贡献。[①] 格兰·凯斯特（Grant Kester）将其看作一种新类型的公共艺术，艺术家的角色不应该再是单纯知识艺术品的创作者，他们处在对话性创作计划里，艺术家和与其他合作人之间，以及合作者自身之间的认同感是共同必备的因素。[②] 值得注意的是，艺术家参与乡村/社区的过程中，不仅是艺术家结合居民表达艺术的创作，而且是带动的一种社群共同参与的力量，必须让居民主动参与其中。吴玛悧认为，在此历程中充满着大环境及政策架构上的变量，变量往往是机会但也可能是阻碍，而这机会与阻碍的产生，端赖社区居民与营造团队的机缘与智慧，作为外来团队的介入，本身存在着某些宿命，在积极涉入及引动居民营造与尊重社区自主的两极间摆荡。换言之，艺术融入是一种相对柔软的方式，需要外来艺术家与在地村民进行持续性对话，进而集结出巨大的力量，通过内外合作的方式，最大限度地激发民众的能动性，在多主体的合作下完成乡村建设和发展的目标。[③] 那么，具体采取何种艺术方式介入呢？其中有两种艺术无

---

① [美]麦肯·迈尔斯：《艺术·空间·城市：公共艺术与都市远景》，简逸姗译，台北：创兴出版社有限公司，2000年。

② [美]格兰·凯斯特：《对话性创作：现代艺术中的社群与沟通》，吴玛悧等译，台北：远流出版事业股份有限公司，2006年。

③ 吴玛悧主编：《艺术与公共领域 —— 艺术进入社区》，台北：远流出版事业股份有限公司，2007年。

意识参与乡村的发展进程中，一种是传统艺术，另一种是当代艺术，是具有乡村文脉根基的传统艺术，对于改变发展乡村经济、传承地方性文化以及抵抗农村衰落和空心化有效呢，还是与当今时代接轨并极具批判意识的当代艺术？这就需要在田野中尝试将不同艺术方式介入到乡村之中，在具体场景中具体分析。

另一方面，艺术乡建同样需要人类学。无论是在城市还是在乡村，目前的艺术乡建项目，不仅改造了景观，创造了生活的新空间，同时也会影响到我们的社会和文化。很多地方政府为了发展旅游，不断进行景区建设，但忽略了人的要素，从而造成空城景观的现象，因此“有人”和“无人”一直是乡村建设根本性的问题。人类学家们提供的他者的视角和整体论的思考，对艺术介入乡村的建设者在实际的建设过程中遇到的问题具有启示性作用。在“美丽乡村”“特色小镇”等开发热的今天，各种乡村和小镇也开始了艺术改造的步伐，于是“见物不见人”的问题就出现了，改造完成的艺术村落或者乡镇也没有了生命力，只剩下一个冰冷的景观。王建民认为，艺术乡建具体建造者以及当地文化拥有者首先必须尊重当地的传统文化的脉络。如果不能清晰认知地方文脉，艺术乡建就可能成为乡建者自恋的展演平台；其次，文化的所有者和实践者要有在地立场，能够发现日常生活和在地景观之美，力求作为社群、民族的国家可持续发展的主要推动力，汇入人类社会文化多样性的生存和发展之中，这种立场建立在文化自信和自觉的基础上。[①] 那么，我们不禁要思考乡村建设为谁而建、乡村是城市人的后花园还是当地老百姓的家园，在艺术乡建中如何看待村民的角色、如何处理村民和艺术家的关系，乡建者建设的家园是否仅源于自我对他者的想象、不同立场不同视角背后隐含着何种关系，审美偏好到底属于谁，在艺术家充分发挥其独特艺术创

① 王建民:《艺术先锋和实践反思》,《中国文化报》2016年8月23日，第3版。

造力的时候，如何发现能够给予艺术家自身更多新刺激和新灵感的动力、发现新的艺术创造之源，如何在艺术社会实践中让当地村民有更多的参与行动和更强的参与感等问题。正如王建民所说，艺术应当面对社会生活现实，回应现实需要。在当代社会信息化、全球化的情境之中，应当力求探索当代村民和居民的生活状态之下，城乡艺术建设与当代信息技术相结合的路径。传统的民间艺术与当代社会情境的衔接，技术和艺术观念之间的关系需要更多的讨论，不仅涉及传统手工艺技艺和音乐、舞蹈、美术技艺，还需要关注现代科技与艺术的关系。由此看来，人类学者似乎可以在艺术家的自我迷航中注入一针清醒剂，给艺术乡建提供另一个角度的参考。

（二）艺术乡建中的主体性探索

主体间性（inter-subjectivity）在社会学上强调作为社会主体的人与人之间的关系，更全面地说，必须观照到不均质的多元主体，在不同参与者的生产和诠释中流转。这一概念由雅克·拉康（Jacaueo Lacan）首先提出，认为主体是由其自身存在结构中的“他性”界定的，由此反映出不同主体之间的平等交流，以及主体与主体间的共在。“间性”并非简单地指主体“之外”，而是一种异于主体但又内置于主体之中或之间且支配着主体或主体间交往的力量。[①] 尤尔根·哈贝马斯（Jürgen Habermas）亦提出用“交往理性”将人与人的交往划分为工具行为和交往行为，前者体现出主客体的关系，但他更强调后者的主体间性关系，在相互理解和沟通的基础上达到社会和谐。[②] 马丁·海德格尔（Martin Heidegger）同样认为天、地、人、神是相互交融的，

---

① 吴琼:《雅克·拉康——阅读你的症状》，北京：中国人民大学出版社，2011年，第301页。

② [德]尤尔根·哈贝马斯:《交往行为理论》，洪佩郁、蔺青译，重庆：重庆出版社，1993年，第134–142页。

只有超越主客对立的状态，才能达到“诗意地栖居”的境界。[①] 相对于“主体性”而言，“主体间性”是对前者的扬弃，把片面的“主体性”升华为自由的“交互主体性”，不仅肯定自我或人的主体性，也肯定世界或他物的主体性，并承认主体间的平等对话。

同理，艺术作为乡村风貌和社区认同中不可或缺的要素，亦是多主体“合作”的结晶，交往行为只有建立在平等基础上，才有可能相互理解、沟通、协调。过去大多数艺术家把艺术创作看作自我表达的自由追求，但在苏珊·雷西（Suzanne Lacy）看来，艺术应该以公共议题为导向，以“入世”作为出发点，释放创作的表达权力给予广大且多样的民众，让他们暂时取得发声的优势地位，直接参与到和生命有关的议题之中，通过互动形塑公共论述，因此应被视为一种“新类型的公共艺术”。[②] 霍华德·S.贝克尔（Howard S. Becker）提出“艺术是集体行动（collective actions）的结果”的基本命题，艺术不是个人的成就，而是“合作”的产物；艺术作品是一个社会网络的中心，是具有合作关系的人共同参与的结晶。[③] 安德里斯·海森（Andres Heisen）同样强调了互动的重要性，观众与表演者之间的互动性取代了高雅的现代艺术的神圣性，从而确立了日常生活中简单的和习惯性的事情和行为与艺术之间的内在联系。[④] 罗兰·巴特（Roland Barthes）更是宣称“作者已死”（The Death of the Author），即意义不再依附作者意图而存在，作者

---

① [德]马丁·海德格尔:《演讲与论文集》，孙周兴译，北京：生活·读书·新知三联书店，2005年，第196–218页。

② [美]苏珊·雷西:《量绘形貌——新类型公共艺术》，吴玛悧译，台北：远流出版事业股份有限公司，2004年，第27–28页。

③ Becker, H. S. *Art as Collective Action*, In C.Lee Harrington and Denise D.Bielby, eds. *Popolar Culture*: *Production and Consumption*. Malden, MA: Blackwell, 2001[1974], p767.

④ 王南溟:《观念之后：艺术与批评》，长沙：湖南美术出版社，2006年，第169–170页。

写下文字的那一瞬间，就与文本的意义再无瓜葛。[①] 当我们在直面当代艺术作品的时候，可能最直接的感受就是，它并非一件艺术品，而是某一社会事件或社会事物。最为敏感的并不是创作主体在表达、想表达什么、作品本身体现什么价值及其意义何在，在意的不是艺术创作的主体及其创作行为。相反，事件本身的结果或对社会生成的某些变化或具体意义或是艺术行为结果的价值判断，亦即客观的变化比主体的意志更为重要。

博伊斯将这种变幻莫测的关系定义为“力的态势”（kräftkonstellation），kräft是“力”之意，konstellation的意思为“形势、局势、情况”，这源于他的“雕塑”概念，延展到每个个体身上，归结为三个层面：思维形态——如何形塑自身思想；语言形态——如何把自己的思想转化成语言；社会雕塑——如何塑造我们所生存的世界，即人的思想、语言以及行为的产生，正是社会有机体的进化过程，以此为精神土壤，有形的社会肌体才能进一步得以塑造，是思想观念的物质化体现。[②] “力的态势”意味着包括艺术在内的所有事物发生的内在原因，这是人与人之间最终形成超越个体的共同体的先决条件，并不来自任何强制性的灌输，而是来自每个人的心底。每个个体转瞬即逝的变化组合在一起，就激发出了“人人都是艺术家”的潜力和塑造社会的无限可能，弥合社会中的精神失落和人情淡漠。[③]

艺术参与乡村振兴，不仅是艺术家结合村民表达艺术的创作，也不单是地方和地理空间的简单营造，而是带动一种社群共同参与的力量，整合了政治、经济、文化等多元因素的复杂共同体的塑造。在此过程中，当前中国学

---

① [法]罗兰·巴特：《作者之死》，见《罗兰·巴特随笔选》，怀宇译，天津：百花文艺出版社，1995年。

② [德]福尔克尔·哈兰：《什么是艺术？——博伊斯和学生的对话》，韩子仲译，北京：商务印书馆，2017年，第2、32、206页。

③ Cara Jordan. *The Evaluation of Social Sculpture in the United States*: *Joseph Beuys and the Works of Suzanne Lacy and Rick Love*, Public Art Dialogue 3, No.2, 2013, pp.144–167.

界关于“主体性”乃至“主体间性”的探讨从未间断。方李莉认为，要把乡村价值放在文化多样性和社会共生的视野中，“修复乡村价值”就是修复乡村秩序，修复人与人之间的关系。[①] 季中扬、康泽楠将重塑乡民主体性看作艺术乡建的关键，用现代艺术精神改变村民进而重塑乡村社会结构。[②] 于长江对艺术家个人化、主观化的创作逻辑和通灵的、神秘化的取向表达赞赏，提出“交互主体性”的概念，认为更重要的是如何将其与社会治理和基层组织建设相结合。[③] 王孟图重视从“主体性”到“主体间性”的话语转换，主张在尊重差异性的基础上建构“主体间性”的权力架构，推进生成乡建共同体。[④]

以上研究，为本文深化“主体性”的讨论奠定了坚实基础，现实比想象复杂得多，不同主体经历着从拉扯到互融的参与过程，但笔者认为用“多重主体性”一词诠释艺术乡建中的张力似乎更为贴切。因为艺术乡建意味着每个人要勇于承担责任，人们能够凭借自身的力获得成功，同时也吸取了“他者”的力，这是一个交互的过程。随着社会发展或生活方式的变迁，约定俗成的行事规则与个人创造性的纠葛中，充斥着不同参与者的喜怒哀乐，让互动过程充满了活力和弹性，若没有充分体验很难把握这种不确定性。一系列人物、事件等要素都以时间和空间为轴不断丰富和延展，只有切身融入这条流动的时间线路、与报道人共生于具体的场域中，才有可能形成较为全面的

---

① 方李莉：《论艺术介入美丽乡村建设——艺术人类学视角》，《民族艺术》2018年第1期，第17–28页。

② 季中扬、康泽楠：《主体重塑：艺术介入乡村建设的重要路径——以福建屏南县熙岭乡龙潭村为例》，《民族艺术研究》2019年第4期，第99–105页。

③ 于长江：《“互为主体性”——艺术家与乡民的一种互动模式》，见方李莉主编：《艺术介入美丽乡村建设：人类学家与艺术家对话录》，北京：文化艺术出版社，2017年，第230–232页。

④ 王孟图：《从“主体性”到“主体间性”：艺术介入乡村建设的再思考——基于福建屏南古村落发展实践的启示》，《民族艺术研究》2019年第6期，第145–153页。

体认和充分的阐释，才能在生命周期构筑起的文本中揭示每一个体经历的典型阶段和事件。

（三）发展与人类学的对话

早在20世纪中叶，应用人类学家就从发展的角度出发，参与到社区建设的试验之中，其中最为典型的是倡导价值中立的福克斯计划（Fox Project）和推崇价值介入的维柯斯计划（Vicos Project），从而形成两大策略取向，即“行动人类学”（action anthropology）和“发展人类学”（development anthropology）。1948年至1959年，芝加哥大学人类学系的索尔·塔克斯（Sol Tax）率领一批应用人类学家在美国艾奥瓦州塔马（Tama）地区福克斯印第安人中实行福克斯计划。在进行计划的发展研究之前，他们已经把当地作为实习基地进行了数十年的田野调查。他们认为，人类学家要在社区中探索事实和真理，应该影响社区内社会文化变迁的速度和方向，但更重要的是促成社区的自决。他们把自我决定（self-determination）作为行动原则和目标的基本概念，希望帮助社区发展和解决某一特定文化限定下的种种问题。[①] 与此同时代的1949年，康奈尔大学人类学系艾伦·霍姆伯格（Alan Holmberg）在维柯斯地区推行“自由社区”实验。与前者不同的是，这是一种辩护——行动模式的研究。他们主张人类学家要抛开原有的分析和咨询的角色传统，取而代之的是有意识地指导和参与介入。为提高印第安人的生活水平和政治能力，人类学家一方面担任当地人的保护人，另一方面指导当地的社会变迁；通过与当地人对话来获得连锁般的反馈和滚雪球似的修正方案，以引进新技术和新的价值观。[②] 应用人类学注重决定、选择以及评估文化变迁过程

---

① Tax , S. *The Fox Project*, *Human Organization*, No.1, Vol.17, 1952.

② Dobyns, H. F. et al. *Peasants*, *Power and Applied Social Change*: *Vicos as a Model*, CA: Sage Publications, Inc, 1971.

中可利用的知识，并将其转化为行动，由此形成了价值中立的行动策略和价值介入的实践策略；不过，二者都面临着土地保有权、派系和权威等制度设计和政治议题上的困境，社会深层矛盾无法根除。

由此可见，人类学家们已经不同程度地介入到国家的发展项目中；但在身先士卒的同时，也是时候反思自身扮演的角色以及发展的问题了。发展本身就带有浓厚的“欧洲中心主义”的味道，从本质上讲，传统意义上的发展研究及其文本表述与19世纪的殖民话语无异，只是披上了“援助”这一仁慈的外衣。对于许多参与发展计划的人士来说，发展实际上无异于冷战的扩展和延伸，只不过是以将单一的、技术至上的现代化理念强加给第三世界的形式发生，根本上将助长第一世界建立起统治第三世界的文化政治体系，重走殖民扩张的老路。在发展代理机构看来，发展对象群体的特征仍旧是懒散、低效、贪污、腐败，因此他们的目的有个非常华丽的名字，即“造福于民”，以家长式的方式帮助，实际上他们最关心的可能还是个人利益，因为他们最热衷于“中饱私囊”。再加上，非政府组织所代表的国际秩序需要依赖于各个国家实体的存在而存在，本身就可能受到文化的影响，也不可能不受任何意识形态的左右。即便没有这些外部力量的干预，将发展计划建立在以国家为本的理念之上，项目也常常会加剧没有接受官方经济管理模式的群体的贫困。詹姆斯·斯科特（James Scott）就曾从国家治理的视角出发，讨论那些由国家亲自设计的具有良好意愿的大型社会工程为什么会事与愿违走向失败并给民众带来巨大灾难，他将失利的原因归结为四点：对自然和社会管理制度的简单化、极端现代主义成为意识形态、独裁主义国家改善的逻辑、软弱的公民社会。[①] 在此，发展的概念被看作一种强势话语主导下的释

---

① [美]詹姆斯·斯科特：《国家的视角：那些试图改变人类状况的项目是如何失败的》，王晓毅译，北京：社会科学文献出版社，2004年。

译机制，虽然很多发展项目的初衷是友善的，但这并不能掩盖发展中国家在国际环境中毫无选择余地、最终不得不依赖于技术强国的事实，而且其结果往往并不友善。正如卡希尔·古普塔（Akhil Gupta）所言，即使意识到地方性知识值得尊重，但这种认识仍然服务于各种国际资本发展计划，比如拉拢收买被援助地区的居民，而不是留心倾听他们控诉，倾听他们对当地环境和人民生活遭到劫掠所进行的痛斥。①

随着人类学家逐渐开始对本学科建立之初的殖民主义基础进行检讨和反思，发展论者的殖民主义假设也遭到人类学家越来越严厉的批判。也就是说，尽管发展与西方在历史和认识论方面所具有的主导权和统治权有着千丝万缕的联系，但也意识到要对上述主导权和统治权进行批判和反省。从人类学的视角讨论发展大致分为两个分支，即“发展人类学”（development anthropology）和“针对发展的人类学”（the anthropology of development）。二者的区分在于，前者关注的是发展计划本身，如何运用自己的知识对发展计划做出修正，以适应发展对象的文化和实际情况，是否能够满足贫困人口的需要；既预先考虑了当地居民的反应，也对发展研究进行批判，他们在尽可能试图突破理论与应用研究二分法的束缚。有时甚至说服发展计划的执行人，让他们对一些与发展计划并无直接联系的研究项目给予支持。他们发现，无论是在发展计划的设计还是执行过程中，尽管有时会态度傲慢，但都成了越来越受欢迎的人物。② 后者却将研究的焦点放在制度机构上面，研究专家知识如何与权力挂钩，注重民族志分析，注重对现代化的诸多建构进行

---

① Gupta，A. *Postcolonial Developments：Agriculture in the Making of Modern India*，Durham，NC：Duke University Press，1998.

② Cernea，M.ed. *Social Organization and Development Anthropology* . In *Malinowski Award Lecture*，*Society for Applied Anthropology*，Washington，DC：The World Bank，1995；Horowitz，M. *Development Anthropology in the Mid-1990s*. In *Development Anthropology Network* 12（1 and 2），1994，pp.1–14.

批判，并尝试帮助弱势群体构建起政治发展计划。与前者不同的是，针对发展的人类学是对发展人类学的新形式的批判，20世纪90年代出现了最具代表性的发声者阿图罗·埃斯科瓦尔（Arturo Escobar）和詹姆斯·弗格森（James Ferguson），他们以国际组织为主要抨击对象，前者认为发展话语是对第三世界机制的管理甚至建构与制造，[①] 后者继而论证了发展这一霸权意识与贫困议题的关系，将其看作进口贫穷并且将其非政治化的“机器”。[②]

也就是说，持有此观点的人类学家对于“发展”概念本身提出疑问，而且必须对这一概念产生的历史背景和文化背景做出批判性研究，其研究视点由所谓的受益者或者说发展对象转移到了发展机构中那些标榜中立的社会技术人员身上，要将官僚机构变为民族志研究的对象，要对他们所谓的绝对理性进行细致批判的观点，力求通过对“发展”话语的结果和“发展”过程的剖析，以撰写民族志的方式，提供对发展反思的批判性文本。[③] 是以，针对发展的人类学提供了一个更为细致的视角，以此对发展话语的本质和运作方式进行研究。因此，致力于两类研究的人类学家们所追求和获得的完全不同：对于发展人类学家而言，有人得到的是高额的咨询费和工资，有人追求的是让这个世界变得更加美好；研究针对发展的人类学家所向往的则包括学术地位、改造世界的政治目标，甚至通过与地方社会运动联手来实现这一政治目标。[④]

---

① Escobar, A. *Power and Visibility: Development and the Invention and Management of the Third World*, *Cultural Anthropology*, 1988, Vol.3, No.4, pp.428-443.

② Ferguson, J. *The Anti-Politics Machine: "Development", Depolitization, and Bureacratic Power in Lesotho*, London: University of Minnesota Press, 1990.

③ 潘天舒、赵德余主编：《政策人类学：基于田野洞见的启示与反思》，上海：上海人民出版社，2016年，第11页。

④ Herzfeld, M. *Engagement, Gentrification and the Neoliberal Hijacking of History*, *Current Anthropology*, vol. 51, supp. 2, October 2010.

在这些发展项目中，人类学家通常会充当发展方与当地社区之间进行文化交流的中间人、了解地方性知识和当地人的观点、将地方社区和发展计划均纳入更大的政治经济视野中进行研究、对文化进行更加全方位的思考。那么，这是否意味着，人类学已经因完全卷入主流的发展研究，而放弃了自身的学科目标，并且已经到了无可救药的地步呢？① 这也是我进入田野以来苦苦纠结的问题，一方面作为艺术家的助理，为推进项目出谋划策，另一方面要站在尽量客观中立的角度，对乡村建设项目的推行进行反思，同时也进行自我批评。那么，人类学应用性研究和学术性研究的划分似乎应该重新思考了，随着二者边界的模糊，彼此的关系由此变得更加复杂。凯蒂·加德纳（Katy Gardner）和大卫·刘易斯（David Lewis）认为，无论是人类学研究还是发展研究，它们都面临后现代危机，而正是这一危机的存在使发展人类学和关于发展的人类学之间有了改善关系的可能；他们一方面承认话语分析对于改善上述关系的重要性，但另一方面也坚持认为，我们还是有可能通过"支持抵制发展项目以及从发展话语内部对发展的诸多理论假设进行挑战、瓦解"这两种方法来颠覆发展理论。他们都认为，"无论是否参与发展项目，应用人类学都应继续在学界占有一席之地，只不过方式方法应有所变化，概念范式也将与以往不同"②。

在发展项目中存在形形色色的利益团体，美其名曰将帮助当地人民获得决定自身发展计划的权利，但实际上这可能就是维护共谋的一种方式，至少是某位急于与对方就任何事物进行合作的地方精英为了维护自身的短期利益而采取的一种手段。在此期间也经常会涉及很多针锋相对的观点，比如不同

---

① Gardner, K. & Lewis, D. *Anthropology, development, and the post-modern challenge*, London: Pluto Press, 1996.

② Gardner, K. & Lewis, D. *Anthropology, development, and the post-modern challenge*, London: Pluto Press, 1996.

群体所得到的短期和长期效益、对环境和社会所产生的影响以及对由此而成为边缘人的群体所遭受的损失应该采取什么样的补偿等。[①] 发展涉及的社会力量广泛而且复杂，各方声音从不同角度雄辩自己的观点，我们必须允许社会上不同地位的群体表达自己的观点，并允许它们彼此之间在争论和喧闹中达成一致。因此，人类学者必须对双方或多方的互动进行认真且深入的田野调查。

① Fisher, W. *Development and Resistance in the Narmada Valley* . In William Fisher ed. *Toward Sustainable Development*, 1995.

第三节 研究方法与方法论

一、参与观察与体验

（一）从体验震惊到直面困境

我是北方人，从小在城市中长大；由于机缘巧合来到南方的乡村，于是深刻感受到异文化带来的震撼。面对完全陌生的生态和人文环境，这次田野调查对我来说，无论从生理上还是心理上，都是莫大的挑战。

当飞机在广州白云机场降落，一股缠绵潮湿的气流立刻钻进了我的鼻腔，这就是湿热的广东味道。北方的天气四季分明，每个季节都有不同的色调，岭南地区却是四季常青；我伴随着春天的脚步而来，携着冬天的尾巴而归，那一抹抹绿意依旧绵长。这里要么艳阳高照，要么阴雨连绵，天气预报在跳跃的高低温面前显得异常无奈。错落的温度加上潮湿的空气，让早已习惯了北方干爽天气的我，喘不过气来。于是，过敏性鼻炎日益加重，每天清早起床后和夜晚就寝前都要与数十个喷嚏相伴，鼻涕眼泪相和流。沉甸甸的湿气总让人四肢沉重、困顿乏力，稍微一活动就会汗流浃背；更可怕的是，由于湿气在体内积压时间太久，我又没找到合适的方法排解，每月伴随生理期的是如约而至的剧痛。但我始终相信，人的身体会随着时间推移，慢慢适应当地生态环境，再恶劣的条件对人类学者来说都不在话下。

不仅自己的身体承受着折磨，还要忍受那异常残暴、体格巨大的蚊虫。屋顶、窗户和大门根本无法阻挡这些狡黠的生物，偌大的缝隙足以让它们乘虚而入。一开始，形单影只的我只会惊惶大叫，但是经历了无数次“叫天天不应、叫地地不灵”之后，我必须向这些可恶的“入侵者”宣战！蚊蝇的体形是北方同类的两三倍，每晚我都要抓狂地挥舞着电蚊拍迎战，战果就是满地残缺的蚊虫肢体。每逢下雨天，扑棱着黄翅的大水蚁便蜂拥而至，钻进我门窗的缝隙，扑向忽明忽暗的灯管，或者匍匐在白色的墙壁上，密集程度让我浑身起鸡皮疙瘩；解决办法则是在灯下放盆清水，随着大水蚁的翅膀簌簌脱落，请它们自行落入水中，而我只能蜷缩在房间一角，忐忑等待。更加司空见惯的是，老鼠在房梁上奔走相告，壁虎在檐缝里倏忽来去，他们的排泄物和行为一样乖张，依照地面上随处可寻的黑白粪便就能够判断出他们前夜的运动踪迹。更恼人的是蟑螂，它们总是神不知鬼不觉地出现在某个角落，无奈之下只能在房间各处散布“机关”——用蟑螂屋来歼灭它们！当然，最简单粗暴的办法是用“化学歼灭战”将它们一网打尽，杀虫剂的威力所向披靡，一通喷洒不仅让蚊虫们头晕目眩，也会让自己咳嗽不已，当然不到万不得已，我是不会出击的。在连续数夜失眠后，面对着散落在水泥地上晕头转向、落荒而逃的“不速之客”，我终于怒发冲冠，不由自主地用重物再痛打几下，摧毁它们！我想，此时只有奈杰尔·巴利（Nigel Barley）最能理解我的心情，“或许就是这些怪句子，使得本质乏味的人类学冠上珍贵的怪诞脱轨气息。”①

更令我抓狂的是语言问题。粤语是广府民系的日常用语，拥有完整的古汉语的“九声六调”，音韵古雅。然而，顺德方言拥有独特的语调，据当地

---

① [英]奈杰尔·巴利：《天真的人类学家——小泥屋笔记》，何颖怡译，上海：上海人民出版社，2003年，第3页。

人讲，当地语音与粤语又有70%的不同，他们笑称自己的语言为“德语”。既要掌握粤语，又要熟知“德语”，语言的转化能力增加了田野调查的难度，对我提出了严格的要求。“一旦置身田野调查地，顿时就要变成语言学奇迹，没有合格老师指导、双语教材、文法与字典，却要马上学会一种新的语言，最起码这是人类学者企图给人的印象。”① “德语”，对北方人而言，简直比英语还难。尽管进入田野前，我通过观听粤语影音试图提高听力，但是没有语境的情况下，我的听说水平一直停滞不前。初来乍到的我，经常因为听不懂对方的话而被动地处在极度狼狈的境地，有时独自一人坐在窗前发呆，看着窗外的榕树和行人默默融入夜色，每到这时，一股陌生、疏离、寂寥、无助之感便袭上心头。但是，当地人不会因为我听不懂而厌烦，当他们知道我是北方人时，会再用普通话重新“翻译”一遍。不过也有时候，和顺德的朋友坐在一起用普通话闲聊，不知不觉粤语便从他们口中喷涌而出，在一旁无所适从的我只能露出尴尬而不失礼貌的微笑。

但是，多数情况下是严重的交流障碍，村里的人们要么能听懂我说的普通话，但无法用我最熟知的语言回应；要么根本听不懂我讲话，尤其是村里的老人。一开始进入村庄时，我只能求助于当地年轻人做翻译，但是总是借助转译会严重影响田野资料的真实性和准确度，因为常常报道人说了很长一段话，但是翻译三言两语就可以概括；当翻译熟知了我想问的问题后，他们就不自觉地成为报道人的“代言人”，对答如流。如果我只是一个短暂停留的观光客，语言自然不会是日常生活的障碍，但作为一名人类学的学徒，掌握在地村民的语言和文字是基本功，只有这样才能准确完成对本土概念的记录、翻译、编码和转换，因此我必须迎难而上。

---

① [英]奈杰尔·巴利：《天真的人类学家——小泥屋笔记》，何颖怡译，上海：上海人民出版社，2003年，第42–43页。

村落生活营造了近在咫尺的“德语”语境，我开始强迫自己用“德语”和村民打招呼，尽管每次说完“早晨”之后，我并不知道他们的问候在“叽里呱啦”些什么，只能尴尬地点头微笑以做回应，但至少敢于张开嘴巴。在日常生活的语境中听村民讲话，我也慢慢地学会了一些简单用语，并且理解了本土话语的含义，逐渐可以用破碎的“德语”交谈。在交谈过程中，我也积累了一大堆谈话录音和笔记，整理时把听不懂的话，尤其是当地俗语，挑选出来请当地朋友逐字翻译。同时，闲暇时的粤语剧不仅促进我对当地市井文化的了解，也提升了我的听力水平。在田野调查大约进行了半年的时候，我的听力和写作大幅提升，有时大家在交谈中偶尔提到一些话题，我会迅速用普通话回应，因为粤语依然不够流畅，紧接着就听到他们“好犀利”的赞叹和惊讶。村民们逐渐意识到，不能再用“差唔多”的态度敷衍我，也不好意思在我面前说不合时宜的话语了。当我的田野调查接近一年时，我基本能听懂青田的日常“德语”，并且可以硬着头皮与乡亲们倾闲偈①了。

民族志的开场白总充斥着缓慢而痛苦的语言学习过程，它虽然只萦绕在正文的边角，看似无足轻重，却在符号和意识形态方面意味深长。访谈过程中，村民的回答充斥着大量方言。在我看来，方言是当地人情感和观点的最直观表达，反映着人们对社会结构和文化风貌的看法。因此，我希望把每一个访谈情景尽可能还原到顺德“风味”的生活中，用方言之间鲜活的对话语境，营造出更加自在的乡土态势。不过，为了减少方言阅读障碍，一方面我保留了较为准确的地方性表达方式，例如“朝早”“走先”“而家”等，并严格遵循最常用的中国香港语言学学会拼音方案，将标准粤语发音进行罗马化拉丁字母转写，并随文注解；另一方面，根据语境需要，尽量将浓重的口语进行改写，比如“嗦”“哋”“呢”“嗰”“咁”“嚟”“嘅”“咩”“乜嘢”等不

① 倾闲偈（king1 han4 gei2）：聊天，闲谈。

影响实质内容的词语，以此规避方言的局限性。是以，我会在接下来的文本中将村民的话语进行较为完整地呈现，这些珍贵的文本都将成为我的民族志中令人难忘的片段。

（二）成为一名乡村建设者

苦涩又好笑的经历，总会让枯燥的田野工作一时间妙趣横生。说起我的田野，也许会比那些狼狈的故事更令我纠结。随着艺术家们越来越意识到尊重地方性知识的重要性，他们开始尝试与社会文化研究者合作，尤其是具有批判精神和社会情怀的人类学者，二者在很多方面是不谋而合的。机缘巧合之下，我有幸加入了当代艺术家渠岩教授的艺术乡建项目——“青田范式”。这是一个参与度极高的艺术乡建项目，也意味着我的田野工作变得更加复杂，一方面，我是一名人类学研究者，需要观察和记录当地人的生活和乡建者的实践过程，进行知识生产；另一方面，情怀和良知召唤我成为乡建者的一分子，这既是我进入田野的合理有效的方法，也给予我反哺田野的宝贵机会，让我能够帮助在地村民整理地方性知识，并为乡建者的实践探索提供依据。就这样，我在“主位”（emic）与“客位”（etic）的状态中不断穿梭，寻找平衡的过程既奇妙又焦虑。随着我与当地人的联系日益密切，基于相互信任和关爱，我也成为被当地人观察、记录和报道的对象，我的言行也通过当地人的手机、相机和新媒体平台表述和呈现出来，成为“被观察的观察者”[①]、被记录的记录者、被表述的表述者、被呈现的呈现者。[②] 可以说，在“青田范式”中，艺术家、人类学者与在地村民通过彼此互动，共同生产了乡建知识，并塑造了新的社会关系，这是一次多模态的艺术乡建尝试。

---

① George W. Stocking ed, *Observers Observed: Essays on Ethnographic Fieldwork, Vol.I of History of Anthropology*, Madison: University of Wisconsin Press, 1983.

② 王建民、曹静：《人类学的多模态转向及其意义》，《民族研究》2020年第4期，第67页。

以往的人类学研究只注重理性和文化逻辑方面，而忽视了与之同时存在的情绪情感。“体验式参与观察”正是对以往参与观察研究方法的反思，在其基础上，在参与观察过程中，将自己视为该社群的一分子，为当地人所接受，进而将外来的人类学者看作“本地人”。在与文化实践者同甘共苦、同喜同悲的体验中，人类学者才能更好地发现生活的细节，以理解文化实践主体的态度和创造，更深入地走进他们的精神世界，进一步去理解他们在现实场景中的选择缘由，理解文化规则和个人选择之间的复杂关系。① 深入细致的田野材料来自对乡村建设不同对象的参与观察，这种观察是多角度的，而且要根据对象不断进行角色转换，并在“同吃、同住、同劳动”的过程中学会当地语言。

我的田野调查大致分为三个阶段，步步深入。2017年3月到6月间是初调查阶段，也是“青田范式”出生和初步开展的时段，我选择重要时间节点，通过参与地方节庆的方式对顺德的文化背景有了大致了解；2017年8月，“青田范式”已取得一定成果，我采取问卷调查和半结构式访谈等方式，对村民的态度和想法进行整理分析；2018年3月至12月，我连续驻扎在顺德地区，经历了春夏秋冬的自然周期，随着“青田范式”的推进，田野工作地点也从青田逐步扩展到杏坛镇的其他村落，如龙潭村、逢简村、古朗村、北水村等，并且将视野进一步拓展到其他村镇，如容桂街道马冈村、北滘镇碧江村等，对顺德乡村和艺术乡建过程有了更加细致的观察和深入的理解，此为深度田野阶段。② 经过一系列持续调查，由我主笔完成的《青田坊村落文

① 王建民：《人类学艺术研究对于人类学学科的价值与意义》，《思想战线》2013年第1期，第11页。

② 2019年6月完成博士毕业论文答辩后，笔者曾分别于2019年12月、2020年12月回访青田，对“青田范式”的执行情况和各主体反馈态度进行后续追踪，同时通过远程访谈补充完善田野材料，力求为未来艺术乡建工作总结经验。

化空间调查报告》，也有幸得到渠岩老师及其艺术乡建团队、青田村民和杏坛镇政府的认可，这些梳理完成的田野材料也成为此后村志书写和艺术乡建实践的参考依据。

诚然，体验式参与观察是对人类学田野方法的重新思考和补充，并且从情绪情感角度切入，将使田野者拥有更细致入微的体验。因此，不少同侪会在论文中写道，人类学者经过一系列努力被研究对象“接纳”。不过“接纳”的程度是有待考量的，奈杰尔·巴利就曾指出：“那些作者理应心知肚明这是胡说八道，他们甚至暗示：一个陌生民族到头来会全盘接纳来自不同种族与文化的访客，并认为这个外来者和本地人并无两样。很悲哀的，这亦非事实。你顶多只能期望被当成无害的笨蛋，可为村人带来某种好处。”[①] 在我看来，人类学者不仅是一名知识生产者，也要成为一名有担当的实践者。我从不敢奢望被完全接纳，在不使村民产生厌烦和抗拒的前提下，若有越来越多的人能够接受并支持工作，那便是令人心满意足的事情了。每个处在艺术乡建过程中的人都是活生生的存在，而我也责无旁贷，并且在心态和行动上更加小心翼翼。

随着语言能力的提升，我对每个乡建主体的理解也更加深入。时光悄然流淌，从与青田结缘到暂时离开田野，兜兜转转，差不多两年时间，难舍难分是必然。虽不敢说自己已经成为“青田通”，但至少对那里的风物与人情有了“虚幻的熟悉假象”。即将踏上返回的飞行之路，我不敢太过煽情，因为这只预示着短暂的别离。回到令人应接不暇的都市，一种莫名的疏离感宛如北京冬日里的雾霾，裹得我透不过气来。面对飞速运行的地铁，我突然充满恐惧，不知该怎样迈出脚步；也常常走进宿舍楼电梯，瞬间忘记自己居住

① [英]奈杰尔·巴利：《天真的人类学家——小泥屋笔记》，何颖怡译，上海：上海人民出版社，2003年，第55页。

的楼层。原来，此时的我早已习惯“晨兴理荒秽，戴月荷锄归”的生活节奏，不知都市里的今夕是何年。和朋友们久别重逢，听他们畅谈着熟悉的过去、分享我错过的精彩，那是再正常不过的事情了，而我竟然满怀好奇，宛若当时在倾听青田中的奇闻逸事。一切如常，只是，我变了。

二、艺术乡建民族志撰写

（一）艺术民族志的“主体间性”

提起“艺术民族志”，艺术人类学者通常会将其视为单纯对艺术事象采风过后的资料整理，但从学理上讲则有待进一步探讨。方李莉将艺术民族志的撰写过程视为撰写“他者”或异文化背景中的艺术现象、艺术行为和艺术作品，以及由这些各种因素形成的社会关系及文化的意义世界的历程。[①]张士闪认为，艺术民族志书写，既是学者对所收集的民众艺术资料的基本理解与具有鲜明序列感的文本表达，又是一种内含价值判断的知识生产形式。[②]由此可见，艺术民族志不仅是艺术人类学的研究方法之一，也是田野调查的呈现方式；不仅是动态的创作过程，也是最终成果的展示。艺术民族志可以有多种呈现方式，可以是建构一部由对话构成的文本；也可以特写一种声音或多种声音；或者将“他者”描绘成一个稳定的、本质的整体；或者可以表明那是一种特定的历史环境下进行发现的叙述的结果。[③]不过，需要注意的是，人类学者对于艺术民族志的表述终归是一个理想的状态，在达到目标之

① 方李莉：《重塑“写艺术”的话语目标——论艺术民族志的研究与书写》，《民族艺术研究》，2017年第6期，第47–60页。

② 张士闪：《眼光向下：新时期中国艺术学的“田野转向”——以艺术民俗学为核心的考察》，《民族艺术》2015年第1期，第17–22页。

③ [美]詹姆斯·克利福德、乔治·E.马库斯编：《写文化——民族志的诗学与政治学》，高丙中等译，北京：商务印书馆，2006年，第156页。

前，仍在经历一个从田野调查到民族志撰写的自我历练，民族志不是简单的生产，其中蕴含着无限的自我检讨与反思。

在此，我希望采用一种实验性的写作姿态，强调民族志中的“主体间性”。就艺术乡建而言，当我正式进驻村落，观察并参与乡村调研时，就已经加入艺术乡建民族志文本的创作中。然而，调查活动不仅仅是我们采集田野材料的单向行为，这一过程也不可避免地引发我的情感体验与理性思考。理想的艺术民族志书写，兼顾到对于民众艺术活动的民众解释和学者解释，是一个透析区域艺术活动的繁多异文、建立其内在文化结构的过程。[①] 换言之，调查者的造访就意味着民众艺术活动的某种交流境遇的形成，调查者的“在场”实际已经介入到民众的交流结构中和艺术活动的进行过程中，学者的调查视角应是描述他者文化的文本中一个不可缺少的层次。

基于以上考虑，我会把自身当成研究对象的一部分，在撰写艺术民族志文本时将描述他者与描述自我相结合。人类学者将自身融入田野后，又会面临另一个问题，即在接触田野中各种变动时应该如何定位自我。通常情况下，他们会随着生活情景的流动不断体认自我与他者的关系。很多人会选择，不暴露自己的立场，维持一种暧昧与隐藏性的位置。[②] 正如詹姆斯·克利福德（James Clifford）所谈，从布罗尼斯拉夫·K.马林诺夫斯基（Bronislaw K. Malinowski）的时代起，参与观察的“方法”就在主观性和客观性之间起着微妙的平衡作用。[③] 不仅人类学者如此，只要是处在社会互动中的个体，就会拥有多重的身份与主体位置，自身会依照外在制度性或社会

---

① 向丽：《艺术的民族志书写如何可能——艺术人类学的田野与意义再生产》，《民族艺术》2017年第3期，第115–123、137页。

② 林开世：《什么是“人类学的田野工作”？知识情境与伦理立场的反省》，《考古人类学刊》2016年第84期，第11–110页。

③ [美]詹姆斯·克利福德、乔治·E.马库斯编：《写文化——民族志的诗学与政治学》，高丙中等译，北京：商务印书馆，2006年，第8页。

关系的变动，机智地选择出因应之道。因此，为了彰显艺术乡建中各主体之间的互动关系，我在书写中将采用复调的表达方式。这是一种更具相对性的手段，关注田野现实中主客体之间的权力关系问题，为读者提供一个可以参与解释的协商文本。解释的过程并不限于读者与文本的关系，而同样包括了最初对话各方的解释实践。斯蒂芬·A.泰勒（Stephen A. Taylor）将后现代民族志看作一种合作发展的文本，它由一些话语碎片所构成，这些碎片意图在读者和作者心中唤起一种关于常识现实的可能世界的创生的幻想，从而激发起一种具有疗效的审美整合。[①]

（二）书写“活态”的过程艺术

在乡村建设的同人中流传着这样一句话：“在交流乡建的话题时，你永远猜不到对方要说什么。”因为大家有着不同的专业背景，由此反映了乡建领域的多元化。人类学作为一种工具或一个学科，其学科特征，展现出极大的包容性，它似乎和其他任何学科都能够组成交叉学科。除人类学之外，艺术乡建还涉及艺术学、建筑学、设计学、生态学等多学科的参与，所以要尽可能做到多角度、宽领域、多层次的融会贯通。因此，艺术乡建是一个复杂的跨学科挑战。

艺术乡建作为一项活态的过程性艺术，以往的批评大致分为两类，一种是更多地从社会文化语境切入，对乡村建设的内部语义范式进行考察；另一种则是单纯从艺术学相关学科立场出发，忽略了艺术乡建的社会文化意义。无论哪个倾向，都会使田野观察缺乏话语针对性。人类学所关注的艺术不仅是眼前见到的现象本体，更是事物的出生、成长、凝滞、消亡以及受众反馈

---

① [美]詹姆斯·克利福德、乔治·E.马库斯编：《写文化——民族志的诗学与政治学》，高丙中等译，北京：商务印书馆，2006年，第166–168页。

的整个语境，这是一个动态的过程。以往的深度访谈、召开座谈会、发放问卷等的确是屡试不爽的田野调查手段，但是将其简单套用到艺术乡建的考察中，就会显得异常单薄且苍白。一方面，乡村建设是一条流畅的生命线，以上方法是在这一流动过程中的某个或某些时间点中进行的，因此破碎化的观察容易对全过程的理解造成偏差；另一方面，总是按照自己的知识分类向报道人依次询问，或拿出预制表格让其填写，既轻视了乡民划分和表述自身知识的概念体系，又忽略了乡民在不同语境中表述知识的差异，不利于透过艺术乡建实践的表层现象去认知其深层结构。① 基于这两点考虑，我选择扎根田野地，在自然周期的流转中，观察人物的即兴表露和事件的自然发生。在田野调查的13个月中，我见证着青田在一年四季的收获与无奈，也体味着艺术乡建这一过程中的酸甜苦辣。

不妨把青田艺术乡建看作一场过程艺术，从“整体论”（holism）的视角关注整个生命周期。不仅如此，更重要的是参与这场行动的每一个活生生的存在，其中既有每个人的成长与蜕变，也有个体间的关系变动，关系中又包括约定俗成的行事规则与个人创造性的纠葛，也充斥着不同主体间互动的喜怒哀乐。互动过程不是凝固的，而是富有活力和弹性的，这取决于社会规则、市场体制、传播方式等外部因素的变动，若没有充分体验很难把握这种不确定性。人的实践是能动的设计与表演，这过程中有太多自我矛盾、牵强附会的选项供人们任意提取，以便谋求经济的、感情的、声望的利益。② 只有切身融入这条流动的时间线路、与报道人共生于具体的社会情境中，才有可能形成较为全面的体认和充分的阐释。因此，我将以“青田范式”这一艺

① 张士闪：《乡民艺术民族志书写中主体意识的现代转变》，《思想战线》2011年第37卷第2期，第9–13页。

② 纳日碧力戈：《民族志与作为过程的人类学：读英戈尔德在拉德克利夫——布朗讲座上的演讲稿》，《云南民族大学学报（哲学社会科学版）》2011年第6期，第56–60页。

术乡建过程作为民族志书写的重中之重，一系列人物、事件等要素都以时间和空间为轴不断丰富和延展，在生命周期构筑起的活态文本中，重点揭示每一个体经历的典型阶段和事件。①

其实，民族志本来就是由一系列重要故事串联并设计出情节的表演，在表述真实的同时，也由人类学者进行着附加的、道德的、意识形态的甚至是宇宙论的阐释。因此，无论从写作内容还是展现形式，民族志都是寓言性的，暗示着某个叙事体向另一种观念或事件的指涉。每一次现实主义的描画，都会延展成其他层面的意义。② 加之，报道人隐私的保护和文本叙述的影响等伦理问题，对民族志寓言的建构提出了更高的要求。需要声明的是，本书所呈现的艺术乡建民族志只是一种展示，并非一个判断或者一段结论。乡村本来就是一个多态的共同体，艺术乡建的过程中，不同主体的欣喜、悲伤、困惑、犹疑交织成一张巨大且繁复的网络，决不可以用草率的是非对错来衡量。

三、反思性的田野伦理探讨

（一）关于“介入”的省思

参与艺术乡建的实践，意味着我的研究者身份又增加了新的内容。顺德的“异文化”对我来说也有了多个层面的文化震撼（culture shock），以青田为代表的华南乡村展现出全新的风土民情，艺术家在乡村开展建设的实践也是对我知识领域的拓展。此时的我，身处在重叠的田野时空中，正在努力

① [美]乔治·E.马尔库斯、米开尔·M. J.费彻尔：《作为文化批评的人类学——一个人文学科的实验时代》，王铭铭等译，北京：生活·读书·新知三联书店，1998年，第90页。

② [美]詹姆斯·克利福德、乔治·E.马库斯编：《写文化——民族志的诗学与政治学》，高丙中等译，北京：商务印书馆，2006年，第136–138页。

成为一名冷静严谨的学术研究者，也怀揣着一腔热情积极投身于艺术乡建，吸取知识、从事实践、收获体验。显而易见，我的田野带有“介入性”的应用人类学性质。真实地参与意味着可以获得前所未有的体验，无论是经验还是情感。与此同时，是否介入（intervention），或者说介入程度如何，一直是困扰人类学者并且长期以来不断反思的疑虑。

在过去强调人类学是科学的年代里，一名人类学者在田野参与观察时总是谨小慎微地介入当地 ，不至于影响该社会原有的运作；尽量保持中立观察者的身份，避免作主观的判断；除了观察、倾听和记录被研究者，绝不主动采取其他行动。如果有的研究者在某个社会积极刻意地做了什么改变其现状的行动，那么他的学术正当性便可能被怀疑，甚至背负违反人类学伦理的罪名。[①] 如此看来，客观不涉入的田野研究态度照理说是最安全的。不过，有担当的人类学（engaged anthropology）的倡导者和践行者迈克尔·赫兹菲尔德（Michael Herzfeld）认为应用人类学是将干预作为直接和基本的目的，而介入/担当人类学意味着“参与”是来自学术追求，这一追求导致学者进入特定地点或群体，并给陷入困局的信息报道人提供洞见。[②] 但是“介入”所引发的争议反而落入“道德相对论”的困境，让人类学者在田野中欠缺道德与伦理责任，直接冲击着以弱势群体的福祉为主题或田野情境的第一线研究者。[③] 诚然，人类学基于对伦理道德的深刻反思提出了文化相对论的概念，以表达对不同文化的理解和尊重，但另一方面，也要对极端的相对论保持警

① 胡台丽：《台湾展演与台湾原住民》，台北：联经出版事业股份有限公司，2003年，第3–9页。

② 朱晓阳：《介入，还是不介入？这是一个问题？——关于人类学介入客观性的思考》，《原生态民族文化学刊》2018年第10卷第3期，第1–10页。

③ 刘绍华、林文玲：《应用人类学的伦理挑战：美国经验的启发》，《华人应用人类学学刊》2012年第1卷第1期，第117–135页。

戒，尤其是道德或伦理相对论，不然会在田野中寸步难行。[①]

中立，是研究者不遗余力地追求。但当我们在面对不同利益主体时，这个词语就变得异常暧昧，成为一种无法判断的微妙情态。中国学者积极地参与到国家政策、商业模式的制定中，其研究常常与政府、企业等密切结合，而且研究经费也仰赖于他们的资助。[②] 因而，从事应用研究项目和单纯发表理论著述之间，由于目的不同，在现实之中总存在着一定张力。即使从一开始就立场鲜明地表示，从老百姓的利益出发，那也是对绝对中立性的否定，因此不带任何前提的“偏见”的研究是不可能的，应该辩证地看待这一问题。

（二）温情的人类学

在我心中，人类学始终是充满温情的。这不是一门冷冰冰的学科，因为其理论建构在人类社会之上，因此其中必定融合着土地的温度和投入社会实践的热情。人类学田野调查从来没有固定的公式可寻，但是长时间的体验式参与观察后，往往会有“山重水复疑无路，柳暗花明又一村”之感。作为人类学学徒的我们，总会在快乐、痛苦抑或迷茫的田野调查之中，触及人类社会中最真实的知识和情感。无论是人与环境和谐共生、努力投身并反思人类发展，还是对社会福祉的关怀，点滴之中都充盈着人类学者的努力。当我成为一名乡村振兴的参与者，并在其中扮演积极的媒介角色时，内心却充满了焦灼与不安。我深知田野调查的复杂性，乡村建设的任何环节都容不得闪失，培植本土力量的生长至关重要，乡土伦理也不容外来者恣肆践踏，但是如果各种关系处理不当就会影响整个进程，甚至会损害研究者长久建立起的

---

① 刘绍华：《伦理规范的发展与公共性反思：以美国及台湾人类学为例》，《文化研究》2012年第14期，第197–228页。

② 叶敬忠：《发展的故事：幻象的形成与破灭》，北京：社会科学文献出版社，2015年，第1–39页。

信誉。

人类学者在日常生活中面临着不同处境，常在研究者和实践者的两极之间摆荡，因此总会陷入困惑、迷茫、挣扎的伦理困境，但这并不表明他们缺乏立场。在最初的参与观察中，人类学者努力保持客观观察者的身份，努力让自己的“参与”不至于对当地社会涉入太深，不主动采取任何行动，只做倾听、观察和记录。然而，当怀着最大的热忱投入到我们所热爱的土地与事业上时，却发现知识和实践的关系远比想象的复杂得多。从来没有绝对的“客观”之说，而且，不管各个主体的出发点是多么良善、行事是多么审慎、热情是多么激昂，很多事情的演变都不是我们所能筹谋和掌控的。人类学者参与程度究竟有多深，很难用标准尺度去测量，最终的决定权依然在自己。

于我而言，卷入就意味着必须承担责任，尽管这对于一个冷眼旁观、保持距离、小心翼翼、“理智”的客观分析者来说是极为冒险之举，但也必须在两个角色之间寻求新的平衡和安稳。在体验式的参与中，我常常获得前所未有的经验，这些欢欣、感动、满足、焦虑、痛苦、辛酸的经历都将成为珍贵的素材，都将坦诚并且毫不避讳地在我的民族志文本中呈现。所有故事就埋藏在乡村的土地之下，那些凌乱的残片都不是博人眼球的爆点，却讲述了如实托付的多样的生命故事。为了保护所有的报道人，也生怕激发更多现实矛盾，我本想隐去文中提及的姓名，然而，我发现无论怎样变更这些符号，总会不经意地影射到现实中更多的同人，我时常感到无奈。因此，我依然想讲出每个人的故事，从乡建者第一次出现在青田现场，那里炎热而潮湿的空气里便留下了所有人的呼吸和汗水，他们不曾离开。为尊重他们的存在和努力，我需要写下他们的名字，用文本为他们发声，这就是我们无法熟视无睹的真相。当然，在更多情景中，我更愿意用亲切的日常称呼来指代，因为那才是我们彼此相连的凭据。面对未知的未来，只要我身在整个田野情境中，就绝不会置身事外，我希望能够分担他们的酸甜苦辣。

第一章

『桃源』底色

青田艺术乡建的背景

第一节　晓来初见：青田之时空坐落

一、一水绿绕：风水格局与建筑景观

（一）玉带环村

帘外，细雨阑珊，湿湿的初春。

木棉花赫然盛开，依偎婆娑的榕树影中，分外红艳。我从未见过如此高耸的木棉，身长十余丈，她的树冠总是远远地高出旁边的古榕，那挺拔的枝干奋力地伸向蔚蓝的天空，如此贪婪地吮吸着春天的雨露。木棉花开，绚烂似火，恣意盎然。它们张扬地蔓延到每一个枝头，与天边的红霞交相辉映。正是“十丈珊瑚是木棉，花开红比朝霞鲜”，一时间我的心灵被这热烈的生命深深震撼，内心深处涌起一缕浓浓的暖意。

这天，我刚踏出院子，正巧遇到从鱼塘回来的瑞叔。“瑞叔，早晨[①]！”刘瑞庆是我在青田认识的第一个村民，曾经做过青田的组长，文字书法颇有功底。瑞叔六十岁有余，高高的颧骨，尽管两鬓飞霜，但瘦削的脸上几乎没有皱纹，深陷的眼睛透露着善意。他的肚子里装着数不清的典故，于是成为

---

① 早晨（zou^2 sen^4）：早上好。

我最初的向导。瑞叔问：“早晨！我带你睇[①]下我们的‘青田八景’先?”瑞叔所说的“青田八景”是村民们公认的村内的八大景观，分别为“千石长街”“玉带环村”“荷塘香韵”“青螺翠竹”“书塾遗风”“更楼晚望”“青龙桥墩”“百年古树”。“好哇!”我已迫不及待。

河涌像温柔的臂弯将青田怀抱起来，青田的生活就像这湾静水，没有浪涌波翻，没有漩涡险滩。我们沿着河涌缓缓而行，夹岸尽是水松。在顺德，有水松的地方就一定会有河涌经过。[②]远远望去，绿烟伴随着清晨的雾气蓬勃地升腾而起。瑞叔道：

> 青田处在水网之中。当年太公[③]带领村民开凿一条人工河道，长约一公里，绕村而过。正因为村落四边都由河涌环绕，所以村民唯有通过四条[④]独木桥通往村外，晚头[⑤]再将独木桥收起，同外界隔绝，形成一个安全圈。这是我们太公的风水设计，我们称其为“玉带环村”。从前“玉带”通常是指官位显赫的官员佩戴的裤头带，“玉带环村”寓意是，希望村民都可以进入仕途、做官从政。由于青田有四座桥，好似背仔的背带，听讲[⑥]官员才可以用这种背带方式；又有一种讲法，河涌好似五爪金龙，象征地位显赫、官运亨通。在这四座桥中，最出名的要数青龙桥，这是入村的要道。这里以前是一条木方桥，由柚木板

---

① 睇（tei²）：看；瞧。
② 河涌（ho⁴ cung¹）：珠江三角洲的小河流或溪流、支汊等。
③ 太公（tai³ gung¹）：祖先。
④ 条（tiu⁴）：量词。
⑤ 晚头（man⁵ teo⁴）：晚上。
⑥ 听讲（teng¹ gong²）：听说。

> 铺搭而成，而家[1]已经改为红毛泥[2]桥面，桥墩仍然是宣统年间修建的。俗话讲，“左青龙，右白虎”，这座桥啱啱[3]是青龙方向，所以叫“青龙桥”。[4]

正说着，我们已经来到了村口，村口的大桥由长白石铺砌而成，走下埗头便能看到桥墩上清晰可见的“青龙桥”三字。桥墩旁边有个大埗头，向西而建，印证了河水的流向。台地型聚落是珠三角常见的村落形态，由于水网密布、田地较少，再加上经济实力和人口数量等因素的局限，青田并没有充裕的拓展空间，所以村落规划较小。不过，村落因地制宜，规模非常整齐，一条主街贯穿村庄东西，多条次街分布南北，形成梳式布局。两座书塾分布在东西两侧，面向正面街，各房以祠堂为中心聚居，逐步扩展成今天的村落格局。村前长街以南是一方荷花塘，也是村里的风水塘，此为“荷塘香韵”。听瑞叔讲：

> 风水塘有好多用途的，一是提供生活用水，二是调节环境湿度，三是养鱼植藕，四是救火灭火。这口塘，开村的时候就有了，早期用于培植秧苗，派给各个农户插到各户禾田里面，后来开始养殖“四大家鱼”[5]，直到15年前，我提议将鱼塘改成荷花池，用作观赏同美化之用。[6]

遥想当年，村民乘着小船在河涌中自由地划行，或三五成群在清澈见底

---

① 而家（yi^4 ga^1）：现在。

② 红毛泥（$hung^4$ mou^4 nei^4）：水泥，洋灰。

③ 啱啱（$ngam^1$ $ngam^1$）：刚刚，刚好。

④ 访谈对象：瑞叔；访谈时间：2017年3月20日；访谈地点：青田青龙桥边。

⑤ 四大家鱼：指鲩鱼、鲢鱼、鳙鱼、鲮鱼，为顺德传统桑基鱼塘养殖。

⑥ 访谈对象：瑞叔；访谈时间：2017年3月20日；访谈地点：青田荷塘边。

的河水中嬉戏打闹，好不自在。如今，河道依然存在。不过随着人口增多，住房更加密集，加之房屋多依河而建，土地有限，只能将河流进行人工改建，或改道，或填埋。于是，河涌越来越窄，淤泥阻塞严重。河水里有时夹杂着塑料袋、汽水瓶、广告纸，河面上漂着油污和浮藻，偶尔会有苍蝇在此忙碌。

图1-1 青田坊正面全景（拍摄者：刘姝曼）

（二）青螺翠竹

“依山傍水、坐北朝南、适中居中”历来是风水最基本的三个原则。山体是大地之骨，水域是万物之源；坐北朝南不仅能够采光，还可以避北风，北边最好是横行的山脉，南面则有宽敞的明堂；“适中”意味着恰到好处、不偏不倚，“居中”则指布局整齐，中轴线东西两面有建筑物簇拥，还有河流环抱。除了没有北面的山脉，青田几乎囊括了好风水的全部要素，可谓是一块风水宝地。

我们太公曾经请一个非常出名的风水先生测算过，青田北面原本有

> 个细[①] 山丘，而且还有棵大榕树。这棵大榕树特别神奇，听讲每日傍晚时分，总会有成群鹩哥在榕树上空盘旋，而且特别准时，每隔几个时辰飞行一次，好壮观的。而家山丘已经冇[②] 了，全部起了新屋，但是大榕树还在那里，那就是我们村的风水树。[③]

风水树已有百年历史，青田百年以上的古树有20多棵，也成为村庄一景。不知不觉已绕村一周，我们来到村西南头的河涌，河涌口中央有个小土墩，像一座小岛。小岛高于正常水面的1.5米，面积约20平方米，上面长满了黄竹。眼前的景观是“青螺翠竹”，但我并没有领会其背后的内涵。瑞叔解释道：

> “青螺翠竹”是青田联结外部水源的主要入口，是我们村的“源头”，象征五谷丰登，子孙昌盛。正所谓：“新竹高于旧竹枝，全凭老干为扶持。明年再新生者，十丈龙孙绕凤池。”[④]

待到河涌里的水退去，你就会发现泥湴[⑤] 下面是五棵老水松树头，后来村民在上面用塘泥筑起几十方泥湴，将几百竿黄竹稳稳地托住，竹根深深扎入其中，坚固土墩，生机盎然。

> 谁都讲不清楚，这些松树头因何而来，更加奇特的是，土墩四面环

---

① 细（sei^{3}）：小。

② 冇（mou^{5}）：没有。

③ 访谈对象：瑞叔；访谈时间：2017年3月20日；访谈地点：青田河涌畔。

④ 访谈对象：瑞叔；访谈时间：2017年3月20日；访谈地点：青田河涌畔。

⑤ 泥湴（nei^{4} ban^{6}）：烂泥，稀泥。

水，周围都有砌砖加固，但是从未受到水流侵蚀。西江的支流从西边进入后，受到暗堤的阻隔，自然流向南边的河涌，然后绕村一周，经过村子的北面，向南返回全村入水口；到了这里，水流不是直接流到村子外面，而是围着竹垛转一个圈，先流出去，可以减缓水流的猛烈冲击。①

图1–2 青螺翠竹（拍摄者：刘姝曼）

按照瑞叔的说法，整个青田呈田螺状，“青螺翠竹”就是“螺厣”，即“田螺盖”。这里是螺地，所以村里面不允许养鸭子，因为鸭子吃螺。过去村民的房子都是泥地，几乎没有硬化；河涌边也不可以硬化，不可以挖井，为的是维持一个有益于螺生存的环境。这里是田螺的头，田螺尾即“螺督”则在村东北角的炮楼处。我顺着瑞叔手指的方向，远远望去，只听他解释道：

① 访谈对象：瑞叔；访谈时间：2017年3月20日；访谈地点：青田河涌旁。

青田原本有三座炮楼，1965年北楼被拆，因为北楼是用砖头砌起来的，当年大队建造礼堂需要砖头。而家只剩东、西两座，你睇下。东楼分为三种材料，上面是青砖，下面是红石，用红毛泥黏合而起；西楼全部用红石筑起。1975年，又要拆除西楼，好在仅拆掉1米的时候叫停了。1995年左右，西楼顶上长出两棵小树，分别是一棵大叶榕和一棵细叶榕，当年楼顶被拆掉了，雀仔衔来的榕树果掉下去就长出了小树，20多年后两棵榕树已经成长为大树。螺督就是东边的更楼，比较完好的那座。①

图1–3 青田坊东侧的更楼（拍摄者：刘姝曼）

清末民初，顺德乃至广东社会陷入动荡，盗匪问题严重，顺德“盗风之炽为粤省冠”，因此水乡聚落进出口往往修建高高的炮楼，一来保境安民，二来作为宗族械斗的屏障，成为这一岭南水乡异于江南水乡的又一独特景观。那时，青田为保卫村庄、防御外敌，就分别在村东、北、西面各起一座炮楼。当年三座炮楼高达五层，结构呈倒梯形状，每层都有射击窿。它们

① 访谈对象：瑞叔；访谈时间：2017年3月20日；访谈地点：青田东炮楼。

以村落为中心，互为“掎角之势”。健壮的男丁负责把守炮楼，一旦发现敌情，即刻向天空鸣放信号，全村就马上严阵以待。由于青田与隔壁村南朗交界，因此在土地、鱼塘的划分方面存在模糊地带，双方屡屡争论不休，甚至动武。南朗人多势众，战斗力极强；青田势单力薄，常常败北。因此，青田总流传着一句话，“天上雷公，地上南朗公”，足见两地的紧张关系。如今，北楼被拆除，仅剩东、西两座遥相呼应，伴随人们日出而作、日落而息，故称“更楼晚望”。

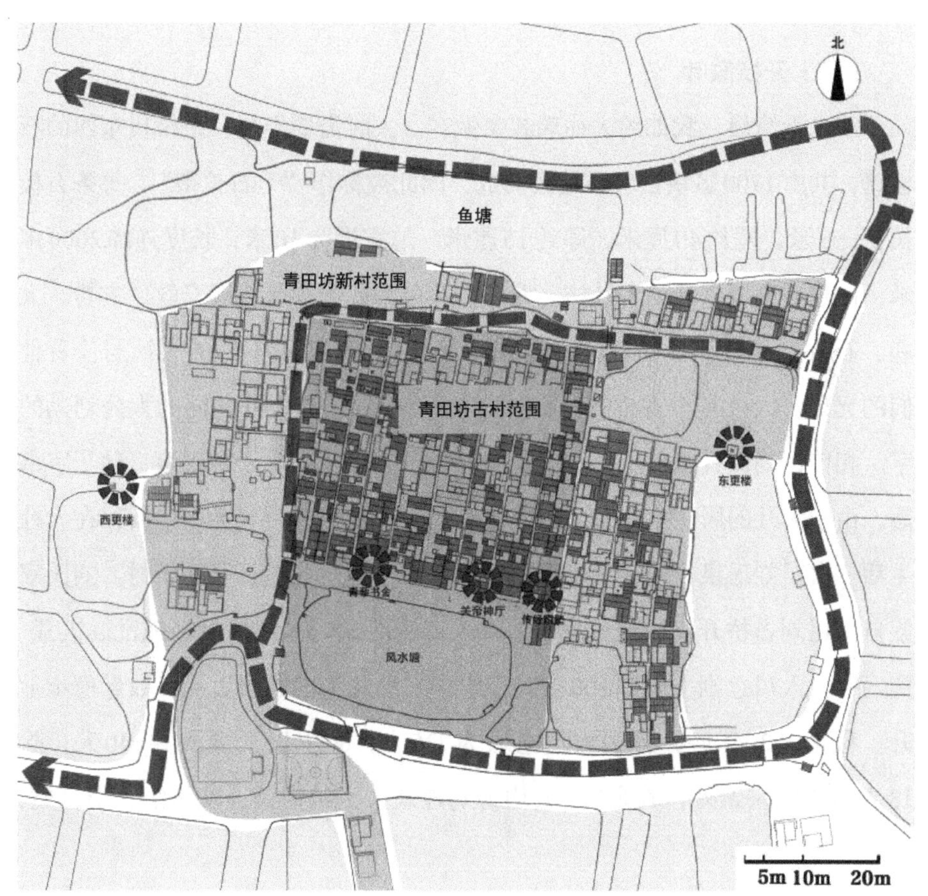

图1-4 青田坊村落格局图
（本图在广东工业大学城乡艺术建设研究所提供的绘图基础上改进而成）

"听日[①] 要唔要去我屋企[②] 食早餐?"瑞叔向我发出热情的邀请。久闻"食在广州，厨出凤城"，"凤城"即顺德，这里正是粤厨的摇篮。暂且不提那些头顶金字招牌的凤城大厨，随便找几个普通的顺德人，都能动手做几道喷香好菜，因此顺德有着"全民皆厨"的美称，家庭主妇更是厨艺不俗。"好啊，瑞叔，唔该晒！[③]"我情不自禁地应着。

二、映水人家：历史沿革与家族关系

（一）开枝散叶

第二天清晨，我如约去往瑞叔家做客。去时需要经过一条横贯东西的石板路，共由1700多块白麻石铺砌而成，因此被称作"千石长街"。每条石板长2—3米，宽约40厘米，厚约15厘米。总宽度为10米，长度连绵2000多米，向东一直可以通向大社坊。龙潭村共分为四个片区，即安教、古粉、大巷、石桥。青田属于安教片，以刘姓为主，距离这里不远的大社居住着他们的兄弟。大社有个古桥刘公祠，"古桥"是青田和大社共同的太公刘劾的字。相传，刘氏古桥公生了三个儿子，长子字影我，次子字瑶泉，幼子字卓霞。由于大社的居住空间有限，老二和老三决定离开，老大则继续留在大社生活。次子刘瑶泉、幼子刘卓霞从安教片大社迁至此地，开辟新村。刘氏家族自太祖刘古桥开支，抗日战争前夕人口达到2000余人，后经战乱、饥荒、疾病等，人口急剧下降到100多人，中华人民共和国成立后人口数量稳步上升。截至2020年底，青田人口总数为735人，60岁以上老人共140人；除13人为陈姓宗亲外，其余722人均为刘姓宗亲，包括梁、陈、伍、李、吴、

① 听日（ting[1] jat[6]）：明天。
② 屋企（ugug[1] kei[2]）：家。
③ 唔该晒（m[4] goi[1] sai[1]）：谢谢，太感谢你了。

黄、苏、杨、潘、麦、邓等姓氏。从明末开村至今，经过二十几代人的劳作，青田被开辟成现在的模样，这条石板路正是刘氏兄弟及其后人共同铺砌而成的。“千石长街”的建成也标志青田自然村落形成，如此大规模的工程，在当年的村落中是极为罕见的。因此，当地流传着这样一句话，“唔食十世斋，唔嫁得青田街”，意思是说，“不吃斋修行十辈子，都没有资格嫁到青田来”。

图1–5 青田正面大街（拍摄者：刘姝曼）

沿街房屋滴水线下方的条石——沿墙角向外延伸的部分，明显高于长街路面三五厘米。有趣的是，这些高出的部分宽度也不同，西边高出的是五板石，东边的则是三板石，以此作为村落的界线。当年刘氏两兄弟搬迁到这里后，便分了家，二佬瑶泉决定在东边居住，细佬[①]卓霞选择在西边定居。

① 细佬（sei³ lou²）：弟弟。

后来听村民讲，东西两边的财力不同，西边的房产比东边多，所以有条件将高出来的石板修得更多一些。由于来自不同家族，东西两边的村民性格也不同，西边的人比较有经商头脑，倾向于出去做工；东边的人则比较保守，更喜欢留在本村耕作，所以，西边比东边更富裕。之后，村民们逐渐开拓出九条南北纵贯南北的细窄巷，自东向西依次为“一巷”“二巷”“三巷”“四巷”“五巷”“六巷”“七巷”“八巷”“九巷”，俗称“九龙在位”，兄弟二人约定以“七巷”为“中界巷”，各自生活。中界以东的街巷称为“东便街”，以西的街巷叫作“西便街”。由于卓霞家族财力丰厚，遂又在九条巷之西开辟出“十巷”和“十一巷”。村落发展至清朝中叶，刘氏家族已经积累了相当多的财富，他们兴修水利、路、桥，并在中界巷建造起九间三层高楼，东面四间，西面五间，恢宏大气。新建造的楼房就成为地标性建筑，因此青田又有一个别称——“新楼”。

七巷是一条特别的巷子——11条巷子中唯一的“死巷”，其他10条巷道均能直通，村民可穿梭其间；只有中界巷杂草丛生，一片荒芜，无人问津。这不禁会让外人心生疑惑：难道分属东西的两个家族不和吗？据说，当年东西两边的确有许多盘根错节，但这些家族往事早就随风而逝，正如老人们说，“全部过去嘞，唔紧要[①]了”。当青田遇到北面南朗的侵袭时，两边的兄弟也会马上联合起来，并揾[②]到关氏、张氏兄弟一起帮忙；遗憾的是，每一次战斗都以失败告终罢了。

（二）“家塾”上字

当年卓霞、瑶泉二兄弟来到青田开村，兄长影我仍在邻村大社居住，所

① 唔紧要（m⁴ gen² yiu³）：不要紧，没关系。

② 揾（wen²）：找。

以先祖的祠堂——古桥刘公祠，由青田和大社共用。如今大社依然保留着古桥刘公祠的遗迹，只是年久失修，满目荒芜。古桥刘公祠门口写着一副对联，上联是“古承二汉同宗发”，“二汉”指西汉高祖刘邦和东汉高祖刘秀，他们为子孙后代开创基业；下联是“桥衍三枝共炽昌”，“三枝”指古桥公的三个儿子：影我、卓霞、瑶泉，三枝继承祖业，为家族兴盛不懈奋斗。同时，两联的首字分别为“古”“桥”，恰好点明了“刘古桥”之名。这副对联化用了《刘氏宗亲歌》中的“苍天佑我卯金氏，二七男儿共炽昌”。

图1-6 大社古桥刘公祠（拍摄者：刘姝曼）

值得一提的是，村民将“二汉”视为直系祖先，至今村西头还保留有一块石板，上刻有“彭城”二字，清晰可辨。彭城，江苏徐州的古称，也是著名的“刘邦故里”。当年村民将“彭城”雕刻在村口的闸门上，后来闸门拆除，石板成为唯一的遗存。对共同祖先的追溯是建构共同体的重要手段，人们渴望塑造一个拥有凝聚力和正统性的村落共同体，以期建立自身的文化自信，并得到他人的认同。像青田这样的历史叙事并不鲜见，人们有意识地强调某些碎片，将这些有利的片段用各种方式记录、强化并呈现在日常生活中，因而带有明显的建构色彩。

图1–7　村口石板上“彭城”二字清晰可见（拍摄者：刘姝曼）

根据村民的意思，青田本身没有祠堂，因此要与邻村大社坊共用一座古桥刘公祠；不过从日常生活来看，他们平时的祖先祭拜均在两座“书塾”内进行。东边是传经家塾，西边是青藜书舍。传经家塾建于清朝道光年间，青藜书舍于清光绪年间落成，均为两进，有东西厢房，为广府地区常见的三间两廊式建筑。建筑总体规模为120平方米左右，采用青砖材料、天井式布局、抬梁式结构、硬山式屋面、禄灰筒瓦屋顶。装饰方面各有特色，传经家塾的正脊为龙舟脊，两侧为镬耳山墙；青藜书舍以博古脊作为房屋正脊，两侧为博古人字山墙，均有花卉、鸟兽的壁画和灰塑作为装饰。经过一百多年

图1–8　青藜书舍（拍摄者：刘姝曼）

图1–9　传经家塾（拍摄者：刘姝曼）

的洗礼，两座家塾建筑已破败不堪，瓦筒脱落、屋脊残缺、墙壁斑驳，屋顶的瓦松见证着这里的枯荣兴衰。

路上，我遇见了瑞叔的五姑刘胜迁。胜迁婆婆很早就被儿女接到大良街道居住，逢年过节才回村转转，所以平时很难见到她。婆婆身材高高瘦瘦，灰白头发梳得整整齐齐，用一根黑色一字发卡别在鬓角，细致而精神，旁人丝毫估唔到① 她已经有八十多岁了。婆婆幼时在青藜书舍读书，也许正是读过书并且常年生活在市里的缘故，她可以说一些普通话。她用温柔的声音向我讲述着当年上小学的情景：

我细时② 就喺度③ 读书了，嗰阵④ 叫作“青田小学”。我记得当时分成两个班级，在天井和厅堂各一个，一个房有两个班，一年级同二年级一个班，三年级、四年级是另一个班。我屋企冇钱，又是女仔，其实冇条件读书的。不过校长对我好好，知道我中意⑤ 读书，而且成日⑥ 考第一，就同我老窦⑦ 讲：“如果你不让她读书就可惜了。”后来，学校同我讲不用学费。如果当初学校不帮助我，我肯定一脚都踏不进学校的大门。我至今还记得青藜书舍的校歌：“安教青田，乃为乐园，有为儿童集一堂，前临绿波，左右闾里，学焉游焉共琢磨，礼义廉耻，明志立信，为国栋梁耀乡邦，学行成功日，正是报国时，毋忘师长望。”新中国成立后，小学就冇咗，细佬仔⑧ 就去安教小学了。两条书塾就当祠堂

① 估唔到（gu² m⁴ dou³）：没想到，料想不到。

② 细时（sei³ xi⁴）：小的时候。

③ 喺度（hei² dou⁶）：在这里。

④ 嗰阵（go² zen⁶）：那个时候。

⑤ 中意（zung¹ ji³）：喜欢。

⑥ 成日（xing⁴ yed⁶）：老是。

⑦ 老窦（lou⁵ deo⁶）：父亲。

⑧ 细佬仔（sei³ lou⁶ zei²）：小孩儿。

用咗，传经家塾是东便街的祠堂，青藜书舍是西便街的祠堂。[①]

她婉转的轻声哼唱流露着感恩，那些年青藜书舍中的朗朗书声，又回响在刚刚意味深长的言语中。从胜迁婆婆的回忆中得知，两座“书塾”后来就不再承担教学功能，东西两边的村民分别在各自“书塾”祭拜祖先。如今在青藜书舍中，设立着太公卓霞的排位，在其右侧的石碑上清晰刻有刘氏的字辈：“昌，希，贤，体，仁，恒，义，实，大，声，宏。”在两个家塾的右墙上，贴着很多红纸，红纸上写着工整劲道的毛笔大字。这些红纸当中，写有“义”“实”的字迹已随墙壁一起斑驳不堪，写有“大”“声”的居多，纸张较新，金色的大字映着红纸依然鲜艳夺目。这些红底金字的格式是相同的，中间最醒目的是结婚时新取的名字，其上写着“某某新字”，左右两侧分别表达“百年好合”和“五世其昌”的祝福。我仰望着墙上的大字出神，胜迁婆婆解释道：

图1-10　传经家塾右墙上贴满的大字（拍摄者：刘姝曼）

① 访谈对象：胜迁婆婆；访谈时间：2017年3月21日；访谈地点：青藜书舍。

> 我们这里有“上大字”习俗。青年男子结婚当日半夜，要揾个好时辰拜神，取个“新字”。新字要按照字辈来，比如“声”字辈，可以改名“声权”“声烽”“声岱”“声润”等。你睇，“声权”就是刘永邦的新字。这些大字可以挂在祠堂，都可以挂在自己屋企，可以单独挂在一个地方，也可以两个地方同时挂。人们起名有可能会重复，但字一定不可以重复，所以一定要挂出来，这样大家就知道啦。百年之后，人们的墓碑上写的并不是身份证上的名字，而是贴出来的大字。①

每当谈起“书舍”和“家塾”的时候，人们总有这样一种执念：一座小村庄拥有两座书塾，这一定是“耕读传家”的光辉见证。村民也写下过这样的篇章，例如《倡德重教》云：“倡导文明育俊英，德才两项要求精。重温故学如新进，教尔信诚肇业兴。”另有《晴耕雨读》云：“晴天劳作应生机，耕养基塘不误时。雨日农家闲无事，读研书海共求知。”实际上，此类“书香味”十足的建筑物，很多同教育并无直接关系。根据陈际清《白云、粤秀二山合志》中记载：“广州自耿、尚屠城以后，城中鲜五世萃居者，故无宗祠，有则合族祠耳。乾隆间有合族祠之禁，多易其名为书院、为试馆。”② 以此为契机，黄海妍以广州陈家祠为例，推论陈氏书院仅仅只是广东七十二县陈姓族人捐建的合族宗祠，而并不具备传统书院让人读书受教育的功能。③另据陈忠烈考证，书院、书斋、书舍、书室、书塾和家塾等，是清朝乾隆年以后在城镇和乡村大量涌现的小祠堂，是珠三角宗族制度发展到一定阶段的产物。这类祠堂是同姓不同宗者，甚至是不同姓者，采取虚立名号，联宗通谱，联合一县至数县甚至数十县而建立起来的。这类祠堂建筑的主要部分一

① 访谈对象：胜迁婆婆；访谈时间：2017年3月21日；访谈地点：青藜书舍。

② （民国）黄佛颐：《广州城坊志》，广州：广东人民出版社，1994年，第9页。

③ 黄海妍：《论广州陈氏书院的性质与功能》，《广东史志》1998年第4期，第2–6页。

般只是一个厅堂，堂内设神台、神龛，以放置神主和供香火，所以民间称之为“厅”“祖厅”或“香火堂”。由于这类祠堂名称也有点“书香味”，兼之是属于家庭私有，所以粤俗又称之为“书房太公”或“私伙[①]太公”。[②]再进一步，“青藜”“传经”“彭城”等，均为刘姓宗亲的堂号。据此推断，青田的两座“书塾”很大可能就是“私伙”，发展到近代后逐渐改为学校，承担起教学功能，加之“书舍”“家塾”的名字散发着浓郁的书卷气，村民便自然而然地认定“耕读传家”的独特传统了。

三、香火尚存：信仰体系与周边关联

（一）家宅祈福

与胜迁婆婆道别后，我来到瑞叔家。小院里别致地摆放着石桌凳，鸡蛋果树的树荫在地上铺洒开来，一座二层小楼坐北朝南。“三间两廊”正是典型的广府民居的格局，走进房间，正厅两侧各有两个偏房，瑞叔说这叫“背子房”，顾名思义，像一个大人背着两个仔。正厅大约20平方米，在同类房间中不算太大，不过“居住”在这里的神灵可真不少。墙的正中间挂着一幅关帝像，神像之下放置着一张细长的雕花神台，上面供奉着红底金边的祖先牌位；排位前面摆放着几盏镶金高脚红胶酒杯、一盘鲜嫩的生果、一尊铜香炉，上面插着几炷香，冒着缕缕青烟。神台下摆着一张八仙桌，桌下供着一个红底金边的地主牌位，正对大门的分别是“五方五土龙神”和“护宅地主财神”。“五方”者，东、南、西、北、中；“五土”者，山林、川泽、丘陵、坟衍和原隰。土地需要接地气，因此神位下面放着方砖，即“地主砖”，五

① 私伙（xi^1 fo^2）：体量较小的祠堂。

② 陈忠烈：《“众人太公”和“私伙太公”——从珠江三角洲的文化设施看祠堂的演变》，《广东社会科学》2000年第1期，第70–76页。

色龙安东、南、西、北、中，排好再放安土符和引龙符。地有龙脉，故土地神又称“龙神”；有土斯有财，故土地也是“财神”。

我正望着神台沉思，瑞嫂已经端上了热腾腾的鲮鱼粥。顺德地处亚热带，气候湿热容易使人体力消耗增加，因此需要补充水分和营养，所以人们有吃粥的习惯。民间流传着“到顺德不吃鱼，相当于没到过顺德”的名言，据统计，顺德人吃鱼的花样可达200多种，鱼身上的每一个细节都可以做到极致，包括鱼肉、鱼生、鱼腩、鱼骨、鱼皮、鱼肠等。鱼片粥可谓是这“全鱼宴”上必不可少的一道佳肴，混杂着青菜的清新和白粥的香甜。听瑞嫂讲，“食鱼片时一定要蘸上姜丝同抽油①”，因为姜丝的辣和酱油的鲜可以中和鱼腥，并能增加鱼的鲜香。鱼片粥再配上红米酒，变成了顺德独特的乡土早餐。

每日朝头夜晚②，瑞嫂都要装香祭拜，一共要祭拜十几位神灵。除神台上供奉的四位——“关帝”“祖先”“五方五土龙神”和“护宅地主财神”，从厅堂过天井至门口，一系列的神灵错落有致，从里到外守护着整个家宅。厨房灶台有“定福灶君”，院里水井有“井神”。大厅前面的天井南墙上镶嵌“天官赐福”红色陶瓷黎砖神牌，门入口左首，墙上的神龛供奉“门官土地福神”。院门上贴门神“神荼、郁垒”一对。大门口左下角，供奉“门口土地福神”云石板神位牌。门官土地同门口土地方向一致，都供奉靠在大路的一边。门口土地神位牌以上，贴有烫金红钱，上方两侧插一对凤尾神花，那是过年时插上去的，每年春节更换一次，预示“招财进宝”，再向上依次贴“禄马扶持”和“东南西北贵人”，有“指引子孙昌盛”“永保平安长命富贵”之意。神位旁边摆放有三插石香炉，供奉“外姓家仙”——瑞嫂的

---

① 抽油（ceo^1 yeo^4）：酱油。

② 朝头夜晚（jiu1 teu^2 ye^6 man^5）：早晚，早晨和晚上。

祖先，平日只插一炷香，逢年过节就会将三炷香插满。

图1–11　村民在家中装香祭拜（提供者：陈碧云）

瑞叔家住在巷口，与对门相隔一条细窄巷，院门呈东西面向，相对而开，以小巷为轴线分布左右，前后留细长界线相隔成行，整个青田的民居呈行列式布局。瑞叔家在青田的最东头，并且出门即是河涌。河涌埗头处则供奉着“埗头水龙神”。青田被河涌环绕，水流向西，埗头就向西而起。村东、西部各有一个大埗头，还有若干小埗头。旧时结婚，女子都是坐船而来，在大埗头上岸；老人家过世，也在大埗头买水①。这些埗头见证了青田的生离死别，因而被称作“生死埗头”。食罢早餐，瑞叔瑞嫂送我出门，我向他们

① 买水（mai^5 seu^2）：逝者入殓前，由大侄儿引领孝子、嫡孙等携钵头，赤足披发到属于自己家族的水埗头投钱于水，汲归浴尸。除为逝者净身洁体外，也希望他能够魂归故里。青田至今保留着这一风俗。

道谢，“唔该晒!”继续在村里行走。只见每家每户住宅门口的墙壁上都镶嵌着“门口土地福神”的牌位，村里唯一的士多[①] 则在门口供奉“铺首土地财神”，敬奉着各样的贡品。

图1–12 青田村东的大埗头（拍摄者：刘姝曼）

在巷口或者重要的路口处，则会供奉“土地公”。土地公的形象各异，有的地方简易地放置一块大石头，有些地段石头已经雕刻成憨态可掬的长者模样，还有些要道上已经建起了小石庙，同时敬奉着“土地公婆”。在青田西边的桥头，就坐落有一座小亭，土地公公和婆婆在里面斯斯文文地坐着，享受着村民的香火。石亭柱上写有一副对联，“土能生白玉，地能生黄金”。刘丽结正巧在此路过，她是青田生产队的队委成员，也是村里有名的“热心

① 士多（xi6 do1）：贩卖香烟、水果以及其他零碎日用品的小商铺，英语“store”的音译词。

肠”，我便向她询问此事。我起初无法适应结姨的“德语”口音，她便贴心而吃力地用“德普”（顺德普通话）为我解释：

图1-13　村民为土地公婆上香（拍摄者：刘姝曼）

这座土地庙是村民集资起的。俗话讲，“公公十分公道，婆婆一片婆心”。意思是说，公公刚正不阿，婆婆仁慈善良，就是保佑我们平安健康、风调雨顺、五谷丰登。在我们这里，几条巷就是一个社，几个社就是一个坊，几个坊就是一条村。青田共有三个社，东边是青龙社，西边是文明社，北面仲[①] 有一社，是村民新建的，但神牌上有名。[②]

正说着，结姨带我来到青田最东侧的大埗头。这里有一株灿若明霞的木棉，树下的社坛便是她刚刚提及的“社”，石碑上刻着“社稷之神”四个

① 仲（$zung^6$）：还。

② 访谈对象：结姨；访谈时间：2017年3月21日；访谈地点：青田青龙社。

大字，石碑上方标识着“青龙社”，除香炉、散香、红钱、神花等贡品外，还有很多村民从家里替下的神像。同样地，在青田的西侧大埗头也立有一“社”，取名“文明社”；北面的社公则为村民新设立，并未取名。在珠江三角洲的乡村，村民通常会在村口大树下设立一个“社坛”，树种多为榕树、木棉之类快长不成材的树种，这棵大树便称为“社树”，人们将社坛供奉的神灵称为“社公”。明清笔记将这种现象称为“靠树为坛”，即“各乡俱有社坛，盖村民祈赛之所。族大者自为社，或一村共之。其制，砌砖石，方可数尺，供奉一石，朝夕惟虔。亦有靠树为坛者。”[①] 相传，社公需要吸纳上天之雨露灵气再传播人间，所以所有社坛上都没有遮顶。一般来说，“靠树为坛”同聚落设置有着严格的配属关系。[②] 村口有一个大社坛，进村之后，每

图1-14 村民在社坛进香（提供者：陈碧云）

① （清）张渠撰、程明校点：《粤东闻见录》卷上《杂神》，广州：广东高等教育出版社，1990年。

② 陈忠烈：《“靠树为坛”——中国先民驻留澳洲的证据》，《广东社会科学》2003年第6期，第84页。

个方向的路口有一个土地公。如果找不到进村的路口，只要找最高的那棵树准没错，树下就是社稷坛，找到它就找到了入口。居民是坊众，同时又是专奉某一“社公”的“社众”。这种配属不但使村民生活有序化，也有利于村落的整合。[①]

（二）“兄弟”关公

傍晚的炊烟袅袅升起，又到了人们出门上香的时候。关帝神厅是青田唯一的庙宇。它只是一个6米见方的厅堂，青砖砌成，建筑结构简单，屋顶采用硬山式、禄灰筒瓦的做法。堂内设神台、神龛，以放置神主和供香火。这里香火极旺，厅堂上方盘旋着巨型盘香，烟雾缭绕。在前来装香的人群中，我又见到了瑞叔。常听他提起，“桃园三结义”的故事令刘氏宗亲铭记于心，所以青田村民一直把关帝视为同姓先祖的兄弟，于是关帝就承载了青田人的所有心愿。珠三角乡村通常会供奉一个或多个庙，作为一族（单姓村）或一乡（多姓）之庙，称为“村主”（或“乡主”）庙。每个庙宇中都会供奉着一位或多位神灵，但至少会选择一位作为主神，关帝神厅便是青田的“村主”庙。隔壁大社还有一座关帝庙，由于青田和大社出自同一个太公，因此都敬奉关帝。由于青田刘氏是从大社开支散叶而来，因此大社的关帝庙比青田的关帝厅更高一级。“文化大革命”期间，关帝神像遭到毁坏，此后一直有几个寡佬[②]在里面居住，直到这些老人们过世，才于1992年重修关帝厅，村民从大社关帝庙重新请来一位关帝爷，青田的关帝神厅才得以光复。

---

① 陈忠烈：《明清以来珠江三角洲“神文化”的发展与特质》，见广东炎黄文化研究会编：《岭峤春秋——岭南文化论集（三）》，广州：广东人民出版社，1996年。

② 寡佬（gua² lou²）：单身汉，光棍儿。

图1-15 关帝神厅（拍摄者：刘姝曼）

在过去，青田和大社每年农历正月初八和正月十六都要举行“请神”和“送神”仪式。听瑞叔讲，“这是青田最受瞩目的节目！”只听他回忆道：

“请神”前一天，也就是正月初七，村民要将关帝神厅、青藜书舍和传经家塾清理干净，在青藜书舍或传经家塾里面摆好神台香案，在门口贴上对联。初八一早，请神队伍由青田出发。那是一支二十几人的队伍，最前面的人鸣锣开道，其后两人各自举着一个木牌，上面写有大字“肃静”“回避”，后面的村民手里拿有锡杖、轮遮、螺花罐、盏、街等八样宝贝，我哋[①] 称其为“八宝”。沿途经过的人家或者铺头[②] 都会燃

① 我哋（ngo^5 dei^6）：我们，咱们。

② 铺头（pou^3 teo^4）：铺子，商店。

> 放炮仗，迎接关帝，沾沾喜气。到达大社关帝庙之后，那里的兄弟会出来迎接，赠送吉祥语，完成交接后，请神队伍就按原路返回青田。行宫是雕花的，里面端坐着关帝神像，35厘米高，28厘米宽。接回村后，要将关帝爷毕恭毕敬地摆在书塾厅堂正中，神位面南背北而放，一直敬拜到正月十六。我们都要遵守一个约定，东西两边轮流敬放，如果当年行宫摆在东边的传经家塾，那么下一年就摆在西边的青藜书舍。到时还要执筹肯定人选，派人值夜。期间，村民们都会争先恐后地过去祭拜！
>
> 到了正月十六朝早①，全村的村民都会集中在长街上，大家会在关帝神厅选两个“好命”的男子。所谓“好命”，是指有父母和兄弟姊妹的人，等待他们将关帝行宫由青藜书舍或传经家塾中请出来。这里有一套规矩，如果当年是东便街护神，就将行宫面西背东，摆在早起搭好木架上；如果是西便街护神，就面东背西而向。行宫两侧，两支高标赫然写着一副对联，上联是“匹马斩颜良，河北英雄皆丧胆”，下联是“单刀会鲁肃，江东豪杰尽低头”，讲的是关老爷的英雄事迹。村民在千石长街上设大宴，摆满几十围，痛饮一番。下晏②，队伍将行宫送返大社关帝庙，至此“送神”仪式搞掂③。④

只可惜，如此盛大的“请神”和“送神”仪式已经失传多年。我满怀期待地向瑞叔询问：“我们明年有机会看到吗？”瑞叔表示，尽管了解这个仪式的老人们几乎都已经去世了，但他曾经搜集过很多资料，也请教过很多老人，并且希望将这个仪式恢复起来；这是个颇具挑战性的工程，需要大家共

---

① 朝早（jiu^1 zou^2）：早晨，早上。

② 下晏（ha^6 $ngan^3$）：下午。

③ 搞掂（gao^2 dim^6）：办妥，完成，处理好。

④ 访谈对象：瑞叔；访谈时间：2017年3月21日；访谈地点：青田关帝庙。

同努力。

费孝通先生曾说过：“我们对鬼神也很实际，供奉他们为的是风调雨顺，为的是免灾消祸。我们的祭祀有点像请客、疏通、贿赂。我们的祈祷是许愿、哀乞。鬼神对我们是权力、不是理想；是财源，不是公道。”① 人们对关帝的虔诚信奉，更多地出于世俗要求与功利心理，青田一代的村民赋予关羽这一历史人物以超自然的力量——对他加以神化或半神化，使其成为人们崇拜、祭祀的神圣对象。不同行业的人们有着不同的企盼，生意人把关帝看作财神爷，祈求财源广进、生意兴隆；庄稼人尊其为人间善神、正义之神，祈求降雨消灾，主持公道等。也就是说，在人们的观念中，宗教信仰与满足村民的心理和实际需求是不可分割的，由此折射出我国民间信仰的实用主义特点。关帝神厅是青田的主庙，在珠江三角洲，像这样的村落大多以特定的庙宇为中心，村落联盟则通过大规模的跨村落迎神赛会仪式形成凝聚力，并以此作为联盟的主要机制，青田和大社正是通过“请神”和“送神”的方式实现村落联结的。

四、看蚕耕塘：生计方式与经济发展

（一）围海耕塘

又一日，我漫步在塘基之上。青田的鱼塘都在村外，大概几十口的样子，星罗棋布。牛叔，人如其名，憨厚老实，踏实肯干。趁他不忙，我便向他询问这里的“耕塘”传统。

青田外围全部都是鱼塘，这周围以前都是河滩，地好少的，我们现

① 费孝通：《美国与美国人》，北京：生活·读书·新知三联书店，1985年，第110页。

在的村落都是围海造田围出来的。[①]

“围‘海’?”我起初并不明白他口中的“海”是何意。根据《顺德县志》记载,“顺德去海尚远,不过港内支流环绕,抱诸村落而已。明以前所谓支流者类皆辽阔,帆樯冲波而过,当时率谓之‘海’…… 近年则沧桑阅久,有前通而后淤者,有旧广而今狭者,而沿其故名,则仍统称曰‘海’。”[②] 原来,这里的“海”不是“大海”。顺德人将宽阔的河面或者堤围外面的干流叫作“海”,比如“德胜海”[③]。顺德好多地名都与“水”有关,比方“涌”“滩”“溪”“滘”“浦”“沙”等等,比如“左滩”[④]“北滘”[⑤]“沙浦”[⑥]等。

顺德地处西江下游,杏坛镇刚好位于水网地带,为防水患,人们就将低洼之处挖成鱼塘,将泥土覆上鱼塘的四周,就成为基面,差不多是“四水六基”的比例,并在基面上种植各种作物,形成不同的基塘,比如果基鱼塘、花基鱼塘、菜基鱼塘、桑基鱼塘、蔗基鱼塘等,顺德的传统生计以桑基鱼塘为主。老农经验认为800斤(1斤等于0.5千克)左右蚕屎可养出100斤鱼,塘泥戽上基地,既可改土,又可做肥,互相促进,成为独有的耕作形式。因此,桑基鱼塘模式带来的经济效益是远胜于传统农业的。[⑦]

---

① 访谈对象:牛叔;访谈时间:2018年3月30日;访谈地点:青田鱼塘。

② 顺德市地方志办公室编:《顺德县志(清咸丰、民国合订本)》,广州:中山大学出版社,1993年,第70页。

③ 德胜海:河名,即容桂水道,位于顺德区南部,西江下游。

④ 左滩:村名,即左滩村,位于顺德区龙江镇。

⑤ 北滘:镇名,即顺德区北滘镇。

⑥ 沙浦:地名,即沙埔村,位于顺德区均安镇。

⑦ 李健明:《千年水乡话杏坛》,长春:时代文艺出版社,2004年。

> 青田共有73口鱼塘，但是一共有一百六七十户人家，所以真正做渔业生产的最多都不超过20户。人们在池塘养鱼，在基面种植桑树，摘桑叶喂蚕，蚕下的粪养鱼，池塘里面的泥含有鱼粪和其他有机质，用来壅基面上的桑树。这样，桑树种植与水中养鱼就一齐搞掂了！①

可见，在历史上，“看蚕”和“耕塘”一直是青田的两大生产支柱，由此形成了“种桑养蚕、蚕粪喂鱼、鱼粪肥泥、塘泥种桑”的循环利用农业生态系统。

图1-16 水网密布的青田坊（提供者：谭若芷）

（二）种桑养蚕

顺德种桑养蚕缫丝的历史可以追溯至清朝中叶，特别是鸦片战争以后，

① 访谈对象：牛叔；访谈时间：2018年3月30日；访谈地点：青田鱼塘。

缫丝新式技术传入我国，此地缫丝业迅速发展，进而培养了大批有熟练缫丝技术的生产者，顺德的缫丝业跃居珠江三角洲首位。曾经很长一段时间，蚕桑业是青田乃至杏坛镇农业的主要生计之一。在青田的西面，仍坐落着一座老蚕坊，类似于苏联旧厂房，建筑结构空旷开阔；屋顶在悬山式的基础上将其简化，在木构架搭建加瓦盖顶而成，瓦面用阴阳瓦做成，两侧墙体有若干个大面积开窗。这是青田少见的厂房式建筑，为近代建立，旧时用于桑蚕作业，但现已废弃。这里还流传着一首《缫丝歌》，描绘了缫丝工人的辛苦忙碌并与监工斗智斗勇的景象：“到工厂，忙埋位①，搭茧上缫要仔细；最怕巡场这个衰鬼②。佢③成日，眼睇睇；眼睇睇，朝早开工睇到日归西。”听结姨讲：

> 20世纪70年代，青田是种蔗示范基地，但种蔗好辛苦，而且回报低，糖厂都不愿收，冇经济价值，政府就不再支持。蔗种完后全部归生产队所有，大概20世纪80年代，村民就几乎不种蔗了。我们也不种桑养蚕了，因为没回报。当时我们也有多谂④，不管是养蚕还是种蔗，政府让我们做什么，我们就做什么。青田而家以养鱼为主，村民自家有几分地，自己种菜自己食。⑤

自从不再种植蔗和桑之后，青田就不再大面积种植其他经济作物了。这里土地本就稀缺，人口增长使宅基地资源更加紧张，于是村民“见缝插针”，

① 埋位（mai4 wei6）：入席，就席。
② 衰鬼（seu1 guei2）：坏家伙，讨厌鬼，缺德鬼；非恶意地骂人的话，多用于女性。
③ 佢（keu5）：代词，他/她；这里特指“巡场”。
④ 谂（nem2）：想，思索，考虑。
⑤ 访谈对象：结姨；访谈时间：2018年3月29日；访谈地点：青田结姨家。

在房前屋后的边角地块种植蔬菜，如椰菜、生菜、芋头、番薯等，春华秋实，自给自足，余下的再去龙潭市场卖掉。该市场位于龙潭行政村，龙潭圩[①]早在清初康熙年间就已形成，至民初时期不断发展，行业齐全，还有逢农历三、六、九日为圩期的鱼仔市、桑市、丝市、杂货市，俗称“四市一圩”。如今的龙潭市场依然是杏坛镇最为兴旺的农贸市场之一。[②]

以上，就是我对青田的初印象，始于2017年3月。那时，我第一次走进青田，与那里的村民和乡建同人相见。作为一名乡建者，我承担的工作是进行村落社会文化调查，为艺术乡建实践梳理地方文脉。这一切，都要源于2016年底与渠老师的结缘。

图1-17 青田西边的废弃老蚕坊（拍摄者：刘姝曼）

① 圩（heu[1]）：集市。

② 李健明：《千年水乡话杏坛》，长春：时代文艺出版社，2004年，第53页。

第二节　团队集结：参与乡村建设的多重主体

一、乡建“冲动”：艺术家介入的缘由

（一）电话“预告”

渠岩老师是当代著名的艺术家，“85美术运动”[①] 的代表；由他策划发起的“许村计划”作为艺术介入的经典个案已载入《中国当代艺术史》。[②] 虽然我久仰其大名，对他在山西和顺开展的“许村计划”素有耳闻，但并未和老师有过直接交流。当我得知要加入他的团队，在广东顺德开展新一轮乡建计划时，瞬间诚惶诚恐。

我与渠老师的第一次对话，来自2016年冬日那个午后的电话。那时，我对他未来在顺德实行的艺术乡建设想知之甚少，他对我这个无名小卒也一无所知。于是，带着无限遐想与期待，我接听了渠老师的电话“预告”，青田艺术乡建的来龙去脉也逐渐明朗。直到今天，渠老师那令人振奋的声音依然回荡在我的耳畔，又一次推开了记忆里的那扇窗：

---

① “85美术运动”：又称“85新潮”时期，指20世纪80年代中期到1989年“中国现代艺术展”结束；此概念由当代艺术批评家高名潞首次提出。

② 高名潞：《中国当代艺术史》，上海：上海大学出版社，2021年，第480–482页。

从2008年至今，我已经在山西许村做了10年艺术乡建。很多学校认可了我的乡建成绩，纷纷向我伸出橄榄枝，最初发出邀请的是广东工业大学。起初，我是拒绝的，因为当代艺术家是独立的，我们有着丰富的阅历和尖锐的批判，不愿拘束在体制内，不想被规劝。2013年，我正在许村举办第二届国际艺术节，广东工业大学的校领导也去了，他们被艺术节的气氛所感动，表示从来没见过如此身体力行的艺术家，希望我能够到学校指导学生，并且一定要让我在广东做一个像山西一样的乡建范本。

这不，去年（2015年）顺德就有个机会。顺德遍地都是工厂，从事加工业、电子制造业等等。顺德人自食其力，经济年产值1000亿，相当于北方的一个省。但是，顺德完全被现代化和工业化所陶醉了，没有意识到乡村的作用，因此拯救乡村是必要的。但是，乡村建设只采用官方模式是不够的，要经过招标、审核等一系列程序，完全要受国家管理体制和价值体系的控制。顺德这里有华侨史，思想开放，能够变通中央政策，既不矛盾也不冲突，所以在顺德开展乡村建设我觉得是可行的，不仅有区位优势，更重要的还是人的因素。

我去顺德进行第一次考察的时候，接待我的是以前分管农业的梁局长。当时工作人员介绍说，顺德其他镇都没有乡村了，也就杏坛镇的乡村比较多。之后我就去了杏坛镇政府，先介绍了当年在山西乡建的经验。他们当时也是听得一头雾水，不明白艺术家为什么会介入乡村，以为我就是来做活动的，听起来很新鲜，但并没有把它当回事儿，认为和之前的新农村建设一样。于是，他们把我介绍到逢简村，希望我可以让那个旅游村变得更加有名气。

渠老师提到的“逢简水乡”，地处杏坛镇北端，距离青田不远，是顺德著名的3A级景区，被誉为“广东周庄”。投资上亿元打造而成，2016年，逢简被列入第四批“中国传统村落名录”。

图1-18　逢简村进士牌坊（拍摄者：刘姝曼）

但是，逢简是建筑规划的专业部门用现代化手段打造的。他们对乡村是没有概念的，如果用现代化的剪刀手介入乡村，那就会做一个毁一个。他们要的是旅游地而不是乡村，要把乡村变为城市。现在的逢简就像病人一样，但是生病是需要调理的，如果随便开刀做手术就会死亡。乡村最大限度地经营旅游，中国做得最“好”的是乌镇，村民全部清走，“空壳化”严重，政府修路、修桥、修花园，做的就是“乡村景观化”，完全没有价值判断。逢简的河里到处都是江南的乌篷船，大榕树上全都是红灯笼，整条街卖的都是双皮奶和芝麻糊，新建的进士牌坊闪着金光，像镶了一颗大金牙一样，这是一种过度开发。这里面已经隐藏了那么多利益，权力和资本合谋，政绩和商业化捆绑，太可怕了！肯定谁也不会屈从于谁，我作为一个外来者是肯定没有作用的。我又不是为了赚钱，所以我坚决不做。于是他们又让我考察了其他地方，比如马东、北水等。

马东在杏坛镇南部，著名的咏春拳之乡，叶问的师傅——一代宗师陈华顺便诞生于此，和逢简一起入选第四批“中国传统村落名录”。北水在杏坛西北部，清末“四大寇”之一——尢列之故居，已于2002年被定为“广东省文物保护单位”。在渠老师看来，之前的乡村规划者并未完全意识到这些传统村落的真正价值：

> 我觉得顺德的乡村形态都被破坏了，在当地政府的资助下，村民开始胡搞乱建，美化乡村，穿衣戴帽，瓷砖已经贴上了，拨款到了村干部手里只会乱花，实际上就是在破坏乡村。传统民居被认为是落后的，尽管民居很有特色，但建成洋楼是他们的规划，一定要造出假景点，把钱消耗掉，没有可视化的呈现就得不到认可。当地对乡村价值的评估还是“遗产论”的方式，认为只有古村落才是有价值的，一进村子就让我看牌坊和祠堂。那几次考察之后，我累得身体不行，过几天又去第二次考察。我走了顺德那么多村子，都不是特别满意，本来都已经绝望了，毕竟广东的乡村有很多，又不仅限于顺德，顺德在现代化狂潮中消灭乡村土地，使之变成村办工厂。
>
> 当时陪我的杏坛镇文宣办的刘副主任问我：“老师，你到底想看什么样的村子?”我说：“我们看过的那些村子已经是很有价值的遗产了，我再做也没什么意义。你能不能带我看看你们认为没有价值的村子？我可以做你们发现不了的东西。”就是他们都看不上的，我希望把它做出价值来。那个村子越破烂越好，越老越好，越没人管越好，越没有被开发过越好。于是他说，“那你到我家去看看吧”。结果，我眼前一亮！

之前所有的失落烟消云散，渠老师的语气中突然充满了欣喜。听着他的描述，我开始在脑海中描绘着这个桃花源般的村庄：

这里是一片水田，有一种被人遗忘的感觉。它是个自然村，虽然不大，但是有完整的村落形态，水系完整，大河环绕。没有著名的建筑遗产，但是有书院和庙宇。村里有很多榕树，村前是一片荷花塘。这里没有一个完好的建筑，看起来破破烂烂，确实没有被开发，静静地躺在那里，但是，我相信在我手里可以“变废为宝”。我就说服他们，这个村可以。

一般情况下，规划局根本就不会去到村里，直接画规划图，参与化的东西变成了模式化、标准化的了。人们看到的只是非遗和古村落，还是旅游和遗产的思路。经济问题是小事，我们要承担社会义务，实现文明复兴。如果只是满足村民的经济问题，就会导致物欲膨胀，精神丧失。乡村是灵魂家园，不是生产单位。所以，我要恢复被毁掉的礼俗社会，这是你们看不到的。所有人只谈道德，却不谈其背后的价值。村民要有尊严，礼俗是慢慢温暖的，乡村是一个完整的文明体系。我们艺术家有前瞻性、想象力和创造力。不建怎么知道建不起来，即使建不起来，我们也知道病症在哪里。即使失败了，也没有关系，历史就是这样推动下去的，容易的事情我不做，一定要迎难而上。①

用艺术的方式恢复“礼俗社会”，重建“中华文明”。透过电话，渠老师的一席话令我振聋发聩。每个村子都拥有一张独特招牌：逢简是“疯狂注入开发激素”“迅速膨胀”“无可救药”的旅游村；马东和北水是充分贯彻“遗产论”的代表；只有青田“天然去雕饰”。那里是顺德工业文明的“遗珠”，更如人间天堂般令人神往。渠老师的“远程授课”建立起我对杏坛镇村落的初步印象，“青田”“龙潭”“逢简”“马东”“北水”等村名已在我

① 访谈对象：渠岩老师；访谈时间：2017年12月16日；访谈方式：电话访谈。

心底扎根，尽管“没有调查就没有发言权”，但眼前的宏伟蓝图依然让我满怀期待。渠老师的激情和决绝深深感染着我，作为他的助手，我必将责无旁贷。

（二）年少轻狂

渠老师是一位以直面现实社会尖锐矛盾而著称的艺术家，他也常说别人总戏称他为“老愤青”。在我眼中，他有时像一个勇士，从不惧怕命运中的风暴；有时又是一位慈祥的长辈，愿意向年轻人吐露心声。我一直很好奇，他为何有着非同寻常的犀利的批判力和清醒的洞察力，我想这要从“85新潮”说起。这场美术运动盛行于1985年到1989年间，全国超过80个非官方团体通过艺术发表宣言，策划了150多个前卫展览和会议。2000多个年轻的前卫艺术家奋不顾身地成为“弄潮儿”，以饱满的热情承担起社会改革的使命。1989年，以往被鄙视为“异端”的前卫艺术，史无前例地走进那似乎不可触及的中国美术馆——象征国家最高权威、举办官方艺术展览的神圣殿堂。在那个宣誓前卫艺术崛起的展览上，渠老师的名字赫然在列。批判力不是与生俱来的，它源自人的阅历，只有阅尽沧桑，才能知晓人间的困苦与不易。我想渠老师对艺术和乡村的理解，一定与那些年的所见、所为、所感休戚相关。直到很久之后，我才鼓起勇气，小心翼翼地向老师问起他的青年往事。

> 我16岁进钢铁厂，工厂有个美术小组，我负责画墙报，为以后画画打下了基础。“85新潮”强调自由，倡导独立自主的艺术精神，不想再把艺术当作意识形态的工具，要寻找艺术整体性的表达。艺术家有权表达自己真实的情感，表达对社会的看法。那时候，艺术家们到处展示出“反传统”的姿态，长头发、牛仔裤，打扮得像西方的嬉皮士一样。

我参加的中国美术馆的大展，就是用达达主义的方式消解“伪崇高”，打破僵化的意识形态，抵抗主旋律的传统。①

20世纪90年代，他开始了在捷克布拉格的漂泊，多年来曲折的经历使他形成了锐利的视角。他意识到传统创作方式的局限性，于是尝试转型。他向我讲述着自己的艺术转型之路：

艺术从2000年后就已经扩大了边界。因为绘画转移出来的东西对现实没有力量，甚至是虚假的，虽然图像本身的技巧是有意义的。我渐渐觉得，屋里的风花雪月是不过瘾的，于是开始走向现实。没想到，现实比想象更荒诞，因此需要一个更强烈的进入社会的方法。从那开始，我尝试接触摄影。在如今的国际当代艺术系统里，绘画已经被边缘化了，整个双年展里能占20%就不错了，其他全是影像、装置、新媒体等。我最初从事的是现实摄影，针对的是观念摄影——摆拍，像剧照一样摆拍一个情节，虽然这个情节是真实的，但对于观者来说又是陌生的，不是纪实的，其中又有些虚假的成分。当代艺术家要不断创造新的东西，我要超越这种无力感。我要用纪实摄影的方式拍摄现实，因为荒谬远远地超出了艺术的想象力，现实让你瞠目结舌。拍摄的五六年里，我走过了江苏、安徽、河北、山西。

也正是那时候，山西和顺盛情邀请我在那里帮忙做乡村建设，我感觉的确可以做一个更大的计划。从2008年开始，我们每两年创办一次国际艺术节，我邀请世界各地的艺术家们去创作，到现在已经走过了10年。②

---

① 访谈对象：渠岩老师；访谈时间：2018年6月25日；访谈地点：逢简水乡客栈。

② 访谈对象：渠岩老师；访谈时间：2018年6月25日；访谈地点：逢简水乡客栈。

（三）许村忧伤

不过，在许村做艺术乡建有两个明显的缺陷，这些困难直接影响到今后工作的开展，也许这也是渠老师把目光转向南方的原因：

> 一是海拔高、食材短缺，长达半年的霜冻期，极大地影响村民的劳动能力，尤其到了冬天，条件非常艰苦。所以，我当时决定用节庆的方式，在夏天举办。从建造许村艺术公社开始，为艺术节做准备。我们办艺术节的钱都是企业家赞助的，山西煤老板非常热心。用狂欢的庆祝方式，能够缓和人与人之间的关系。我当时还去拉赞助，政府同意拨款500万元，改造全村的下水系统，这是惠及每个村民的；还帮村民设计过许村的农场商标和包装。
>
> 二是民间比较顽固，根本触动不了礼俗和信仰，当地政府非常僵化。十年前，要求保护古村落，他们就崇尚“遗产论”，我们颁布《许村宣言》[①]，政府又怕有风险，全文至今没有在官方媒体正式发布。十年来的关系就是双方误读，互相都不知道对方内心的东西。但是，我们艺术家是有前瞻性和想象力的，我的理想就是一点点深入进去。不过，在许村只能做到民间信仰、礼俗等方面的修复，这不是完整意义上的乡村。青田不一样，民间是有活力的，而且政商头脑灵活，我在那里可以追溯出很多线索，而且每条都能延伸下去。[②]

---

① 2011年首届中国和顺乡村国际艺术节在许村开幕，参与艺术节的国际艺术家、学者、建筑师、设计师共同发出《许村宣言》的倡议。《许村宣言》以抢救和保护古村落为宗旨。具体内容如下：一、停止以任何理由和任何借口破坏古村落的行为；二、对古村落做详细的普查工作，建立古村落档案；三、全面和系统地对现有古村落各个时期的建筑登记在册，提出具体的保护方案。

② 访谈对象：渠岩老师；访谈时间：2018年3月25日；访谈地点：青田1号院。

“不知许村的村民是否积极参与过，他们有没有表达自己的诉求？”我好奇地想知道当地村民的看法。这时，渠老师给我讲了这样几个故事：

图1-19 许村国际艺术节现场（图片来源：艺术中国）

我当年在太行山上遇见一个老人，问他，“我们把村里的路面都整平了，你觉得怎样？”你猜他怎么说？他说，“这些事儿呢，是挺好的，但是你可以不做这些事儿，直接把钱给我最好。”

精准扶贫的时候，政府把从美国买的玉米种子免费发放给村民，据说产量可以比传统种子增加一倍。第一年年底，村民有了新收获。第二年，政府来送种子，村民说，“长得确实不错，但我们村里好多人都在城里打工。常年不回来，顾不上打理，所以能不能做好事做到底，派人帮我们来拔草。”政府同意了，派人去帮忙，第二年底又有了新收获。到了第三年，你猜他们对政府怎么说？他们说，“别费这劲了，我们都在外面打工，不想做这些，你们直接把钱给我们算了。”

这就是中国的乡村，人们的价值观都变了。如果把村民的想法作为完全正确的话，也是不可取的。①

听到这里，我有些哭笑不得，一时语塞。“许村计划”为何在行走十年之际陷入僵局？根据渠老师的分析，一方面，许村艰险的地理环境使其被迫与世隔绝，只能采用短暂的狂欢方式，其影响力无论从空间和时间来说都面临阻碍；另一方面则是许村当地未开化的思想，间断性的艺术行动很难撼动那早已根深蒂固的“金钱至上”和“遗产化”的理念。但无论有多困难，渠老师始终坚持着“让每一个村民都有尊严地生活”这一宗旨，正如他所说：

通过艺术行动解决社会危机，弥合乡村断裂的情感关系，这才是当代艺术的使命。但是，两个村庄，一南一北，具体做法绝不能照搬。我也非常尊重，乡村建设的主体是村民。乡村是家园，一定要让村民有尊严地生活在自己的家园里。②

二、变革强区：企业家加入的初衷

（一）“敢为人先”

2017年3月18日，我和渠老师在首都机场相遇，一同前往广东顺德，随行的还有渠老师的学生大鹏哥。站在我面前的是一个身材高大挺拔的长者，那时他刚大病初愈，脸上带着些许憔悴，但依然掩盖不了高雅的气度和风范。顺利到达广州白云机场后，当我正在思考如何从广州辗转到顺德时，接机处已经有人向我们挥手了！只见渠老师大步流星，上前与他热情握手

① 访谈对象：渠岩老师；访谈时间：2018年3月25日；访谈地点：青田1号院。
② 访谈对象：渠岩老师；访谈时间：2018年3月25日；访谈地点：青田1号院。

道：“马总，你好。好久不见！”马锡强是顺德知名民营企业家，也是“可怕”的顺德人的代表。

用“可怕”形容“顺德人”，源于1992年《经济日报》头版栏目“北人南行记”刊发的报道——《“可怕”的顺德人》[①]。久而久之，这也成为人们的共识，“可怕”包含着“敢为天下先”的勇气，“兼济天下”的社会责任感，“横扫千军如卷席”的霸气，不愿拘泥于窠臼、崇尚自由之风，以及乐于并善于学习的态度。顺德是一个“水社会”，“水文化”意味着开放的环境，当地通过水系与外部连接，就这样从珠江三角洲延伸至海洋，通过船只把物料运出去，加入世界工厂，参与到国际分工的潮流中，于是造就了桑丝产业的繁盛。顺德人的头脑如同顺德的水一样灵动。顺德于明景泰三年（1452）建县，至今五百余年，发展到“中华民国”初期已积累大量资本，这些历史积淀足以让它成为改革开放的前沿阵地。

顺德的乡镇企业飞速发展，“两家一花”是其三大支柱产业，即家电、家具和花卉。这里拥有全国最大的家用电器生产基地，人们戏称顺德家电行业起家全靠“扇风点火”，威震全国——“扇风”就是风扇、空调、冰箱；至于“点火”，则是燃气炉具、燃气热水器。“美的”“容声”“科龙”“格兰仕”“万家乐”等都是家喻户晓的“中国驰名商标”。顺德虽不是家具原材料产地，也没有悠久的家具制造史，却凭借便捷的地理优势，学习钻研出一套制作家具之法，甚至在325国道旁搭建起最简易的产品展示棚，向过往路人兜售产品。如今，龙江、乐从、大良、桂洲、勒流等镇已形成一条生产技术先进、管理水平高、经营规模完整的家具产业链。20世纪70年代末，顺德的“公路经济”进展迅猛，沿线的地方就成为最先被“宠幸”的富裕之地。同样依托公路实现发展的，还有105国道旁边的陈村，由于成本低廉、交通

① 朱建中：《“可怕”的顺德人》，《经济日报》1992年5月10日，第1版。

便利，陈村在20世纪80年代取代芳村，成为顺德乃至全国最大的花卉生产基地，家喻户晓。“好风凭借力，送我上青云”，借着改革开放的东风，顺德一跃成为“广东四小虎”之首，南海、东莞、中山紧随其后。

从明朝设置“顺德县”开始，这里就归属广州府管辖；民国年间属于直属省管辖，中华人民共和国成立初期隶属珠江行署。直到1958年，顺德和番禺两地合并后，改名为“番顺县”后，才划归佛山专区管辖。1992年，顺德撤县设市，顺德市人民政府正式成立；1999年在维持顺德市县级建制不变的前提下，由佛山代管，赋予顺德市行使地级市的管理权限，并直接对省负责；2002年底，国务院批复同意广东省调整佛山市行政规划，撤销县级顺德市，设立佛山市顺德区；2003年初，顺德成为佛山市的市辖区。从日后的交谈中得知，顺德人常常为“撤市设区”惋惜，毕竟当年风光无限；但自从撤市改区后，在区划夹缝中残喘的顺德，其区域经济的竞争力直线下降，他们曾一度陷入迷茫和焦灼，也在不断摸索，寻求突破和超越。2010年，顺德再次成为广东省改革规划的先锋官，推动大部制改革；2011年，顺德成为广东首个省直管县试点。

为进一步深化完善大部制改革，顺德启动了行政审批制度、社会体制和基层治理体制的三大改革。2012年，顺德吸取中国香港和新加坡经验，试图推行法定机构试点工作，顺德社会创新中心成为顺德首个法定机构，代表政府联动市场和社会，履行推进社会创新的公共职能。法定机构作为发达国家的“舶来品”，定位是承接政府转移职能的重要主体，有利于进一步加快政府职能转变，让社会承担更多责任，推动顺德“大部制、小政府、大社会”的治理服务模式的建设。2014年到2015年，顺德社会组织数量井喷式增长，宽松的申请规则为民间组织的生长提供了肥沃的土壤。社会创新中心作为政府和社会的桥梁，极大增强了社会的活力，加快了政府职能转变；同时，也不断孵化出新的社会团体，比如行业协会、企业促进会、商会、慈善基金会等，迸发出意想不到的“草根”力量。[①]

行驶在去往顺德的路上，关于顺德的“敢为天下先”，马总给了我一个更加通俗的解释——“红绿灯”理论。他笑道：

> 一般解释是：红灯停，绿灯行，黄灯亮了等一等。顺德人似乎不太喜欢按套路行走，他们“看见绿灯赶快走、看见红灯绕路走、看见黄灯往前闯”，如此一来，既能快速顺利地到达目的地，又不冲撞规则和法律，偶尔打一打擦边球也在所难免。因此，顺德人得以用实际行动克服困难、把握机会、率先发展；也正是这样，顺德可以建构出“理想”的政商关系，既相安无事又并行不悖。[②]

令我始料未及的是，这种关系在接下来的艺术乡建过程中也起到了举足轻重的作用。噫吁嚱，可怕的顺德人！

（二）“反哺桑梓”

马总以前在房地产业摸爬滚打，2011年在逢简开辟楼盘，那时在乡村投资面临高风险，在同行看来此举是不可思议的。他认为，房地产在城市已发展到极限，农村成为未来能够创造价值的地方，因此希望通过这种方式把它盘活起来。不仅如此，出于这样的考虑，还有他“反哺桑梓”的情怀：

> 我的老家在伦教街道的鸡洲村，依稀记得老家八卦阵的风水，鸡洲冈的水依高差自然拍到村旁的河涌里。我也眼睁睁地看着2000年家乡

① 吴国霖：《石破天惊》，广州：花城出版社，2014年。

② 访谈对象：马会长；访谈时间：2018年3月18日；访谈地点：105国道。

的石板路变成水泥路，2003年河涌被填。多年后，我终于在逢简寻找到小时候的水乡意味，所以倾注了大量心血和精力。我曾经花了一年多到全国各地考察古建筑，进行园林设计，从种树的位置到别墅的风格都是精心策划的，终于打造成岭南中式园林别墅群。逢简水乡作为3A级景区，每年国庆都会举办龙舟竞渡，从楼盘建好的第二年，我就一直赞助比赛，如今已坚持了六年。①

公益之风在顺德由来已久，生意成功的商人经常慷慨解囊，支持家乡的经济发展和公益事业。比起“马总”这个称呼，大家更愿意称他为“马会长”，这是因为早在2015年，他和一批志同道合的顺德企业家共同成立了“榕树头村居保育公益基金会”（下文简称“榕树头基金会”）。这是顺德第一个在民间发起的乡村振兴公益组织，经过理事们一致表决后，马总被“光荣”地推举为会长。最初鼓励他的是徐主席。徐国元现任顺德区政协副主席，和马会长结识于2014年。他于2011年9月至2016年11月担任顺德区人民政府政务委员、党组成员，兼区教育局局长、党委书记，主管农村和农业，因此对乡村治理、农业生态等方面有深刻独到的见解。他深知，在顺德提升乡村水平，仅靠政府管理是达不到要求的，因此希望寻找一群富有家乡情怀的企业家，做些对乡村有价值的事情。2015年，徐主席向马总提起了成立基金会的想法，起初对于这个提议，马总是犹豫的，因为“万事开头难”：

我以前是做企业的，做商业不需要很多情怀，那是以盈利为目的的。但是，做基金会需要情怀，这是不赚钱的。一开始我邀请我的企业朋友，但是他们都不愿加入；我以前也做过很多公益事业，让我多捐些

① 访谈对象：马会长；访谈时间：2018年10月2日；访谈地点：逢简村粤晖花园。

钱没关系，可是让我领头组织这件事，我有点力不从心，因为不知道怎么做。后来，徐主席帮我找了十多个企业家，我们只是互相知道名字，但是彼此没有交流。我思考了一个多月，后来勉强答应下来。刚开始也没想太远，只是纯粹的乡情在里面。

因为是第一次，民政、工商、政府办的领导们都不敢批，徐主席也把道理讲给他们听，最后请示了上级，才批下来。徐主席是我们这个团队的灵魂人物，几乎基金会的每个企业家都接受过他的精神洗礼。①

令马会长始料未及的是，接下来烦冗而艰难的申请程序。顺德民间并不如外界传说中那样活力无限，大部制改革、撤市设区之后，勇于创新、敢拼开拓的精神已经开始从顶峰下降，很多情况下依然脱离不了“官本位”思想。榕树头基金会经过半年磨合，终于申请下来，因为社会自发组织公益基金会在顺德区乃至整个佛山市都是空白的。2016年3月19日，榕树头基金会在顺德区勒流街道成立。顾名思义，榕树是顺德每条村都栽种的树木，虽不“高雅”但接地气，正好符合企业家们纯朴的初衷。之所以没有局限在杏坛镇，还是出于视野的考虑，企业家们希望着眼于整个顺德的乡村，在各个村庄寻找激活点，发掘更多、更大的价值。青田，正是榕树头基金会成立后承接的第一个乡村保育项目。

三、“范式”问世：乡建者进驻的前提

(一)“入场”仪式

2017年3月19日，恰逢榕树头基金会成立一周年。在主办方的提议下，

① 访谈对象：马会长；访谈时间：2018年10月4日；访谈地点：逢简村粤晖花园。

周年庆在杏坛镇龙潭村青田举办，并将“3·19”设立为“中国乡村文化活动日”。岭南的春雨也如约而至，纤细的雨丝夹在柔软的暖风中飘落。榕荫深处，荷塘、老树、石街，小桥、流水、民宅，在春雨编织的帘幕中若隐若现，汇成了一曲缠绵的乡间小调。青砖砌成的老宅外爬满了墨绿色的苔藓，雨滴浸染了斑驳剥落的墙面，屋顶的瓦松倔强地伸向天空。对于一个外来的社会组织来说，进驻乡村必须以一个大型活动作为“入场”仪式，因为这样的活动通常是获得村民迅速接受和认可的直观方式。也正是这天，我正式成为乡建团队中的一员。

本次活动的舞台设在荷塘旁边的长街上。雨越下越大，千石长街上搭起了长棚。渠老师受邀发布“青田范式”，希望在青田梳理出九条乡间文脉，希望探寻到中国乡村文明的复兴路径：

图1-20 “中国乡村文化活动日”现场（拍摄者：刘姝曼）

青田范式

刘家祠堂——人与灵魂的关系（宗族凝聚）
青藜书院——人与圣贤的关系（耕读传家）
关帝庙堂——人与神的关系（忠义礼信）
村落布局——人与环境的关系（自然风水）
礼俗社会——人与人的关系（乡规民约）
老宅修复——人与家的关系（血脉信仰）
桑基鱼塘——人与农作的关系（生态永续）
物产工坊——人与物的关系（民艺工造）
经济互助——人与富裕的关系（丰衣足食）

中国乡村复兴的文明路径

图1–21　“青田范式”主要内容（设计者：渠岩）

他的眼珠里闪耀着光芒，言语中迸发出燃烧的力量。讲罢，他用含笑的眼睛望着大家。从头到尾，他感到了前所未有的热力在胸中激荡，更希望这些话可以投射到人们的心灵。观众席爆发出热烈的掌声，嘉宾们的脸上流露出别样的期待。马锡强会长、徐国元主席和胡启志会长正衣冠整齐地坐在前排，他们被渠老师誉为顺德乡建团队的“三驾马车”。马会长已经见过，另外两位还是第一次见。徐主席相貌俊秀、身材挺拔，有着20世纪香港电视广播有限公司（TVB）的明星风范；胡会长高高瘦瘦，肤色黝黑，现任广东省工业设计协会会长。[①] 不过长棚下很难找到村民的身影，他们有的躲在屋檐下，有的坐在榕树头，有的在长街上打着伞，或远远张望，或匆匆而过。他们并不知道，接下来将有什么样的“大事”发生。

活动结束后，各大媒体蜂拥而至。面对摄像头和闪光灯，渠老师用更加

① 此外，出席活动的嘉宾还有：中国社会科学院世界宗教研究所陈进国研究员、农村发展研究所李人庆副研究员，中国工程院孟建民院士，广东工业大学艺术与设计学院方海院长、城乡艺术建设研究所王长百研究员，岭南乡村建设协同创新研究院郭建华研究员，海南大学艺术学院翁奋教授，顺德知名文化学者李健明老师等专家。

坚定的语气解释道：

青田浑然天成，这九条线索可以覆盖这里所有的文脉，比如信仰、礼俗、宗族、农作、审美、教育、生态等，这些在北方乡村是很难完整呈现的。“乡村”和“农村”的区别在于，“农村”是纳入国家行政治理体系的生产单位，农民对应工人，农村对应工厂，为城市生产粮食。“乡村”是文明共同体，但是长期社会改造后只剩下生产单位。青田是一个完整的文明体系，单一经济救不了乡村。

以往乡村建设的方式有很多，行政术、化妆术、旅游开发术等，虽然不能排斥，但任何事情都要有个度，不能完全用经济标准来衡量乡村价值，没有礼俗和文明来支撑，村民眼里只能看到利益，盖房子就是为了出租，商家竞争就成了喧闹的集市。青田不适合旅游发展，中国乡村是礼俗垮塌、道德缺失、生态破坏的问题。要从根上修复，既然乡村自身没有能力复活，就要我们来创造新文化、救活古村落，但是用新的文明形态，不是盲目复古，也不是照搬外来。①

（二）“去艺术化”

这时，记者们更加好奇，“如何用艺术的方式进行乡建呢？”“您接下来将会做哪些具体工作呢？”在话筒的丛林里，渠老师不慌不忙，朗声解释道：

我们现在的行动是新时期艺术乡建的转型，因此我提出“去艺术化”的概念。以往的艺术家会带着一种“乌托邦式”的情怀，在不理解乡村或者只有一个模糊认识的情况下，就进行主观情感判断，一厢情

① 访谈对象：渠岩老师；访谈时间：2017年3月19日；访谈地点：青田2号院会议室。

愿。因此，会造成一个结果，就是直接把工作室里形成的个人风格移植到公共环境。这是“经验主义”的思维定式。很多设计师进入到乡村，只要看一眼民房就已经在脑海中有了轮廓，但没有和当地环境、文化发生关联，是一种‘精英主义’的专制，然而当代艺术没有过也不应该有这样的权威，因为公共艺术并不是个人权力扩张的产物，应该是服务于大众的。

虽说是用艺术的方式，但并不是说抱着一个纯艺术的东西不放，因此我主张“大艺术”的概念。把西方城市的东西挪到乡村展览一下，对当地产生不了触动。我做的艺术恰恰是要超越和打破艺术的边界。这是对以往“美丽乡村建设”的反思，那是被现代景观技术侵袭的话语和脱嵌地方文脉的政治治理术，在这样的语境中，“艺术”就演变成剥夺乡村文化形貌的美丽杀手，这不是“乡建”是“乡屠”。[①]

这种“乡民在场”的思路体现在渠老师专门为“青田范式”设计的Logo上。如图所示，几条黑色线段搭建成了一座“房子”，“房子”象征着作为乡村建筑主宰的老宅；如果把图案看成上下结构，上面是“人”，下面是“田”，则预示着人与土地的紧密关系。但是“房子”的“屋顶”是没有闭合的，这意味着开放的态度，强调村民主体性的发挥。不过，此Logo设计草图一出，胡会长马上有了新的想法。为

图1-22 青田Logo的初始草图
（设计者：渠岩）

① 访谈对象：渠岩老师；访谈时间：2017年3月19日；访谈地点：青田2号院会议室。

了“3·19”的庆祝活动，他迅速将Logo做了微调，并赋予它新的含义，将“田”字结构转化成横平竖直的数字组合“319”将其作为“中国乡村文化活动日”的Logo。其中，“3”代表三股力量，即当地村民、精英（政府、基金会等）、志愿者（院校师生、艺术家、学者等）；“1”表示借助一个载体，即传统乡村文明复兴；“9”则意味着探索九个方向，即“青田范式”。直到该Logo在活动当天正式发布时，大家才觉察到这个图案似曾相识。毕竟，艺术作品强调原创性，重视知识产权，直到很久之后，这段“小插曲”依然是胡会长被戏谑的“佐料”。

小 结

艺术家选择走进乡村，展现出艺术与现代社会发展的紧密关联。艺术的平衡作用体现在多个维度上：克莱门特·格林伯格（Clement Greenberg）认为，艺术能够强化一种“定性”（qualitative）之感，以此对抗现代科技带来的机械化、数量化风潮；① 雅克·巴尊（Jacaques Barzun）认为艺术可以通过建构整体性仪式的方式，反对现代社会中支离破碎的社会角色；② 莫尔斯·佩卡姆（Morse Peckham）提出，培养共同体的感觉，来抗击非人格化的契约关系和官僚化倾向；③ 凯撒·格雷纳（Cesar Grana）则提倡艺术能够唤起人的内在价值，以对抗社会上对财富、物质成功的狂热追求。④ 孙振华认为艺术“公共性”的具体体现，除了公共场所和环境的层面，还包括公众自由进出、自由交换和接收信息等含义，其前提是对每一个个人的尊重；是对每一个社会个体独立的政治、经济、文化权利，自由思想和独立人格的肯定和尊重。⑤ 陈岸瑛认为艺术的公共性主要体现在艺术创作对公众和社会所

---

① Greenberg, C. *Art and Culture*, Boston: Beacon Press, 1961, pp.5–7, 31–37.

② Barzun, J. *The House of Intellect*, New York: Harper, 1959, pp.16–19.

③ Peckham, M. *Man's Rage for Chaos*, Philadelphia: Indiana University Press, 1955, pp.313–315.

④ Grana, C. *Bohemianism versus Bourgeosis*, New York: Basic Books, 1964.

⑤ 孙振华：《公共艺术的政治学》，《美术研究》2005年第2期。

承担的责任，比如，启蒙、批判、沟通、美化生活等。[①] 也就是说，艺术家在社会中发挥着重要作用，要解决的既包括审美问题，也包括社会民主和大众权利问题。

刘可强进一步指出，专业者的职责不是以权威者的立场来主宰环境的品质与意义，继而将这确定的价值系统，落实在实质的空间场所中。场所的具体呈现，经由社区人们的使用、维护，进而成为人们熟悉并具有文化意义的场所。…… 专业者的责任，是协助社区鉴定价值系统，因此作为一个专业人员，最关键的能力是与社区居民的沟通。[②] 所以，以渠老师为代表的艺术家们也在不断反思和调整，他们不提倡“强硬的介入、改造、启蒙”，他们更希望的是“融合”。[③] 的确，青田村民是乡村复兴过程中最重要的力量，他们才是乡村的真正主体。作为乡村的主人，如何让他们主动地参与到乡村复兴之中，怎样让这些与地方最为亲密的人们在此过程中发挥出更大的作用，如何在村民与其他外来者之间达成平衡 …… 我期待着在接下来的田野调查中去解决这些问题。

初到乡村，每个人都跃跃欲试，期待一番作为。外来乡建者随着公众活动的开展，有效地走进当地人们的视野，村民的生活期许，艺术家的社会责任，企业家的桑梓情怀，政府的先锋领导 …… 原本不相干的人和事，从进入青田之始，逐渐陷入剪不断、理还乱的纠缠之中。为满足工作团队的需要，在榕树头基金会的赞助下，青田已修复好三座老宅，分别为“1号院”“2号院”和“3号院”。至此，青田乡建者团队集结完毕，一场艺术乡建的“戏剧”正徐徐拉开帷幕。

---

① 陈岸瑛：《关于公共艺术的几点思考》，《雕塑》2005年第4期。

② 刘可强：《环境品质与社区参与》，台北：艺术家出版社，1994年，第76页。

③ 邓小南、渠敬东、渠岩等：《当代乡村建设中的艺术实践》，《学术研究》2016年第10期，第51–78页。.

老屋『新生』

艺术修复乡土建筑

第一节　修旧如旧：设计理念与实际体验

一、树立“标杆”：乡土气的装修风格

（一）古屋残垣

暮春时节，懒洋洋的毛毛雨总是令人烦恼。木棉依然坚挺着高贵的姿态，不过转眼已是落红的时候。不过，木棉花不是随风飘落的，它恍若一团烈焰，又如一道闪电，选择了英雄般的坠落方式，执着而刚硬。只听“啪”的一声，惊心动魄，掷地有声！化作春泥，向死而生。村民们不约而同地在路旁焚烧散落的败绿残红，这缕缕青烟悠悠飘浮着，氤氲了整个村庄。

龙舟脊或博古脊、镬耳山墙或人字山墙、墙楣壁画、瓜果花卉图案封檐板、灰塑樨头、雕花角门等历来是岭南传统建筑的经典符号。但是，除了两座书塾在一定程度上残存了这些特征，多数民居都以更朴素的形态呈现。青田的房屋大概180多座，建筑新旧相间，参差不齐。以中界巷为起始点，越接近中点，房屋年代越久，这些民居大多采用合院形态，较完整的院子还保留着青砖墙、猫耳窗、红砂岩石脚、麻石阶、石门额、角门和实木大门等。传统的广府民宅一般都是三道门，从外到内，第一道是角门，第二道是

趟栊[①]，第三道才是实木大门。趟栊是广府传统建筑的杠栅式拉门，以小碗口粗木为横栅，横向推拉启闭。平时大门开启，由稀疏格栅的趟栊门隔断内外，关上趟栊，打开大门，既可以便于观察、防范偷盗，又可以通风透气。不过，这些多是闲置的房屋，与之陪伴的是一把把生锈的铁锁，住户早已搬出，或在村子周边起了新房，或直接举家搬迁到镇面、市里甚至国际大都市广州、香港、澳门。房屋质量较差的直接因年久失修而坍塌，裸露的断壁残垣里荒草摇曳，成为垃圾、废料和动物尸体的集散地，散发着令人作呕的恶臭。

图2–1　青田民居新旧相间（拍摄者：刘姝曼）

① 趟栊（tong[3] lung[4]）：横推的杠栅式拉门。

在传统的青砖建筑外围，越靠近河涌的建筑质量越好，形式也更加多样。传统材料的民居结构不可避免地受到自然或人为的侵蚀，所以人们通常会将自己的住房再翻新一遍，在原有青砖或红砖的基础上，大面积使用毛坯做外墙饰面。墙面材料五花八门，有青砖、红砖、红砂岩、水磨石、水泥、马赛克、瓷砖等种类。或者，人们直接在九巷外围建房，但都约定俗成地维系着笔直的巷仔[①] 肌理，只不过是将住宅规模扩大，由九巷变成了现在的十一巷。延展到河流外围的新建筑，更多的是现代风格的小洋楼，各种混凝土构件、光玻璃、彩钢板、马赛克、花瓷砖等装饰材料闪耀其间。新旧建筑代表着不同的年代，却在同一个时空中奇妙且尴尬地相遇。目前，无人居住的建筑主要分布在青田的西南部和中部，新建筑集中在河涌之畔。总体来说，村庄总体格局较为完整，绝大多数建筑仍然保留传统风貌。尤其是正面街上的传统建筑，像一幅古朴的画卷，吸引着乡建者的目光。

（二）夺目样板

前文说道，早在2016年底，马会长就开始徒步青田，并率先租下三座闲置房屋，由渠老师带领的艺术乡建团队进行修复，当作以后的驻村工作站。其中，1号院和3号院原是村民的住房，2号院是生产大队的旧址。这几栋建筑分别承担着不同职能，1号院用于会客，2号院作为会议室，3号院具有餐饮和居住的功能。它们坐落在村民的住宅之间，既方便乡建者与村民的日常交流，又不会打扰他们的生活。2016年，渠老师特意找到他的发小——郭建华老师，请他出任室内空间设计师，当年的许村国际艺术公社就是他的设计作品。

郭老师也已年过六旬，在香烟中寻找灵感仿佛是设计师的“自我修养”，

---

① 巷仔（hong^6 zai^2）：小巷。

他的房间里常常烟雾弥漫、烟灰遍布，图纸旁烟灰缸里的烟头总是堆积成山。尽管不是科班出身，但几十年的环境与空间设计经验足以让他行走江湖。也许正是因为没有专业训练的束缚，他的设计才会随性自如、浑然天成。通常情况下，设计师很少会去现场巡视，所以施工情况总是难以把控。郭老师能够身兼多职，既可以做设计又能担任监理，随时亲临现场和包工头沟通。他脾气耿直，如果遇到施工和设计问题，会毫不客气地指出来。当然，就事论事，前一秒还怒发冲冠，下一刻便欢乐得像个孩子。

那时我住在3号院，刚好他就住在我的隔壁。好在我们二人可以“相依为命”，在偌大的二层小楼里，有郭老师在，我便不再觉得清冷害怕了。在我眼中，他是个可爱幽默的长辈，我们经常在3号院倾偈①、饮茶②。我向他请教起设计方面的问题时，他显得有些不善言辞，但也会用最实在的语言向我讲述其中的理念：“我认为的建筑修复有两个原则，一是内部满足功能，二是外部遵循形式。这样说太抽象，不如我们直接去现场看看。”

1号院以前是一座二层民居，坐落于正面大街的最中间——最醒目的位置。走进院门，东侧的小屋原来是储物间，现在已经被改造成现代化厨房。一楼客厅的外墙壁已经打通成落地窗。客厅旁边是一个禅茶室，柔和的暖光灯映照着朴拙的茶具，充满了日式和风。郭老师点燃了一根烟，办公室瞬间烟雾缭绕。他吞吐着烟卷说道：

这座房子以前有两个门，正门原本是铁门的，我现在把它改成了木门；侧门就直接用绿色的瓷砖花格取代了，这样既有乡土风格，又有岭南的地域符号。墙壁是红砖砌成的，我们又在裸露的砖墙重刷了白漆；

① 倾偈（$king^1$ gei^6）：聊天，倾谈，谈话。

② 饮茶（yem^2 ca^4）：喝茶。

以前门口光秃秃的，现在又增设了花坛，工作人员在这里种花浇水，这样门口也美观了。沿着回形楼梯走到二楼，两间卧室的雕花木门是从古玩市场淘回来的，原来的窗户改成了黑框断桥铝窗，为保证安全，又在阳台处增加了黑色钢管围栏。①

图2-2　1号院外立面改造前
（提供者：谭若芷）

图2-3　1号院外立面改造后
（提供者：谭若芷）

图2-4　1号院室内改造前
（提供者：谭若芷）

图2-5　1号院室内改造后
（提供者：谭若芷）

① 访谈对象：郭老师；访谈时间：2017年3月30日；访谈地点：青田1号院。

1号院的东面是2号院，从房门穿过，展现在眼前的是一间偌大的会议室，投影、屏幕、音响一应俱全。郭老师继续说道：

> 这两座建筑本来是各自独立的，我们在另一栋房子二楼的西墙上凿了一扇门出来，这样两个房间就连通了。内部保留了原有砖混结构，里面墙壁几乎没动，水泥地面和瓦顶，原来什么样，现在就什么样。外墙也没变，只增设了黑框玻璃铝窗，并且增加了大理石窗围。会议室和办公区增加了推拉木门作为隔断，所有的家具装饰都采用更贴近乡村的朴素色彩。房顶的风扇都是以前的生产队时期的，质量非常好，现在依然可以使用，所以我们没有拆掉，希望维持它原有的功能。当然，夏天可能比较闷热，所以也增加了空调。①

图2-6　2号院外立面改造前
（提供者：谭若芷）

图2-7　2号院外立面改造后
（提供者：谭若芷）

① 访谈对象：郭老师；访谈时间：2017年3月30日；访谈地点：青田2号院。

图2-8　2号院室内改造前
（提供者：谭若芷）

图2-9　2号院室内改造后
（提供者：谭若芷）

正说着，他转动风扇开关，头顶富有年代感的吊扇旋转起来。会议室一侧是个小会客厅，这里也开了一个落地窗，强光透进来有些刺眼，从会议室到会客厅是一个整体的封闭空间。“你看，我们屋后这座房子，仔细看屋里有什么。”郭老师提示道。我透过窗子向下望，2号院的北面是一座低矮的房子，房前的杂草已有一尺来高，可见已经许久无人问津。屋顶已经残破，没有房门，所以能洞悉里面的一切。屋里有一张残破的神台，一只白色肥猫正慵懒地蜷缩在上面，桌上横七竖八地散落着几块木板。“你看，他们连祖先牌位都不要了，全都去城里了，自己的家都不要了。”郭老师微嗔道。[①] 后来得知，这间屋的主人已搬到广州，只有清明节会回来祭祖，修整杂草，清理神台，再将牌位重新排列整齐，上香、敬酒、献花。此番整理过后便再一次人去楼空了，只是不知当他在屋前杂草丛中蹒跚而过时，心中可曾有过一丝牵绊与留恋。

① 访谈对象：郭老师；访谈时间：2017年3月30日；访谈地点：青田2号院。

图2-10　2号院后面破旧的老宅
（摄影者：刘姝曼）

图2-11　老宅里的牌位
（摄影者：刘姝曼）

接着，我们回到住所。3号院是二层独栋民房，外墙原本是黄色的，门口有棵鸡蛋花树，枝干粗壮，积蓄并且酝酿着能量。郭老师指着他住的房间说道：

> 这栋房子原来有围墙的，现在拆掉了，没拆之前里面全是垃圾。外面的铁门也换成了竹制的折叠门，这样更接近原来的乡土建筑风格。这座院子面积大小适中，按照民宿标准，我把一楼设计成餐厅，外面有休闲吧台和小院，二楼改造成五间客房。你看，我的房间原本是阳台的，现在合围成了房间，窗户选用的是满洲窗。①

满洲窗是一种具有浓厚岭南风情的窗户，红、黄、绿、蓝、紫等套色玻璃镶嵌在木框架中。我就住在他隔壁的房间，由于空间有限，这两个房间分别搭建了木质阁楼，分隔出卧室。3号院里花团锦簇，我为郭老师泡茶，表

① 访谈对象：郭老师；访谈时间：2017年3月30日；访谈地点：青田3号院。

达敬意：

您做的这三个室内空间的确与众不同，没有繁缛的装饰，也没有刺眼的色差，而且其中还穿插着岭南的建筑符号，至少从外观来说，墙面、地面、房顶等都尊重了建筑的原貌，屋里的陈设也很干净、简约，很自然、朴实的风格。

图2-12　3号院外立面改造前
（提供者：谭若芷）

图2-13　3号院外立面改造后
（提供者：谭若芷）

图2-14　3号院室内改造前
（提供者：谭若芷）

图2-15　3号院室内改造后
（提供者：谭若芷）

的确，老房拆迁、洋房改造等都是特别常见的乡村改造方式，但不是唯一的发展途径。只听郭老师若有所思地说：

你看，我们这三座建筑的外立面都没做太大改动，但是内部空间与设置都被重新改造和调整过。比如说，我们选取的主要是现有的传统建筑材料，当然不排除在一定条件下适当使用现代材料；形式上追求与现有建筑年代痕迹相吻合，重点保护地方特色的图案纹饰；在不破坏建筑外观形态的基础上，进行内部的功能改造，以满足现代化的生活需求。这样，青田传统建筑的原貌和风采就保留下来了，同时具有现代生活的使用功能。通过这样的方式，让闲置的、废弃的老屋得以复苏，成为与当下相联结的时尚空间。

我们现在进行的改造和再建的建筑项目，一定要放在“青田范式”的框架下进行设计思考，一定要建立在保护建筑文化积淀和痕迹的基础上，在不破坏青田现有村落建筑形态、不改变民宅原始制式的前提下，进行适度的修缮与改建，把现代生活的需要连接到老房子的内部空间里。绝不能以商业业态及现代生活形式为借口破坏现有状态，况且这些当代生活方式与青田乡村形态并不矛盾。总之，这里是“青田乡村”，不是“青田新村”！希望通过这三栋老房子的改造，让村民们都看到老民居的价值。①

① 访谈对象：郭老师；访谈时间：2017年3月30日；访谈地点：青田3号院。

二、身临其境：自反性的居住经历

（一）尴尬之所

暮春时节的天总是阴晴不定，乍暖还寒。我的房间是带阁楼的复式结构，下面是客厅和卫生间，沿木制楼梯走上去便是卧室。惊蛰已过，南方的昆虫开始放肆起来。阁楼台阶都是木质的，墙壁不隔音，我总能听见隔壁上下楼梯的声响。

木头的夹缝是昆虫的嬉戏之所，百足① 在蠕动、甲甴② 在爬行，神出鬼没。我从未见过这么大个的虫虫蚁蚁③，每晚准备瞓觉④ 时，若是看到这些，定会恐惧一整夜，随时保持紧张的备战状态，睡意全无。除了这些偶尔光临的“客人”，还有朝夕相处的“室友”—— 房门的纱窗无法抵挡乌蝇⑤ 的行进，它们不仅叮在墙壁各处，兴奋起来，便张狂地翱翔，扰乱了夜的宁静；蚊螆⑥ 也无孔不入，蚊香已经无法迷惑他们的去向，但也实在想不出其他驱蚊方法，我只好硬着头皮憋气蜷缩在被窝里，偶尔伸出脑袋呼吸，就只能任凭它们狂吮。阁楼上是封闭又狭小的三角空间，空气不流通，只有靠空调输送冷气。虽然空调悬挂的位置很高，正对着阁楼的方向，但基本不起什么作用，因为冷气是下沉的，我也只能任凭汗水将衣衫湿透。

（二）最难将息

有一段时间，刚好赶上郭老师出差，偌大的庭院里只剩我一个人，心里

---

① 百足（bag^3 zug^1）：蜈蚣。

② 甲甴（gad^3 zad^6）：蟑螂。

③ 虫虫蚁蚁（$cung^4$ $cung^4$ $ngei^5$ $ngei^5$）：泛指昆虫。

④ 瞓觉（fen^3 gao^3）：睡觉。

⑤ 乌蝇（wu^1 $ying^4$）：苍蝇。

⑥ 蚊螆（men^1 ji^1）：蚊子、蠓虫等小飞虫。

总是空落落的。但转念一想，旁边的小楼还有村民，便也不觉得孤单。我不想一个人在阁楼继续忍受炎热和蚊虫叮咬，于是搬去了一个较小的房间，因为小空间往往给人以安全感——虽然只是心理作用。直到搬过去我才发现，旁边的那栋房子也早已被遗弃，里面照旧堆满了垃圾，仿佛暗夜中的坟墓，荒凉而衰颓。对我来说，深夜降临是一天中最恐怖和煎熬的时段，蠄蟝① 在门口歌唱，老鼠在花丛中穿梭，壁虎在墙上奔走，宛如一场场热烈而残忍的狂欢。尽管钻进蚊帐可以免遭叮咬之苦，熄灭灯光可以屏蔽眼前的画面，但簌簌的嘈杂声却在屋顶的瓦片缝隙间穿梭不止。我明明已经闩好房门，夜静无风，却听到木门在抖动，插销叮当作响，这些细微之声在黑暗的反衬下愈发强烈，即使窗外鱼塘增氧机的轰隆巨响也无法掩盖。

那些日子里，深夜如同一张墨色巨网重压在小房间上，令我不得喘息、彻夜难眠。如果声音不断，那就索性不睡，打起精神，工作到天明，直到早晨村民起来做工，我才会放心睡去。第二天起床后，我总会在地上发现一些不明生物的粪便，黑色的带有白头，有些是新鲜的，有的已经干掉了，这让我更加毛骨悚然。好心的村民告诉我，“唔使慌②，檐蛇③ 喺度④ 帮你捉蚊啊”！原来那些排泄物是壁虎留下的，恍然大悟的我，瞬间又起一身鸡皮疙瘩。

也许短时间内，具有浓郁田园风情的住所会让文艺青年兴奋不已，但是长时间在这样的环境中独自居住，我真的无所适从。由于作息混乱，我几乎每天都处在精神崩溃的边缘。我自省，自己是个慢热的人，两个月的时间里我还是没有提升南方的“生存技能”；我懊悔，自己始终没有战胜内心的怯懦。但是不得不承认，看似浪漫的房子好像真的不太友好啊！

---

① 蠄蟝（kem[4] keu[4]）：癞蛤蟆。

② 唔使慌（m[4] sei[2] fong[1]）：不必害怕，不用担心。

③ 檐蛇（yim[4] se[4]）：壁虎。

④ 喺度（hei[2] dou[6]）：在这里，在那里。

第二节　大势所趋：国家战略与村落行动

一、振兴号召：自上而下的推进

（一）横空出世

三座房子的建成标志着乡建工作有了肉眼可见的进展，越来越多的乡建团队成员开始常驻青田，每天驾车从繁华的市区奔波到这个曾经被人遗忘的角落。2017年3月，广东青禾田文化旅游发展有限公司（下文简称“青禾田公司”）注册，方燕有着丰富的酒店管理和民宿运营经验，因此被聘请为公司副总，负责青田三所民房的日常打理工作，并处理琐碎的村民日常事务。另外，公司还聘请青田村民霏姨、婵姐、茴姨等作为保洁人员协助燕姐。该公司和榕树头基金会颇具渊源，基金会的理事大多为公司股东。同年7月，岭南乡村建设研究院（下文简称“乡研院”）成立，胡会长任法人，渠老师出任院长，陈碧云担任执行院长，杨厚基担任行政所所长。碧云姐以前在顺德区乐从镇担任党委委员，在处理乡村事务方面颇有经验。她皮肤白皙，眼角挂着笑意，瘦瘦小小的身体里却蕴含着巨大的能量；待人接物如春风般温和，不管乡研院的事务多么繁杂，她都会安排得有条不紊。基哥则像一个永远迸发正能量的小太阳，每天充满朝气的一声慰问——“早晨！”像岭南的阳光一样灿烂。可以说，榕树头基金会、青禾田公司、乡研院是“三位一体”之关系。为了更加深入地开展乡村调研和艺术乡建的田野调查，我成为乡研院的一员，协助碧云姐工作，和我并肩作战的还有渠老师的学生谭若芷、黄灵均、夏磊华。

青田在媒体的频繁曝光下，已经在顺德区乃至佛山市小有名气。那时“乡村振兴”战略还未正式出台，当地也几乎找不到比较有代表性的乡村建设案例，或者即使有也没有形成如此大的影响力，昔日默默无闻的青田理所当然地成为顺德乡建的“排头兵”。如此新颖鲜活的案例横空出世，跃然于人们的视野中，由此引发了“参观热”。乡研院的办公室设在2号院，前来参观、开会的团队络绎不绝，有时一天会接待三四支队伍，人手紧缺时我也会义不容辞地担任讲解员。青田三座民房改造别具一格，新鲜感和古拙气并存的环境，能够吸引参观者们驻足，其中还有顺德区和佛山市的政府领导。

（二）喜出望外

2017年10月初，佛山市市长参观完青田后，大手一挥，决定拨款2000万元投入青田的基础设施建设当中。借着中共十九大“乡村振兴”战略部署的东风，其他镇街的行政村也“奋发图强”，陆续得到各级政策和专项资金支持。但作为一个村民小组来说，在“浪潮”来临之前就已得到政府大力支持，的确史无前例，如此“眷顾”让青田的乡村建设者们喜出望外，这意味着之后的项目实施有了物质保障。

2018年3月，顺德区响应中央政策，召开加强基层治理推动乡村振兴工作的大会，出台乡村振兴“顺德方案”“1+5”系列文件：顺德区委、区政府发布《加强基层治理推进乡村振兴的意见》，系列文件推出五项三年行动计划，从农村基层组织建设、村企结对共建、基层法治、乡村文明水平、化解农村突出问题等方面做出了“21条细则”予以规范、落实。[①] 徐主席在青田

① 佛山市顺德区委组织部：《顺德加强基层大治理推动乡村振兴“1+5”系列文件“干货”满满》，2018年3月14日，http：//zzb.shunde.gov.cn/sdqwzzb/view.php?id=25300-110265.

乡建中拥有双重身份，既担任顺德区政协副主席，同时也投身至青田这片热土之中，参与顺德乡建的有识之士都将他视为“灵魂人物”。他是一个既能仰望星空，又可脚踏实地的领导者，随时从大局出发，把控青田乡村实践的发展方向，避免走太多弯路。对于顺德出台的新政策和青田迎来的“惊喜”，他认为是“天时、地利、人和”的产物：

“1”主要是从宏观层面对基层治理、乡村振兴做出安排，“5”个文件分别从党建、自治、法治、德治和化解农村突出问题方面提出了更为具体的三年行动计划。顺德区政府对乡村的解读在“十九大”前后有所不同，过去也出台过惠农政策，但一般从“三农”问题的角度出发。“十九大”之后政府重视程度加大了，地方主要集中在基层治理角度，基层稳定是第一位；第二是乡村经济发展，农民生活改善；第三是环境改善，基础设施建设。在支持乡村发展方面，政府财政支持加大，区镇每年财政预算加大，名录增多，新立项的专项资金也逐渐增加。顺德一共有205个行政村和社区，政府特别重视发动社会力量，尤其是围绕经济发展动员社会企业、有影响力的乡绅等，同时突出村级党组织在基层工作中的核心地位，建立党建引领基层治理和乡村振兴制度体系。其实，虽然我是政府人员，但我更希望大家把我当成一名普通的乡建者。

在“乡村振兴”战略提出来之前，我们就已经来到了青田。如果没有我们在青田做的一系列活动，可能“东风”也未必能吹到这里，因为村民对政府每个阶段和时期提出的口号和行动，响应不会太敏锐。如果榕树头基金会和渠老师早几年过去，也许未必能引起现在的变化，也无法吸引更多资源。所以，刚好赶上时代的大潮，这是相辅相成的。顺德人做事的特点，就是团结、包容、热爱家乡，所有的事情都离不开宗族和家庭纽带的维系，凡事都会充分尊重对方，发达后一定要回报家乡。

所以，我们能看到那么多民间组织。今年，顺德又组建了“乡村振兴促进会”，会长由各村居的党组织书记担任，成员由企业家、社会贤达、港澳台乡亲、离退休干部、村民代表等组成，条件成熟的村居还可引入专业社工机构代表参与。这就是我们顺德人的积极性和能动性。①

二、后起之秀：不谋而合的回应

（一）揭瓦净地

除了已经建好的1、2、3号院，在青田北街还有一处老房子正在进行修复。按照原来的门牌号，暂且称其为“16号院”。老屋北面背靠一棵巨大的榕树，也就是青田的风水树。榕树下原本有座改为民居且居住多年的老蚕坊，如今已废弃。按照原计划，渠老师打算将其打造为“岭南非物质文化遗产工作坊”，届时邀请世界各地的艺术家在青田进行手工艺的创作和展览。但是老蚕坊年久失修、摇摇欲坠，根本无法在原有建筑基础上修复，只能拆除重建。团队商议后决定保留六面不承重的老墙面，其余全部拆除，拆下来的青砖依然用于后期建设。16号院于2017年12月正式开工，按照顺德习俗，拆旧房、起新房之前都要进行“开龙口”和“净地”仪式，除去旧房中的污秽。屋主一般会向“神婆”请教房子的基本状况，选择一个良辰吉日进行。赶巧，霏姨就认识这位“神人”，受青禾田公司委托，她去请神婆前来“做法”。一般来说，拜神都是由女人操持，所以霏姨、婵姐等对这些流程也非常熟悉，只是不知如何成癫狂状与神灵“对话”。霏姨回忆道：

① 访谈对象：徐主席；访谈时间：2018年9月30日；访谈地点：逢简文化中心。

当时，神婆话畀[①]我听，老蚕坊度[②]有21个孤魂野鬼，而且房屋面积大，关键是还要揭瓦加盖，工程量好大的，所以“开龙口”比以往更隆重一点，要将鬼全部都请出去。之后神婆就决定了“开龙口”和“净地”的时间，我哋还要准备供品。[③]

开龙口前几日，她们在16号院附近的街巷口贴上一张红纸告示，上写：“青田北街16号定于十月廿六（2017年12月13日）寅时（凌晨3点至5点）开龙口，请各位街坊避险”，提醒村民回避。那日半夜，霏姨、婵姐、包工头发哥同另外两名工人一起去“除晦气”。婵姐也在一旁解释道：

我哋身上都带着针线呢，因为这是利器，可以辟邪。我先同霏姨装香，然后就揾[④]个地方，避得远远的。这种除晦气的事情，好多人都不想来的，所以会畀好多利市[⑤]的。发哥带着工人上房顶揭瓦，在屋正中间揭两片瓦，揭瓦前工人要把位置看好，揭开露出的地方就是龙口，揭的时候任何人都不可以睇的。揭完之后就烧炮仗，我同霏姨畀工人们发利市。第二天一早，打工仔们再进去清理施工现场。[⑥]

开龙口结束后，紧接着便是“净地”仪式，时间确定在十月卅日（2017年12月17日）傍晚。霏姨接着说：

---

① 畀（bei^2）：给。

② 度（dou^6）：表示处所。

③ 访谈对象：霏姨；访谈时间：2018年4月3日；访谈地点：青田16号院。

④ 揾（wen^2）：找。

⑤ 利市（lei^6 xi^6）：红包，酬谢亲友的帮忙而赠送的钱；或见到不吉利之事后，为避晦气而赠送的钱。

⑥ 访谈对象：婵姐；访谈时间：2018年4月3日；访谈地点：青田16号院。

因为这间房里的鬼魂好多，所以要准备的香纸、贡品比平时都多一些。我们在龙潭香烛店买了三栋三层的纸楼，好多纸钱，都堆成山啦，还要有好多香。还有煮熟的肥猪肉、萝卜、苹果、雪梨、饭、糕点、米酒，这些东西都是要给那些鬼魂吃的。

肥猪肉有“屋肥家润”的好意头①，苹果的意思是“平平安安”，雪梨的意思是“让孤魂野鬼快啲② 离开”，萝卜、肥肉都是煮熟的，但没放油盐，因为如果太好味③，它们会留恋这里，所以要把不太好味的东西给他们吃，吃饱了他们就不会再返嚟了。神婆让我哋在每间屋都装上香同红烛，正中间的位置要摆上贡品。那天龙潭香烛店的阿婆都来了，因为她知道拜神的规矩，我同婵姐就在旁边帮手④ 装香烧纸。供品摆好之后，神婆就开始祭拜，阖眼合掌，嘴一张一合，振振有词，但听不出她在讲乜⑤。

系啊。我哋就在旁边烧纸钱、金元宝、纸屋，因为东西太多啦，还专门揾个铁架定在上面，怕风吹走。接着就点火，火烧得越旺越好，灰飘得越高越远越好。快烧完的时候，就听神婆话，“走了走了，各个都走完了”。之后她还叫我一声，对我讲，“阿姨，我哋都收下了，多谢你啦”。因为是我去请的神婆，所以鬼走之前要托神婆话⑥ 畀我听：“我们将所有它们想要的东西都给它们了，它们都已经收下了，走了就不会再回来了。”⑦

① 意头（yi3 teo4）：兆头。

② 啲（di1）：一点儿，一些（表示少量）。

③ 好味（hou2 mei6）：味道好，好吃。

④ 帮手（bong1 seo2）：帮忙。

⑤ 乜（med1）：什么。

⑥ 话（wa6）：告诉。

⑦ 访谈对象：霏姨；访谈时间：2018年4月3日；访谈地点：青田16号院。

图2–16　修复中的16号院（拍摄者：刘姝曼）

（二）梁上挂红

完成“开龙口”和“净地”之后，施工队才能正式入驻开工。由于原来的房子已经倾颓不堪，施工队只好把以前的青砖全部拆下，再按照新的结构重新搭建起来。于是就看到了一条明显的分界线，一层是青砖砌的，保留着历史的痕迹；二层是用红砖加盖的，因为以前的青砖数量不足以满足现在房子的体量。整栋房子的外墙已经修好，外面搭着脚手架，工人在方格间穿梭忙碌着。施工队是当地人，他们有着较为丰富的建房经验，不过在郭老师看来，他们做工的质量、态度、效率等方面，距离他心目中的完美状态依旧很远，尤其是审美火候差得太多。针对郭老师的设计方案，施工队原本提出过不少疑问，不过郭老师向来雷厉风行，日子久了，他们也就不再反驳，也不再自行判断，改为“全盘接受”，即使有时感觉不妥也不再多言，只是机械地重复动作，成为木讷、无声的执行者。当建筑工地被绿色防护网团团围住，所有的劳碌便悉数遮蔽，那些打地基、砌泥作、锯木作、刷油漆、清废料的身影，只能在脚手架和建筑间时隐时现。

防护网掩盖不住的是房梁上的一抹红。那是一块红布，格外闪耀。16号院刚刚于4月头举行了“上梁”仪式，将屋顶最高一根中梁安放好。中梁是建筑结构中最重要的位置，俗话讲“上梁不正下梁歪，中梁不正倒下来”，可知人们赋予“中梁”以深刻寓意，因为那里是沟通天地的桥梁。施工队举行仪式，免不了请村里的阿姨来帮忙，婵姐帮他们准备了香烛和贡品。

> 正式上梁之前，施工队要一齐祭拜，在正门前设立香案，摆上烤猪、烧鹅、生果，一齐敬香叩拜，燃放炮仗。随后，全体工人用条绳绑住房梁两端，一部分人企[①] 在墙上拉，一部分人企在地下向上送，大家一定要齐心协力并且小心翼翼。横梁中间悬挂一块红布，四角包着石头、铜钱同松枝，意味“接通天地”“财源广进”“平安顺遂”。[②]

随着16号院大梁顺利安放，接下来就要进行封顶和室内装修了。再加上之前已经投入使用的1、2、3号院，这四间样板房尽管在外观上低调地隐藏在民房之中，但内部装修风格与创意却独树一帜。于是，我总会看到基金会的理事们带着朋友来参观房间，并介绍渠老师的艺术理念，来往的村民也总是忍不住驻足观赏。不过，渠老师最希望看到的是“修旧如旧”的理念能够在村民中起到示范作用。瑞叔的弟弟——刘宝庆家最近正在翻修新房，与其他屋主不同，他没有选择贴花里胡哨的瓷砖，而是依然维持着老屋的原貌，材料依旧是老房拆下来的青砖。这在渠老师看来十分难得，之前的努力没有白费，总会有一些村民是觉醒的，他们的审美没有跌入庸俗趣味，相信“星星之火，可以燎原”。在渠老师的建议下，我和若芷决定去宝叔家转转。

---

① 企（kei[5]）：站。

② 访谈对象：婵姐；访谈时间：2018年4月3日；访谈地点：青田16号院。

第三节　众口难调：专家指导与村民反馈

一、修旧“典范”：村民的响应

（一）“悠然”自得

转眼已是清明，天空的脸孔依然阴郁着，凉风袭来，我不禁打了个寒战。一大早，霏姨、婵姐已经蒸好了清明粿，糯米中混杂的艾草的清香，团子里包裹着甜腻的芝麻和白糖，咀嚼在口中，软软糯糯，口齿间也瞬间飘香起来。食罢早餐，我和若芷在村口遇见了瑞叔。他踩着单车①，后座上夹着一捆柳枝。我们上前打招呼：“瑞叔，早晨！”“我去摘了几支柳条，我哋家家户户在清明节要将柳条插在门口，可以驱邪避邪！”原来如此。突然，若芷神秘一笑，说道：“你不是每晚都怕得睡不着吗？要不要在门口插个柳条压压惊啊？”她以前也独自住过3号院，对于我夜不能寐的遭遇，感同身受。“好主意啊，说走就走啊！”话音未落，我俩迅速跨上单车，向村外奔去。青田并没有柳树，出村的小路一侧，仅有的几棵刚刚冒出嫩芽的柳树，已经被砍得面目全非。我轻轻折下一条冒出新芽的柳枝，说着：“回去插在门口，就这样吧！”

---

① 单车（dan¹ ce¹）：自行车。

接着，我们来到宝叔家，他已经在门口等候多时。院子的正门选用的是老旧的木门，门楣是新上的，两侧还下垂着红布。门口用潇洒的笔触写着“悠然”二字。

我的门楣在青田没有第二家的，这一块石头的门楣，请大师傅帮我上的，两端各压块红布，布四个角上压住铜钱，意味着财源广进，然后烧香拜土地神，最重要的是安全，这是村民最起码的憧憬。

“悠然”这两个字是我自己写的，一般人都中意做凹字，就是“阴文”，但我就要将它做成“阳文”，最后用加了有颜色的灰压上去，不裂不脱。要有文化艺术的感觉吖嘛！我就中意做人唔做的事，哈哈！①

图2–17 厕所房顶的墙面上画满动物图案（拍摄者：刘姝曼）

院子一角，原本不起眼的厕所吸引了我们的目光。房顶的水泥墙面上画满了动物，尽管形象不是特别生动，但笔法中透露着可爱和真实。“这是

① 访谈对象：宝叔；访谈时间：2018年4月5日；访谈地点：青田宝叔家。

我的孙女、我的仔① 同我一齐完成的，得闲② 带着孙女玩一玩。”宝叔自豪地介绍着。“好得意③ 啊!”我们异口同声道。走进客厅发现，墙壁保持了原貌，屋里的基本结构也没变。聊天中得知，宝叔以前在杏坛镇上做中学语文教师，退休以后想回来装修一下自己的老屋，和村民一起搞点文化活动。“人贵在乡情和亲情嘛，等房子整理好，人们可以过来唱歌、写书法、饮茶、食饭④ 。我而家已经退休了，可以用自己的兴趣爱好营造自己的生活。”

（二）“修旧胜旧”

这间屋很高，上方的墙壁上凿有几个细长条形的窗户。客厅的上方用几条木棍搭起了一个夹层，我指着这个类似于阁楼的结构请教宝叔：“呢个做咩用呀？可不可以喺上面瞓觉呀？会不会热啊？”宝叔抬手指着顶端的小窗解释道：

> 呢个系用来摆杂物的。以前住宿地方比较细，就直接在上面瞓觉。而家唔使啦！不会闷，因为有通风口。房屋设计是要按照自己的想法来做的，什么都按照别人的做，没有自己的东西会比较可惜，所以力求按照自己的构想。

这与众不同的设计原来是宝叔的智慧。“您的想法是‘修旧如旧’吗?”这是我们最关心的话题，我们期待着一个令人振奋的答案，于是满怀期待地继续询问着，希望之前建起的样板房能够真正起到示范作用。尽管设计师在

---

① 仔（zei³）：儿子。

② 得闲（deg¹ han⁴）：有空闲，有空。

③ 得意（deg¹ yi³）：有趣，有意思。

④ 食饭（xig⁶ fan⁶）：吃饭。

外部形式上已经最大限度地遵循了乡土风格，但内部的改造也许与当地人的生活方式会有些隔膜，因此我更想知道村民自建房的习惯与规则。“一方面是‘修旧如旧’，一方面是‘修旧胜旧’。”好一个“修旧胜旧”！只听宝叔娓娓道来：

> 经济条件差的时候，就没办法做成这样，比如地面以前都是碎石，而家全部移到出便①，用仿古砖铺砌，比以前整洁多了，高低错落有致，布局还是原来的结构，有自然的感觉。我是这样想的，其他人有的我少用甚至不用，人们没有的我尽量表现出来，这就是我一直以来的追求，我不愿在人们后面走。我觉得，改造在某些方面可以反映我自己的思想，不是新的东西我不愿接受，而是觉得旧的东西比较有文化味。
>
> 比如，山墙上的草尾装饰，请人画要几千文②，而且还不包括材料费。这个是我自己画的，叫“波浪纹”，最重要的是吉祥之意，反映屋主的生活理想。我的设计是与其他人不同的，我自己设计自己施工，师傅帮我搭架，我亲自去画。人们做又不放心，自己做出来才放心。我将含苞待放的梅花、荷花、木棉、树叶等形象糅合在一起，都不是单一构想的。主要是表达自己崇尚高洁的品格。自己觉得舒服就好，其他人不理解都唔紧要。③

宝叔的设计和实操均源于自己的身体力行，这让我有些好奇，这样的方式能否节约建房成本，毕竟之前青禾田公司修复4座民房、近200万的花销已经远远超出村民的日常开支。如何做到修房时的“物美价廉”的确需要深

① 出便（ced[1] bin[6]）：外面。

② 文（men[1]）：量词；元、块（钱）。

③ 访谈对象：宝叔；访谈时间：2018年4月5日；访谈地点：青田宝叔家。

思熟虑。于是我问道：“‘修旧胜旧’是不是可以悭① 好多钱呀？”

图2-18　宝叔自行设计草尾（拍摄者：渠岩）

如果是定制的材料，都未必会便宜，比如瓦筒是5文一个的，其他都是3文一个。虽然总体花钱不是太多，但付出的心意好多。揾人包工做也行，但是可能无法让自己满意。原来旧的不见要全部拆下来，完全可以重新排列组合。虽然睇起来有啲耷湿②，但经济同精神上的付出好多。而家还没收尾，差唔多用了5万多，预计在10万以下吧。辛苦点都唔紧要，有成就感啊，自己觉得舒服就好，人们觉得难做的事情我自己做。

“您睇过我们修复的房屋吗？”我们追问道。

行路③ 时都会睇下，但是我不常回来。你们建的房当然很好啦！一

① 悭（han^1）：节省，省减。

② 耷湿（deb^1 seb^1）：简陋，寒碜。

③ 行路（$hang^4$ lou^6）：走路，步行。

般情况下，我们建房会有一些规则，正房坐北朝南，前低后高，前窄后阔，比如前面五米，后面稍微宽三五厘米；一厅两房，如果空间不够，就在一边设一个房。建房要讲究风水，但也不一定特别严格地合风水，但怎么改都可以啦。我们都是老花眼啦，你们是用新方案做的，新时代思维我们都得慢慢接受啊。①

二、瓷砖争议：村民的困惑

（一）不合“规矩”

青田乡建者对乡村建筑的保护是由点到面逐渐展开的，最开始是对单体建筑的尺寸测量和质量鉴定，随之思考对闲置房屋重新设计与再生利用，进而考虑到新建筑与周边环境的配合，尽可能实现建筑面貌的整体协调。之所以将视野范围扩大，是因为希望这样的设计理念能够更好地和村落环境，尤其是和村民生活结合，由此引起村民的共鸣。理想状态下，随着4座闲置房屋逐渐被修复起来，村民在建房时应该会学习到这种“修旧如旧”的理念，或者至少会拥有一种理解自己家宅的新视角。但样板间的“示范”作用远不如想象中明显，村民在短时间内还无法改变固有的审美标准。

2018年初，一座新房在众多楼房的夹缝中拔地而起，成为青田正面大街上最耀眼的建筑。这座房子正坐落在1、2号院的东侧，并肩而立。房屋的总体结构已经成型，房主行哥正准备兴奋地将全家心仪的红色瓷砖铺贴上去。新房嘛，红火喜庆，图个吉利！况且，绚烂多彩是岭南建筑一贯的风格。但他万万没想到，已经通过报建的房屋竟然是不合“规矩”的。3月，渠老师回青田时得知了屋主的想法，于是有了不同的建议。因为这座房子屹

① 访谈对象：宝叔；访谈时间：2018年4月5日；访谈地点：青田宝叔家。

立在青田正面街的中央，如果出现一抹亮丽的红色，在周围建筑古朴底色的映衬下，会显得格外突兀。为最大限度地和老房外立面保持一致，必须克制这种“炫耀”的心态，于是决定劝说这位屋主，希望他能改变主意。当然，在青田正面大街上，也不乏五颜六色的建筑，红绿相间。但是已经盖好的房子自然不能把贴好的瓷砖全都拆掉，只能努力制止未来可能出现的“错误”。

面对这个棘手的问题，渠老师、郭老师找到马会长、徐主席，希望在村委会的帮助下和行哥协商。渠老师的意思是：

> 既然已经批示了，那便不可能收回。所以，我们只能控制外墙材料，不能弄成红色、绿色，太突兀。我们不能强制他，要引导他。不如这样，按照他的意愿做个模型，把1号院和2号院的房子也建个模型，现在牵扯到颜色的问题，村民要的是“新潮”，直接让他贴灰砖肯定不愿意，所以做个对比图，颜色上分为灰色、红色、白色，材料上分成瓷砖、洗米石、石灰涂料，出个效果图，这样房主会有个直观的感觉，对比之下更有说服力。
>
> 广州小洲村地理位置优越，村民看到商业开发的苗头，不约而同地拆掉了之前的房子，每家每户都改成了五六层的洋楼，变成出租屋，办美术班，用自己的房子做商业投资，出租赚钱，村庄的原始风貌就消失了。如果按照这个趋势，青田的风貌就会被破坏了，不能开这个不好的头。我觉得灰色瓷砖不会和周边建筑冲突，这样，我选择三个不同色调的灰色，供房主选择。①

渠老师和马会长、徐主席商讨后，针对已经遇到的和未来可能发生的乡

① 访谈对象：渠老师；访谈时间：2018年4月15日；访谈地点：青田16号院。

村建筑建造问题，制定出四条“新规则”：第一，建筑物要尊重乡村风貌和尺度；第二，建筑物要遵从整个乡村的历史风格；第三，建筑物要照应左邻右舍的关系；第四，建筑物不能过大过高，要有限度。经过和村委会协商，制定出《青田村民自建房管理办法》，为青田新建、改建房屋提出了新要求：第一，房屋外立面要求：外立面需与周边协调，按照青田乡建团队提供的贴砖样板选材，替代鲜艳花哨的外观，以免影响整体村落风貌；第二，房屋高度要求：村民自建房屋的一般要求不超过14米，层数三层半，其余按照用地界线退让就可以；第三，报审流程：报审程序一般为直接报村委、村委报镇、镇报西南分局。但在报村委会前应先报青田乡建协调委员会，此委员会由青田队委、青禾田公司、杏坛镇相关部门组成。为了保证建筑墙面的整体和谐，郭老师准备先从材料入手，他的想法是：

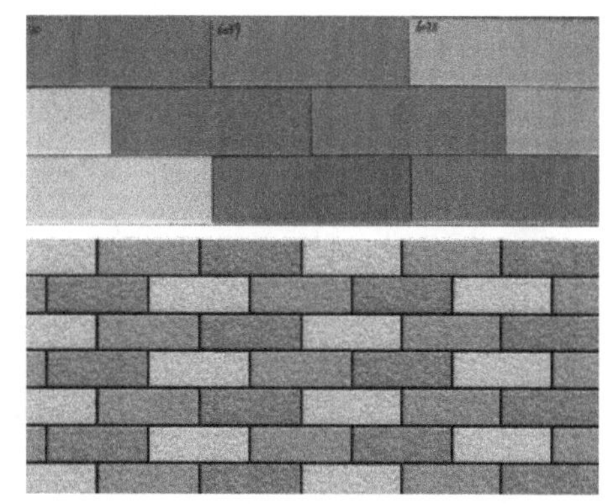

图2-19　外立面样板图（提供者：谭若芷）

> 水洗石是颗粒状的，刚贴上去是白色的，时间一长就会变成灰白色，最终会和外立面融为一体。或者，用黄色水泥，起码比红色、橙色这样艳丽的颜色柔和。如果单纯用涂料，颜色是不会变的。还有，门窗应该用什么颜色，怎么收边，都要考虑清楚，因为不能反复改嘛。总之，这个问题是不能回避的，我们只能尽最大努力去争取，先让村民知道我们的想法。[①]

---

① 访谈对象：郭老师；访谈时间：2018年4月20日；访谈地点：青田3号院。

由于语言障碍，两位老师很难和村民直接交流，这事儿只能交给青禾田公司代理调解。如今，青禾田公司如物业公司一般，负责青田所有日常，事无巨细。燕姐每日驻扎在青田，活泼开朗的她早已和村民成为朋友，自然承担起了村民协调工作。不过当她战战兢兢地去找房主交涉，才发现事情没有那么简单。最初房主是抵触的，因为他们的房子在报建时已经由国土局审批通过了，没有超过规定高度14.5米，也没有任何违反程序的地方。巧合的是，房主本身也是做室内装修的，灰色在他看来并不好看。反应最剧烈的是房主的妈妈，她认为红色才是最好看的，新房一定要喜庆，图个吉利。除了审美差异，更现实的问题是成本。现在选取的瓷砖价格昂贵，比房主自选的贵出很多，如此高昂的投入不得不让房主思考再三，毕竟生存才是农民的基本需求。

当务之急还是要先把模型做出来。为配合燕姐工作，阿均设计出三种色彩的对比图，分别是灰色、红色和白色。图像相比之下，很明显，灰色更加和谐。在燕姐的苦口婆心下，房主开始犹豫不决。后来，渠老师又求助了杏坛镇文宣办的副主任，也就是带渠老师第一次来到青田的刘主任，希望通过他来说服村民，最终房主同意了，决定在灰白、浅灰和深灰这三种瓷砖中选择一种，前提是公司帮忙提供材料来源。只能说，这栋新房的位置太过醒目，如果掩藏在楼宇之间或许也不会有这么多困扰。如今的装修市场，红色和花色瓷砖是生产厂家的主推，一来迎合大众心理，二来成本低廉；灰色则属于市场上的冷门，无论是审美还是价格，都不是顾客首选。所以，在没有补贴和安慰的情况下，房主能够接受灰色瓷砖，顾全大局——无论是自愿还是被迫，在乡建者们看来是值得欣慰的事情。

图2-20　灰色瓷砖效果图（设计者：黄灵均）

图2-21　白色瓷砖效果图（设计者：黄灵均）

图2-22　红色瓷砖效果图（设计者：黄灵均）

（二）有苦难言

由于村民日常事务琐碎繁杂，公司常常忘记帮房主寻找瓷砖之事，导致新房工期一拖再拖。本来半年之内可以搞定的事情，从年初拖到了年底，房子还没有完全建好。房主无奈，邻居们也在旁边指指点点。房主行哥三十来岁，从事室内装修工作，新房是他一手设计修建的。面对随之而来的问题，他也非常委屈：

我们报建不包括外面铺贴，主体建筑结构符合标准就可以，高度是14.5米，飘窗不超过30厘米，这些我们都符合。虽然我的楼房超过了祠堂高度，但是大家全都超了啊。大概（2018年）4月份，我们盖一层的时候，（青禾田）公司就来找我沟通了，渠教授给了我们几个颜色，让我在里面选一种。我一看，全是灰色，让我想起了旁边的逢简村。因为逢简要打造旅游村，所以他们的房屋外立面是统一的，全都贴的灰色瓷砖。逢简村委会出钱补贴，要求村民用统一瓷砖，但是飘窗、柱子、阳台都没有强制要求，都可以根据自己的想法装饰。但我觉得灰色不好看，太暗了，一点都不喜庆。公司告诉我说，贴出来肯定比逢简好看，结果贴出来也没什么不同。房子是我自己住的，都是我们自己出钱，又不给补贴，决定权又不在自己手上。[①]

从行哥的回答中得知，隔壁逢简村的村民也遇到过类似的情况，当年为打造“逢简水乡”国家3A级旅游景区，村中主干道旁的民房全部将外立面统一铺贴灰色瓷砖，以营造青砖古建筑的感觉。尽管很多村民对于这种规整打造的方式并不认同，但也不得不照做，况且政府也向村民发放补贴予以安慰。行哥的尴尬在于，在既没有政策支持又没有补贴的情况下，自己首当其冲地做了青田新房修建的“排头兵”。

虽然说制定了新的“村规民约”，但是村规民约只有通过村民大会

① 访谈对象：行哥；访谈时间：2018年4月30日；访谈地点：青田行哥家。

决定才具有效力；我又没有签约，房子是集体的，最终决定权按理说也不在公司手上。公司老板来找我谈过很多次，龙潭村委会的领导都来找过我，谈了那么多次我真的没办法，就同意了。他们完全没有体验过这里的生活，因为已经在外面住得很好了，所以才会说得那么轻松。他们过来就变成了“主人”，每做一件事都没和我们说，只是和队委说，队委同意了，但我们都不知道。

之前改的都是租下来的房子，已经没有人住了，但我现在起的房子是自己住的。像那些破房子，湿气很重的，如果要住就一定要改造，做民宿短期住没问题，但是不能长期待在里面，我的新房贴瓷砖就不会潮湿了。那种房子给城市人住可以，但是我们从小就住在里面，所以要起新房啊！花了50多万，到头来起了一个自己不满意的房子，到现在我妈还不高兴呢，她一直都不接受，邻居也都不喜欢这样的颜色。①

尽管无奈，他还是选择服从安排，这种克制的铺贴使这栋新楼更加和谐地融入街景之中。由于公司给他的参考效果图过于简单，也没有报价，甚至也忘记帮忙找装饰材料，行哥只能自力更生，希望能在有限的空间里发挥一点创造。他想在铺贴过程中，用水泥做出花纹式样以起到装饰效果，用浅灰色瓷砖配上深灰色的轮廓会产生线条感。令他懊恼的是，水泥干了之后和瓷砖颜色一样，完全看不出效果；只有下雨时，整栋楼才会出现深浅的层次差异。因为这座房子，行哥成了整个青田的“公众人物”。总有邻居过来指指点点，比如“光秃秃似毛坯房”“阴气森森似坟头”云云，凡此种种常常让他后悔不已。

---

① 访谈对象：行哥；访谈时间：2018年4月30日；访谈地点：青田行哥家。

你们城里人想来感受乡村气息，但是我们乡下人想改善生活。我邻居两个儿子都要结婚，不可能再在老屋里住了，必须另起新房，但现在又多了这么多限制，也不想让我们重建，留下老房子。当初说的是“保育”，但现在基本生活都保证不了。[①]

“保育”首先要尊重当地人的需要，要么政府就引导我们异地而建，把这里推平，重新划出一片地。现在又不想让我们重建，为了保留乡味，留下空房子，修旧如旧。拆迁是历史进步的过程，人有追求好的心态。到底是谁需要保育呢？是人还是房子？

是啊，我们保育的到底是人还是房子？面对如此抓狂又有些愤怒的房主，我不禁扪心自问。人人都有追求进步的心态和办法，只是众口难调。我既敬佩乡建者的情怀和责任感，同时也有些心疼受到困扰的村民，一时无所适从。

① 访谈对象：行哥；访谈时间：2018年4月30日；访谈地点：青田行哥家。

小 结

断壁残垣，总是以恼人的形态反复出现，其破败形式的持久性宣示着对建成形式之稳定性的挑战。提姆·艾敦瑟（Tim Edensor）从英国工业设计废墟化历程中得到启示，认为废墟被放置在理想位置意味着对标准化分配的反驳。垃圾和废墟提供了一种批判，与资本主义意识形态下的进步观念与消费进取心理针锋相对。① 这种“失序”拥有一种压制性的力量，体现出与人为过程相抵抗的自然性，以临时蒙太奇的碎片性纹理消解了潮流化的城市标准审美框架和感官理解。在其商业化的魔力消逝之后，它们又被艺术家重新阐释，或许其中还承载了乌托邦的理想和集体导向的视野。马泰斯·派克曼斯（Mathijs Pelkmans）通过考察后苏维埃时代阿扎尔的空屋架后，认为这些空荡荡的建筑，提供了一种开放式结局的未来感，使得每个人都能够参与其中，预示着新的可能性，没有任何利益主体可以主导权力，所有参与者都可表达期盼。②

艺术家一向是反现代性的，他们崇尚自然，热爱自由，寻求多样化，漠

① Edensor, T. *Waste Matter-The Debris of Industrial Ruins and Disordering of the Material World*, *Journal of Material Cultural*, 2005b（10/3）, pp.330–332.

② Pelkmans, M. *The social life of Empty Building*：*Imagining the Transition in Post-Soviet Ajaria*, *Journal of Global and Historical Anthropology*, 2003（41）, pp.121–136.

视均质化和拜物主义。城市边缘的村庄与主流发展潮流相疏离，地处乡村角落里的破旧房屋租金低廉、面积宽敞、富有沧桑感，再加上清洁的生态环境，这里成为艺术家的向往栖居之地，被人遗弃的老房子成为他们的心爱之物。中式的乡村建筑坚持不懈地用被时光浸润的青砖强调着自己的观点，然而当我们的居室被从世界各地涌入的各种风格影响甚至改变的时候，人们往往忘记了属于我们民族的最质朴也最有气质的灵魂。[①] 当然，老宅修复并非盲目的怀旧，村民们总有这样一种确信，自然的山川形态影响着人的生存状态与命运。传统民居的深邃和奇妙之处，就在于其有着细密的法则与规定，但这种量化并不以失去面对自然事物的直观判断为代价。这是一种面对自然形态的几何，也是一种关于图式与验证的叙事，更是修复和完善遭到现代性破坏的乡土民居的重要依据。奥尔多·利奥波德（Aldo Leopold）曾提出“土地伦理”的概念，即“把人类在共同体中以征服者的面目出现的角色，变成这个共同体中的平等的一员和公民。”[②] 人类是共同体中极其重要的成员，这是不可否认的事实，但不代表只站在自身活动的角度上为所欲为。乡村是人类与土地共同对话的结果，土地的特性决定了生存其上的人类的状态。这意味着对共同体内每个成员的充分尊重，也包括对共同体本身的敬畏。

这种理念一直被渠老师奉为圭臬，他时刻警醒自己，在尊重传统营造法式、谨慎使用当地元素的前提下，用当代的技术手法修复传统民居和民宅。经历过“变废为宝”的改造，在老房子的形态中，传统外貌与现代生活并行不悖。这种有趣的方式，也能够给村民一个重新审视自家老宅的选择，意识到原来公认的废墟照样可以“化腐朽为神奇”。由此可见，建筑在关怀环境、联系呈现各历史时期架构的同时，还希望能带来全新的当代生活，定义

① 渠岩：《艺术乡建：许村重塑启示录》，南京：东南大学出版社，2015年，第146页。

② [美]奥尔多·利奥波德：《沙乡年鉴》，长春：吉林人民出版社，1997年，第194页。

出新意义和更多活力的空间。然而，并不是所有村民都能理解乡建者的良苦用心，当房屋改造涉及村民切身利益，或制定标准不符合他们心意，村民可能会消极对抗，但是迫于强大的行政压力最终依然会遵守“规则”，留给他们自己的发挥余地十分有限。不过，渠老师更希望看到的是，在老宅重生的基础上，保存乡村文化及信仰体系，建立多主体联动的“情感共同体”，重塑被社会改造和市场经济所击垮而逐渐淡去的礼俗社会。不过从目前村民惊叹、犹豫、无奈等态度来看，任重而道远。

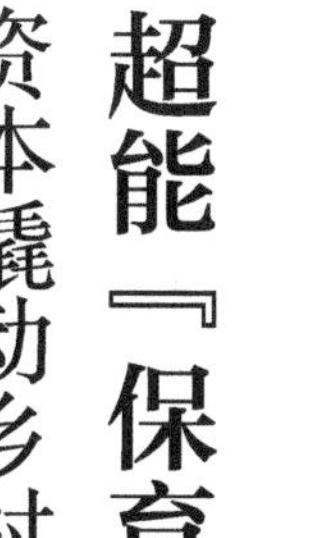

第二章

超能『保育』

资本撬动乡村资源

第一节　乘机而入：商业资本投入

一、租房风波：从公益到增值

（一）游说不易

几座改造好的工作室陆续投入使用后，青禾田公司开始在青田大面积租房，悉数交给渠老师和郭老师改造。选择房屋前，要综合考虑位置、面积、质量等，反复请教两位老师，希望他们能从专业角度给予建议。当然，如果中意的房子还住着人，就不在考虑范围内；至于其他的闲置房屋能否成功租下来，就只能依靠燕姐的游说了。为了加快进度，燕姐和助手阿德常常顶着烈日走街串巷。最初，村民总是用怀疑的眼神注视着1号院工作室，因为“圈地”是房地产商的一贯套路。驻扎几个月后，总有村民出于好奇去办公室转转，燕姐经常和阿姨阿叔一边㪐凉[①]一边倾偈，日子久了大家也便熟络起来，有时村民也会送些水果过来。

最初的游说工作并不顺利，因为村民并不知道房子会变成什么样子。直到四座民房修复完成并投入使用，人们才发现这种“神奇转化”的可能性。村民也渐渐地了解到，青禾田公司不同于以往的“圈地”运动，租赁的房

① 㪐凉（teo² leng⁴）：乘凉。

子也都是村民闲置的。与房主约定的租期是10—13年，如果没有异议可顺延3—5年，但明确租期是10年，租期一到便交还给主人。尽管青田与逢简这样的著名景区相比，位置偏僻得多，但公司给村民的平均租金却比后者略高，因此得到不少村民的热情响应。考虑到每栋民房的面积、年代、质量、位置等因素以及房主的需求和意愿，很难确定一个统一标准。但平均月租基本为6元/平方米，按照房屋和院子的原始面积计算，如果总面积为300平方米，那房主一年的租金收益为2万多元。不过更多的情况是，燕姐刚刚和这家房主协定下租金，她前脚走出办公室的大门，其他房主就紧接着来质问为什么自己的租金不如别家高。因为一般村民看不到自家房子十几年后的状态，所以有时会不理性开价。一时间，房屋租金成了街头巷尾热议的话题，也成了公司最棘手的问题。一系列租房手续搞掂后，公司将为青田村民提供全面的专业服务，并且要承担安全主体责任。于是，越来越多的村民愿意把房子交给青禾田公司，纷纷签下这份合同。到2017年底，青禾田公司一共租下22座闲置房屋。

对于村民来说，租房子意味着产权没有置换。打造文化概念，也没有必要置换产权，因为成本太高。房主将房子交与公司后，之后所有的事情，无论是改造方案还是运营过程，全由公司负责。若干年后，房子也许会返还村民，如果没有问题也许可以“再续前缘”。这样，一方面村里凋零的房屋能够焕发第二春，被赋予更多功能，物尽其用；另一方面村民能够收取租金，并且可以期待一下十年之后全新面貌的房子。①

不过“福利”仅限于房产富余且已搬迁到城镇的村民，勉强满足基本生

① 访谈对象：碧云姐；访谈时间：2018年9月7日；访谈地点：逢简文化中心。

活需求的村民只能远远地张望。通常，人们更希望拆迁，这样拿到补贴就能够在城镇置办新房。不过，按照土地性质划分，青田属于农用地，并非建设用地，从经济角度来看并没有开发价值。[①] 对于青禾田公司来说，长期租用房屋后，可以继续在这片土地上获得加成，遵从渠老师和郭老师的艺术设计理念改造房屋、打造旅游文创产品，刚好一连串的资本投入也为艺术创意的落地提供了物质保障。

（二）蓄势良久

2016年榕树头基金会成立，2017年以基金会理事为主要成员的青禾田公司注册，同年乡研院成立。基金会秘书长杨子源一直在为此事协调奔波，对于这样的模式，他解释道：

> 基金会意味着只能够靠吸纳善款做公益，这是远远不够的，因为做乡村建设需要投入大量资金，而且员工工资发放、接待费、差旅费都需要资金来源，基金会的善款不可以用来做这些，因为所有经济往来、组织架构都有严格要求，因此我们注册了公司，以此弥补基金会职能的不足。同时，我们还成立了一所民非企机构，即乡研院，负责承接项目、投标等事宜，提供有偿智力支持。这样我们就可以一边盈利，一边反哺公益，实现自我“造血”。我们可以学习渠老师的乡建范式理念，转化到民宿经营中，准备探索出一系列新的商业模式。[②]

目前，三座完工的改造民房已投入120万元，16号院仍在不断投入，预

---

① 访谈对象：碧云姐；访谈时间：2018年9月20日；访谈地点：逢简文化中心。

② 访谈对象：杨秘书长；访谈时间：2017年5月28日；访谈地点：青田1号院。

计投入170万元，这些资金全部由基金会的企业家们赞助。但是如果让企业家一味投入，从长远来看也是不切实际的，所以他们也在和其他公司寻求合作，前者负责营建和投入，后者负责寻找客源，合二为一。他们合作的目标并不局限在青田，而是希望将渠老师的艺术乡建理念推广到其他村子，因此租房工作也在其他地方同步进行；他们的服务对象也不仅限于散客，而且针对公司或团队，提供长期驻村服务。青田作为“样板”自然备受推崇，他们会邀请政府或企业前来参观，对方如果认同这样的模式，便可以考虑进一步合作。渠老师提出的“青田范式”被他们视为一种“示范模式”，如果在顺德能够复制到三五个村，那以后便会顺利很多。当然，顺德的乡村也各具特色，九条“范式”不一定适用于每一个村，到时还需因地制宜。

图3–1　参观团队聆听讲解（拍摄者：刘姝曼）

对于这样的决定，我总感觉如今的乡村“保育”计划似乎与最初的理想轨道有些分歧，但有趣的是这些行动在实践过程中又显得并行不悖。更令我疑惑的是，三座机构的并立，是否会降低“公益”“慈善”“福祉”等词语的神圣性和纯粹性。我还有很多问题没有想通，直到“大胡子”的出现，或许解答了我的疑问。

二、现实泥潭：抵抗还是妥协

（一）神秘来客

接待访客是乡研院每天的工作内容之一，访客们在讲解员碧云姐、基哥、若芷的带领下参观青田乡建的阶段性成果，同时也会学习到渠老师的艺术乡建理念和青禾田公司的商业运营模式。访客大多是榕树头基金会理事的熟人，如地产商、民宿经营者等，也有杏坛镇、顺德区乃至佛山市的领导，各镇街的社工组织，还有报刊、电台、电视台等媒体。几乎所有的访客来到这里都眼前一亮，对这种全新的改造风格赞不绝口。

在所有“参观人群”中，总有一个身影频繁出现在青田。那时，我一人住在3号院，有一天燕姐对我说：“最近你都唔使寂寞，有个靓仔① 住嗨你隔篱② 。”“邻居”的到来至少可以让我在这段时间睡个安稳觉。这个邻居异常忙碌，他的脸上长满了和头发一样稠密的胡子，人称“辉哥”；每天都拿着几本厚厚的图纸与青禾田公司交涉着什么。后来，我得知辉哥来自自我选择信息科技有限公司，该公司主打的品牌是“打造面向都市青年居住、生活、创业的社区”，希望用共享空间的方式吸引多元化的都市年轻人，回到城郊或乡村，让他们找到“家”的感觉，目前已经在北京、上海、广州、深圳、佛山等地试点成功。他之所以来到青田，是看中了这里美丽、宁静的生态环境。我小心翼翼地向他询问此事，他向我分享他的设想：

---

① 靓仔（leng³ zei²）：对青年男子的一般称呼。

② 隔篱（gag³ lei⁴）：隔壁，旁边。

> 青田优美的自然环境在工业化程度较高的顺德非常难得，所以有足够的乡土魅力。我们为此已经筹备了两年，并且非常有信心引入一些工作团队。比如让年轻人来到乡村开会、度假，让宁静纯朴的乡村环境激发他们的灵感。这也正和胡会长开始的想法不谋而合，因为工业设计需要回到乡村寻找根脉，所以我们打造了一个模式——深度工作，因为这里是灵感产生的地方。
>
> 我们希望在青田打造新的工作空间，希望城里的年轻人周一到周五在乡村工作，周六、周日再回到城里。通常，人流是相反的，工作日里的乡村是空的，只有周末年轻人才会回去。这种方式不刚好可以填补“空心化”问题嘛！我们之前在城市中摸索出很多成功案例，至于乡村模式，青田还是第一次尝试。乡村的空间很大，如果这次成功就可以复制，青田就会起到引领作用。①

（二）鼎力相劝

辉哥的一番话透露出顺德企业家的一些想法。从商业角度考虑，“青田范式”没有明确涉及经济领域，他们想通过合作运营的方式弥补这一空白，但这显然与渠老师的初衷南辕北辙。为保证接下来的工作有序进行，马会长、徐主席、胡会长邀请渠老师，试图和他讨论未来的运营计划。

众所周知，杏坛镇是顺德区相对贫穷的村镇，当地镇政府又是第一个吃螃蟹的政府——肯定会和发动社会组织的力量进行乡村振兴。马会长此前去镇政府谈项目时得知，龙潭村已被列入杏坛镇将要大力改造的四个村庄之一，拥有250万元拨款。但青田只是龙潭的一个村民小组，究竟何时拨款、能够拨款多少，仍旧是未解之谜。他认为，如果仅靠村里肯定力量薄弱，如

① 访谈对象：辉哥；访谈时间：2017年8月6日；访谈地点：青田3号院。

果靠镇政府就意味着走各种繁杂的程序。即使能够拨款到青田，也只能修一两个公共厕所，何谈整村的复兴。根据他多年的从商经验，运营这条路必须行得通才是长久之计。他进一步提出自己对榕树头基金会发展的构想：

我们基金会已经形成一个品牌，“三位一体”模式延伸出的项目，必然要进行商业运作，产生经济效益，然后反哺基金会和乡研院的运作。我们和各个基金会交流时得知，他们唯一的资金来源就是捐赠。有人捐就能做慈善，没有捐款就做不了，就算现在很兴旺也充满了危机感，非常不稳定。我们希望在这个模式中创造稳定和持续的发展，因此要引入商业模式运作。但是，我们也知道商业和公益可能冲突，因为在运作方式上不同。平时对文化的理解是不能有一点“商业味”的，但是商业如果太多“文化”味，就变成了“玩”的东西，没法赚钱。所以，我们想引入更加纯粹的商业项目，打造乡村振兴新模式。

我们现在寻求到一个合作伙伴，组建好了新的工作团队，那些房子也不需要我们亲自去修，那个公司（指“村上公司”）可以帮助我们改。我们准备把租下来的20多座房子都给他们。目前已经对接好了，准备迎接新的工作业态，就是之前和您说的“深度工作”。现在要想办法，把在青田投入的资本从别的地方赚回来，只有这样才能实现良性循环。这是这段时间我们考虑的问题，希望有一部分商业，但只是在这里呈现，然后去另外的地方生根发芽，再来反哺。放心，他们答应我们保持村落现状，房屋改动会坚决遵循您的乡建理念。[①]

以马会长为代表的企业家们都非常认可渠老师的规划，尽管当初他们还

① 访谈对象：马会长；访谈时间：2017年9月14日；访谈地点：青田2号院。

彷徨在“青田范式”的云雾里，但也义无反顾地投入了大笔资金，只是他们依然保留着观望的态度。而今，投入不断增多但无法产生收益，这样的瓶颈让企业家们踌躇不前。如果不动员社会力量，而是向地方政府伸出援手，短期之内很多目标是无法实现的。徐主席深知其中的不易：

> 政府一般负责水电、道路、桥梁、广场等基础设施，如果这些项目交给它们做，估计明年来不及，后年是否可能也未可知。但是如果让基金会来做肯定就能很快落实，只要乡村规划出来，并且得到政府认可，马上完成施工图纸就能落地了。如果快的话，明年从动工开始，用半年时间就可以初见成效。但我们面临的问题是，投入都是公共的，基础设施建设完成也就结束了，收益在哪里，我们好像没有考虑到。
>
> 我们现在是在努力做政府做的事情，其他的事情我们就只能找其他的出路，这个出路就是社会投入。社会有投入，就必须有回报，所以我们要考虑企业家的回报路径。如果投入是很难持续的，我们的规划就应该从整体、从长远考虑。您的规划里不仅包括民宅改造，还有广场建设、石板路修整等，如果要做这些，就面临着投资问题。为什么国内那么多乡建项目都不成功呢？是因为都没有算好那笔账。现在我们方案是有的，投资问题不能就青田而谈青田，如果在青田投入并且在这里回收，困难是很大的，甚至是不可能的。我们的构想是用从外面赚的钱反哺青田，把明天赚到的钱放到今天来使用。
>
> 如果引入“深度工作”的团队，那我们现在修好的三座房子根本不够，有两个只能做公共空间，以3号院的体量为例，除非再做10个。但是，我们可以去其他经济条件更好的地方，让更多人看到我们做的东西确实不错，让企业家们放心，这样他们的支持力度就会高很多。先在青田把标杆立好，然后再走出去。我们会把“渠九条”作为唯一的宗

旨，把握三个原则：坚持守法经营、坚持以村民为本、坚持对得起投资者。我们团队有一定的学习能力，在您一年的培养下，他们已经跟别人不一样了，不会对文化毫无敬畏，已经不再停留在特别庸俗的层面了。所以，落地就交给他们搞掂，至于怎么和政府打交道，怎么进行市场运作，他们来具体实施。①

胡会长的想法也是如此，基金会并不单纯是公益机构，而是可以用更广泛的概念来界定——用来孵化经济效益的社会机构。没有运营的乡村建设，维持一段时间可以，但始终不是长久之计。可见，尽管企业家拥有乡村保育的初心，但从来没有放弃他们的主业——商业运作，这样才有可能实现可持续发展。不过，这一切在渠老师看来有些操之过急了！作为艺术家，确实会受到专业局限，但他并不希望这些珍贵的村子完全被资本裹挟：

目前全国还没有像青田这样的乡村改造模式，我们不可能刚改完房子，立刻就有收益；也不可能完全靠企业投资，有很大部分一定是由政府投入的。老房子改了之后做商业经营只能做非常简单的东西。如果你们连带着要做基础设施，并且通过商业运转把钱赚回来，这个很难保证。我的“乡村复兴”是一个整体概念，我不是来帮助你们投资做回报的，现在这个方式不对。单纯商业投资是另外一回事，不是投入多少就要回报多少。这些钱如果没有规划和创意，用不到点子上，也起不到任何效果。

如果想有收益也可以，我们租下来的那些房子可以做成民宿啊；如果想做成“深度工作”模式，村子外面不是还有废弃的厂房吗？可以去外

① 访谈对象：徐主席；访谈时间：2017年9月14日；访谈地点：青田2号院。

面啊，但是不要打扰村民。房子是不能乱改的，必须保证青田的基本品质和文化理想，一定要区别于简单的旅游模式，我怕你们弄得全都是商业。

乡村困境其实在全国都一样，国家对乡村的管控方式和企业的投入方式是相似的。如果这种方式可以在全国遍地开花，那就是革新。我们高度认可顺德人的经济头脑，所以希望你们用商业模式，为完成我们的文化理想共同努力。我只能努力保证学术高度、规划设计和打造，商业上只能完全听你们的，我们做事也得通过你们的认可才能进行。不过我想你们应该已经算过账了。①

完成一件伟大的艺术作品是比世俗更崇高的追求，但“在阁楼中忍饥挨饿”的“波希米亚式”（Bohemian）生活终究不是长久之计。最终，双方达成阶段性共识，渠老师把握青田乡村修复的总方向，商业上的具体运作由基金会的企业家负责。在“拜物主义”的世界里，一边是艺术理想的实现，一边是资金匮乏的短板，现实仿佛是一架失衡的天平；几乎没有挣扎的余地，关于商业运营的问题好像从一开始就有了答案。2017年11月，青禾田公司和自我选择信息科技有限公司达成协议，成立新公司——村上村做创新投资有限公司（下文简称“村上公司”）。他们以迅雷不及掩耳之势，完成了20多间出租房的交接，开始了摧枯拉朽般的“创造”。

① 访谈对象：渠老师；访谈时间：2017年9月14日；访谈地点：青田2号院。

第二节　伺机而动：政府项目进驻

一、家园行动：科学技术规训农业实验

（一）乡学现场

乡村拥有一套自我生成和运转的空间，青田同样通过教育方式构建起自身秩序。渠老师常常呼吁，在青田建立一个文化交流平台，不仅传承乡村教育理念、将其作为乡学现场；更重要的是，邀请专家来此讲座，对青田村民进行文化普及和辐射。在他的倡导下，青田开办了“青藜讲座”，名曰“青藜”，取自刘氏堂号，亦指“夜读照明的灯烛”。“青藜讲座”以青田为现场，在村民之间，搭建起互助交流的新平台，以乡村生活、乡村文化、乡村建设等为主题，以当地村民和乡村建设者为参与主体，透过二者之间的沟通与互动，传播乡建理念，强化乡建队伍，进而提高乡建水平。值得一提的是，来此讲座的专家都是顺德人，他们能够用“德语”与村民交流，不拘泥于各种形式，按照村民困惑与需求把历史、文化、农业等知识带到村里。这种接地气的专业分享，不仅可以解除村民在生活中的困惑，也有助于维系人与人之间的关系，从而更加认可乡建者的行动。每次讲座前，瑞叔都会用毛笔在红纸上写上通知，贴到大队宣传栏上。

我清晰地记得，第一次讲座上，村民们扶老携幼，来到2号院的会议

室。他们惊喜地观赏着老队址的新颜，围绕在会议桌前，好奇地听着专家的传授。没有“抢”到座位的村民则站在后方，认真地看着投影上的照片。在这样一个场景中共享知识，对青田村民来说是一次难忘的体验。转眼到了2018年3月，青藜讲座已经举办了4期，这次邀请的是桑基鱼塘农业专家廖老师，他在讲座中将专业知识转化成朴实平和的顺德方言，通过讲述真实回忆和展示历史图片等方式，还原了桑基鱼塘的岁月变迁和历史文脉；从生产模式中呈现出桑基鱼塘的经济、文化和生态价值，希望在科技复兴的新时代中，挖掘新功能，以应对工业化的冲击，从生态循环角度提出解决问题的方案；借助“美塘行动”的开展，展现出顺德地区“基塘农业，岭南水乡”的地方特色；进而以桑基鱼塘为切入点，发展生态农业，构建良好的人与自然之关系。瑞叔每次都会坐在最前排认真听讲，他向我分享他的听后感：

图3–2　青藜讲座现场（拍摄者：陈碧云）

不只青田的人在这里，周边好多小组的村民都来了！这是一次好好学习的机会，好多村民对外边的世界并不太了解。其实，我更加希望将廖教授讲授的专业技术，同我们的生态环境相结合，因地制宜吖嘛。[①]

以这次青藜讲座为契机，青禾田公司与广东省农业科学院合作，成立美塘公司。他们已经在青田租下三口鱼塘，作为桑基鱼塘试验田；进行基塘工作站改造以及增氧机降噪等尝试。公司负责财力支持，农科院负责技术支撑，如果实验成功，生态农业方面就能实现突破，未来可以把这项技术推广出去。

青田如同一块未经雕琢的璞玉，因为被遗忘而逃过了城乡建设的“青睐”，所以基础设施非常不完善：正面大街的石板或凸起或塌陷；公共厕所没有下水系统，粪便会直接排到鱼塘里；河涌和鱼塘淤积，生活垃圾漂浮等。村民已经习以为常，不过乡建者则不希望在这块美玉上留下污点，因此要精心呵护。更重要的是让村民自己行动起来，不然何谈自我建设呢？最开始，乡建者在正面街上竖立了一块牌子，上面写着几个醒目的大字“禁止乱扔垃圾”。渠老师觉得不妥，因为喊口号是强硬而苍白的，与其摇旗呐喊，不如身体力行更为实在。为了重塑乡村的“家园感”，他们共同倡导“家园行动”，希望从清理垃圾开始，维护家园环境，提升村民的素质和责任感。每周四燕姐都会带着我们在长街扫地或者清理鱼塘，渠老师、徐主席、马会长有时候也会加入清扫的队伍。我们希望用自己的行动感化当地村民，让他们不再远远旁观和窃窃私语。刚开始确实有几个熟悉的村民加入进来，不过日子久了，就只剩下乡建者的坚持。至于其中的原因，很多村民这样反映：

每周义务劳动，得闲冇问题，但我哋都有自己的事情啊！

对公司来讲，那是本职工作，但是村民参加就是纯义务劳动，一分钱都没有呀，后来大家就不愿去了。

一次两次可以，但长期肯定不行的。

---

① 访谈对象：瑞叔；访谈时间：2018年3月23日；访谈地点：青田2号院。

除了清扫大街，鱼塘也是需要清理的。在听取了青藜讲座的廖老师建议后，燕姐带领大家来到公司新承包下来的三口实验塘。这三口鱼塘是瑞叔公投下来，转让给青禾田公司的。按照廖老师的说法，清理鱼塘有两个科学方法，一是在鱼塘内倒入农科院微生物研究团队精心研发的净水剂，二是放入少量水葫芦，因为适量水葫芦有净化水质的效果。第一项工作比较简单，廖老师带来的10桶略微散发着臭味的红色液体，直接全部倒入一口鱼塘中就得了。可是，水葫芦去哪里找呢？其实，在青田周边的废弃鱼塘、堵塞的河涌里早就布满了一丛丛的水葫芦，他们生长速度极快，任凭人们想尽各种办法去消灭它们，它们依然会没日没夜地、如同地毯般疯狂地铺满鱼塘与河涌。这种外来植物一向被视为本地植物的敌人，坚韧的枝蔓和粗壮的枝叶纠缠成厚重的一堆，黏附在河道里，不用工具根本无法捞起。所以，只能割掉小小的几枝，投放到实验塘里，静待变化。令我不解的是，水葫芦一向是生物入侵的存在，人们都是避之不及的，为何还要主动引进呢？

除了净化水质，清理淤泥和垃圾也是非常艰巨的任务，承包下来的三个鱼塘基本成为藏污纳垢的垃圾塘。2018年4月，青田的新组长已经选举完毕。新当选的邦哥年轻时就外出闯荡，一家四口早就搬到了杏坛镇里，只有老母①还在青田的老屋里居住。他在外面生意兴隆，很少回村，对于担任队长的事情更是分身乏术。无奈，村里也没有其他人自告奋勇，只好让他临危受命。其实，邦哥对本村事务并不熟悉，又随时挂念着自己的生意，所以在处理村务时有些心不在焉，在村民心中的威望自然不高。青禾田公司曾经邀请队长组建村民卫生队，但大家要么缺少工具，要么不熟悉技术，事情也就搁置在一旁。瑞叔是青田乡村建设的积极分子，在日常交往中和青禾田公司建立起密切的联系。因为他自己承包过鱼塘，在这方面经验丰富，因而被正式

---

① 老母（lou^5 mou^5）：母亲。

聘请为美塘公司的员工，负责看管和清理鱼塘，承担起这个人人逃离的又脏又乱的工作。一天，我收到了瑞叔的微信：“听日① 我要清理鱼塘，要唔要一起嚟?”“好啊!”我迅速回复道。“咁，我帮你准备水鞋② 咯!”“好啊，唔该晒，听日见!”

（二）鱼塘做工

我如约来到鱼塘，瑞叔已经穿上水鞋和水裤下塘工作了。这口鱼塘周围通通被黑色淤泥填满，大概有十几户人家的生活污水会排放于此，散发着恶臭，塘中淤泥已经及腰。鱼塘旁边的边角地带是村民的自留地，尽管每人只有几分地，种植些粮食、果蔬、花草也可自给自足。珠三角地区的土地资源极为紧缺，村里没有大规模的农作物田畴，不过村民能够利用房前屋后的一切角落，进行土地增收和美化环境。偌大的鱼塘，一个人根本清理不过来，于是瑞叔叫上了自己的好友麦哥；此时的我也穿好瑞叔帮我准备的水鞋，戴上手套，在塘基上捡起垃圾来。按照这样的做工搭配，清理出一口塘大概需要三天时间。青禾田公司一共承包了三口鱼塘，分别编号为1号塘、2号塘和3号塘。我们正在清理的是2号塘，面积为1亩（1亩约等于666.67平方米）左右，1米深；前几日投放水葫芦和清洁剂的那口塘是1号塘，约莫2亩大，1.5米深；另外在青田的西北角还有一口小一点的，只有8分（1分约等于66.67平方米）大小，1.5米深，不过塘基大约有1亩，是做桑苗种植实验的绝佳之地。按照生产队的规定，承包期一般是5年，一年承包一亩大概需要3000元，这三口鱼塘的租户承包期未到，只是因为没有收益便选择退出，但退出需要付出20%的押金。美塘公司本打算将村里所有鱼塘都租下来作为实验基地，但

① 听日（teng[1] jat[5]）：明天。

② 水鞋（seoi[2] haai[4]）：雨鞋，雨靴。

每位鱼塘主的承包期不同，好多鱼塘都未到承包期，因而揾不到连片的鱼塘。这三口塘既分散又小，确实不好协调。在协商过程中，其他鱼塘主会让公司做出承诺，不能使用他们鱼塘中的水，不可影响他们正常养鱼。

图3-3　瑞叔清理鱼塘垃圾和淤泥
（拍摄者：杨子源）

图3-4　笔者在塘基帮忙捡垃圾
（拍摄者：简乐欣）

只见瑞叔直接穿着水鞋和水裤走到鱼塘中间，用耙子和网子把垃圾转移到鱼塘旁边的公路旁，再搬到垃圾场。淤泥是有机肥料，所以就直接堆放在塘基处。做工之余，瑞叔向我讲述鱼塘清理的注意事项：

很多河涌里长满了水葫芦，我们都叫“水仙”，好似地毡[①] 一样。

① 地毡（dei^{6} zin^{1}）：地毯。

水仙一定要清理的，不能养啊。我们的目的是净化鱼塘，其实不需要放水葫芦的。如果长满全部鱼塘，那都需要重新清理。其实也不需要净化剂，净化水质和净化剂的分量、步骤有关系，像那么大的鱼塘至少要几十桶净化剂，甚至上百桶，如果倒得少，意义就不大。你睇睇过去几日，水都好“肥”，一般几日就可以看到效果。①

按照瑞叔的说法，水有肥瘦之分：“肥”是指水的颜色浓，“瘦”是指水质好、净化好。如果鱼塘水太肥，可以养一点水仙降低肥度，但一定要用竹木夹住，以免肆意增长。种荷花也是“食肥”的植物，并且可以美化环境。比较快捷有效的方法是：

那个鱼塘啱啱靠近河涌，面积大，水又深，容易抽水。揾个水泵，将鱼塘的口堵住，水抽干，将垃圾清理下，再将河涌水放进来，再放出去，来回几次，让水流动起来，鱼塘就干净了，这是我们农民的经验。

过几日，鱼塘清理完了，我们就该将鱼投放进去啦。传统桑基鱼塘主要养鲩鱼、鳙鱼、鲢鱼同鲮鱼，号称“四大家鱼”，一般饭枱② 上的鱼都是塘鱼。除了桑基，还有果基、花基，只要有基础，这些都可以种。而家主要是没土地，桑基鱼塘是五五分。地基越来越少，鱼塘不断增大，养得多收益多，结果而家土地变成界线，没利用起来。面积是塘的单位，比方讲，鱼塘7亩，农民可能会挖到8亩，土地越来越少，泥一直堆放在这里。以前鱼塘并不是这样规整的，以前好乱的。公路两边都堆满泥土，似小山一样，一落雨③ 公路变成涌，修整一下才好啊！

① 访谈对象：瑞叔；访谈时间：2018年4月9日；访谈地点：青田2号实验塘。

② 饭枱（faan[6] toi[4]）：饭桌。

③ 落雨（lok[6] jyu[5]）：下雨。

投放鱼苗后，瑞叔和细叔将农业局送来的实验桑苗种植下去，没过多久竟然枯萎了大半。无奈之下，美塘公司的阿春又在网上采购了一批新苗，只得等到6月头[①]，我同瑞叔他们一起重新种桑。这批新苗有3尺（1尺约等于0.33米）来高，根部带着泥土，枝干上已生发出鲜嫩小叶，整齐地捆扎着。细叔走过来看看，随手拿起一棵，说道：“呢啲桑苗好壮嘅！”瑞叔和细叔都是好手，那浑身的劲头和精准的动作，令我们好生佩服。他们带着铁锹、铁铲、水桶而来，随手便刨了一尺见方的坑，我和若芷、阿春、阿欢小心翼翼地将桑苗放进去，再铺上碎土，接着用细土填紧，最后瑞叔从鱼塘打了一桶水倒进去，等水慢慢渗入土壤。“最近天气好热，过几日仲要再嚟浇水，唔系[②]桑苗会干死咗！”细叔在一旁提醒着。草帽根本无法遮挡炎炎夏日，我只能任凭汗水浸透衣衫。经过一下午的忙碌，我们终于在桑基上种满了桑苗，期待着看到它们枝干壮硕、绿叶婆娑的模样。

图3-5 笔者同乡建者和村民一起种植桑苗（拍摄者：谭若芷）

---

① 月头（yud^{6} teo^{4}）：月初。

② 唔系（m^{4} hei^{6}）：不然。

二、美塘工程：专业设计争取财政支持

（一）田园示范

借着“乡村振兴”的东风，顺德区于2018年1月出台《顺德区加快国家现代农业示范区建设创建“美丽田园、三生共融”实施方案》，计划2018年至2021年，重点检核不少于5个具有产业特征明显、田园风光亮丽、适合观光休闲的现代农业连片示范园区（美丽田园示范区）；打造不少于3家一、二、三产业融合发展的现代农业休闲观光示范企业（美丽田园示范点）。[①] 本次出台的规划方案，刚好与渠老师“青田范式”中恢复桑基鱼塘的设想不谋而合。渠老师认为，近代乡村功能化和追求高效率的生产方式破坏了传统的自然生态系统，因此计划建立桑基鱼塘展示区，重塑传统的农业生态循环；这超越了生产性，上升为一种乡村文化，进入更大的社会空间并与时代相衔接，形成文化辐射力和良性互动。为了解接下来的工作，我特意请教了负责美塘工程的符彩春，希望她能告诉我一些更具体的规划。

我们现在的主要工作是清除污泥、疏浚河涌、改善河涌水质、工作间改造。水是顺德村落最重要的一道自然风景，顺德人的生活与水息息相关，青田的环村河涌积淤了大量生活垃圾，再加上生活污水的无序排放，严重影响了村落的整体风貌与居民生活健康，我们期望通过清淤的工作，改善青田一带的水乡风貌。所以，我们接下来的任务包括四个部分：蚕桑生态农业、塘基工作间、美塘文化馆和塘基美化。

我们会在三口鱼塘中做不同实验。1号鱼塘，做污水净化处理实

① 顺德城市网：《美丽田园示范区拟获得2000万元扶持资金》，2018年2月12日，http://www.shundecity.com/view-207804-1.html。

> 验，我们交给了在广州做过城市规划的楼盘公司，研制养鱼技术；美化鱼塘，养一些枯草；鱼塘旁边的公厕已启动污水循环处理，下一步进行厕所截污。2号鱼塘放养“四大家鱼”，等鱼长大。3号鱼塘旁边准备设计一个新的塘基工作间，并且在塘基上种植桑苗，做桑基鱼塘实验。农科院拿来的品种，我们已经种过，但是死掉了少部分。我们也在反思原因，因为他带来的是小桑树苗，和普通苗不一样，小苗生存能力不强；再加上我们一开始化肥下得量过大，而且雇用的村民没有及时去打理，所以效果不好。所以，之后又采购了一批新苗，新苗的品种不同，而且是已经养了两三年的桑树，所以种下去存活率高很多。①

美丽田园工程计划拨款2000万元，针对整个龙潭万亩鱼塘的美化——将鱼塘工作间进行统一规划，但是没有提出具体可行的思路，恰好“青田范式”中对桑基鱼塘的解读弥补了操作层面的空白。榕树头基金会希望趁热打铁，如果顺利完成并且得到政府认可，就可以通过政府购买服务的形式，将这些技术推广到整个龙潭村甚至杏坛镇。但在此过程中可能会牵涉到很多鱼塘主的利益，短期之内村民不一定理解和配合。在基金会进驻青田一年多的日子里，确实为村里做了很多工作，为了提升村民积极性，也会聘请村民帮忙并付给工资，但依然没有达到理想效果。“不理解就由他去吧，我们需要容得下怀疑，甚至可能是打击报复。做事情得慢慢来，我们解决的问题都是村民遇到的问题，无论成功与失败，我们都坦然接受。”这是乡建者的态度。

（二）房屋“生长”

鱼塘旁的小房子是非常有趣的建筑，木头、竹子、塑钢等材料把这些有

---

① 访谈对象：阿春；访谈时间：2018年6月10日；访谈地点：青田2号院。

趣的建筑点缀得五颜六色，令人眼花缭乱。人们会根据自己的需要，不断将其翻新、搭建，把很多废弃物品转化成建筑材料添置进去。也许这些光怪陆离在统一规划面前是混乱的，甚至是丑陋的，但无论是倾倒还是爬满植物，这种随性让这些小房子成为鱼塘最富有生命力的风景。所谓“违章”，大抵表达的是专业人士对非专业的态度，平民往往从实际需要出发，把建筑作为一种生存活动，直接参与到建造行为中。顺德每个鱼塘的工作间几乎都与别家不同，这种“人”的痕迹表达着独特的意味，恰恰是整齐划一的城市里最缺乏的味道。

如今，这些房子也被纳入新一轮的规划当中，但渠老师还是坚持保留乡土特色。为了更贴近村民的需求，我打算和接到设计任务的阿均一同去博哥的工作间逛逛。博哥年纪不大，才三十出头，二十来岁的时候在外闯荡，为了结婚生子还是选择了回家。虽然养鱼也可以赚钱经营家庭，但是远不如外面赚得多，渔民的优惠政策对他们来说只是杯水车薪。博哥一边抛撒着鱼食，一边对我们讲：

> 养一塘鱼要一百几十万投入，但渔民贷款只有十万八万。我哋一日喂两次鱼，朝早六点同下晏三点各一次。工作间一般是一层，还有两层的，主要是用来摆晒农具、鱼食、电机。如果搭建二楼，那就是一层放工具同杂物，二层住人。有些人晚上在这里住，好凉爽的，通风，凉快过自己屋企；但是中午不在那里，太热了。一般是用胶板或者木板搭建，比较凉爽，房顶都比较简单，不会铺瓦片，好麻烦的，而且担心承重。[①]

参照博哥的日常工作状态，阿均设计出草图，并向我介绍他的理念：

① 访谈对象：博哥；访谈时间：2018年6月22日；访谈地点：青田鱼塘。

这次设计的是全木制房子。因为场地狭长，旁边还要种桑树，所以要做高层设计，而且周边的塘头屋很多都是两层。底层架空可以解决防潮问题，门槛提高可以防蚊虫。以原木色、灰色为主色调，采用仿木纹装饰板和水泥瓦装点，与乡村周边环境和谐融合，艺术观赏性也强。屋顶披上稻草，做出仿自然的形态。材质上采用钢结构，房屋搭建约四到五天时间，可利用农闲时间安装，方便拆卸搬运。广东多雨，坡屋顶便于排水。为了防止雨水溅落腐蚀木板，在下部还加了防水铁皮。建筑到鱼塘没有缓冲空间，所以增设了半露天平台，进行柔化处理。总体来说，防风级别为10级左右，防火级别为A1级，防潮防白蚁，耐用性强，减少维护频率。①

图3-6　研究院设计的模型图
（设计者：黄灵均）

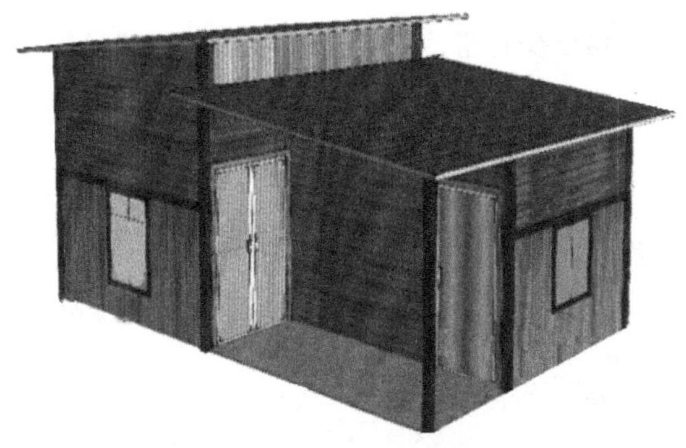

图3-7　美塘公司设计的模型图
（提供者：符彩春）

但令他不解的是，公司又补充了一些类似于民宿的设计要求，希望增加接待和住宿功能，于是他按照公司的建议，在一层增加了沙发，在二层增加了床，作为设计参考。后来，美塘公司又委托了另一家设计公司。以阿均的

① 访谈对象：阿均；访谈时间：2018年6月23日；访谈地点：青田2号院。

设计为参照，阿春向我们分享了这家公司的新想法：

> 工作间的基础用水泥铺砌，轻钢装修为主，符合政府指标做示范，因此价格不能太高，再加上基地，一共四五万左右。但是阿均做的两层造价太高，费用就要十几万，政府的示范点要考虑资金问题，太高不太可能接受。
>
> 现在的工作间依然按照之前的审美设计。外观上是木头颜色；主钢结构部分为钢柱、圈梁和钢梁，方管、檩条采用C型钢，再加上阳光瓦。屋面为隔热层和深灰色沥青瓦，美观而且不重，重要的是隔热，人住在里面会舒服。上层墙板为水泥复合板与原木色仿木纹装饰板的组合；下层墙板为水泥复合板和灰色水泥瓦；门为单开或双开木纹钢质门，铝合金前窗，铝合金百叶后窗；室内粉刷墙身。[①]

无论从结构还是材质来看，设计公司提供的方案貌似比阿均的设计更加“专业”，而且考虑到政府项目的成本问题。我更关心的是，新型基塘工作站在村民中的接受程度，于是问道：“新的设计方案有没有去征求一下村民的意见?”

> 公司不是第一次做，他们的方案是重复筛选的，用料是重复的，经验非常丰富，所以不太需要了解村民情况。从长远来看，我们希望通过这次基塘工作站实验，改变乡村农舍现状，结合养殖需求，之后再做塘基美化种桑。在青田形成资源利用和提升的样板，为顺德基塘环境美化提供示范作用，可以同时提供游客休闲娱乐和田园体验的场所。[②]

---

① 访谈对象：阿春；访谈时间：2018年6月10日；访谈地点：青田2号院。

② 访谈对象：阿春；访谈时间：2018年6月10日；访谈地点：青田2号院。

第三节　暗潮声动：乡建团队撤离

一、不速之客：进击的施工队

（一）一片狼藉

转眼到了鸡蛋花飘香的季节，3号院外，粗壮的鸡蛋花树干上已经爬满了茂密嫩绿的叶子，蛋黄色的小花在树枝上跳跃。花心是蛋黄色的，花瓣像风车一样向外旋转，从中心到边缘，颜色便由鲜嫩之黄转为纯真之白，因为像极了鸡蛋的颜色，故名“鸡蛋花”。风儿吹来，花瓣散落在地上，沁人心脾。距离鸡蛋花树不远，在3号院的庭院里，一棵硕大的木芙蓉静静地立着，与院外的鸡蛋花树交相辉映，洁白、浅红、深粉，纤细羽毛般的花朵用色彩诠释着时光流转，也用生命亲历着一场惨烈的交锋。

叮叮当当、轰轰隆隆的施工噪声打破了初夏的宁静。之前租下的20多间房子已全部交付给村上公司改造，那些房子都是渠老师精心挑选的，形态各异、格局完整，却遭遇着和1、2、3、16号院迥然不同的命运。施工队首先选取了五座院落，雕花栏杆、青砖墙壁、秀丽花窗在几天之间被摧毁得面目全非，墙上的窟窿像一张张血盆大口，散落的砖头躺在地上呻吟。在古老墙壁的外侧，水泥浇筑的新结构拔地而起，一根根张牙舞爪的钢筋参差不齐地裸露着。包工头王哥正坐在3号院中看着图纸，出于好奇，便上前攀谈一

图3-8　村上公司扩建的房子
（拍摄者：刘姝曼）

图3-9　村上公司砸坏的房子
（拍摄者：刘姝曼）

番。他不是本地人，他所在的施工队均是来广东打工的湖南人。

实不相瞒，我们就是想在村里做商业运营的，农村不开发怎么赚钱呢。我们已经设计出了模型，这几栋房子主要为公司打造写字楼，也有公共食堂、会议室、民宿、游泳池，也会给村民留出公共空间，比如电影院等等。这年头，有钱的老板不会在市区办公的，村里环境好又舒服。①

单纯从商业逻辑来看仿佛并无不妥，但是施工手段却与乡土伦理相背离。都市度假风情席卷了整个院子，所到之处尽是狼藉。榕树下、酒亭旁、河涌畔，通常是人们咧凉、倾偈、打牌的聚居地，如今被堆积成山的水泥、木头、砖瓦、陶瓷等建材霸占。不管施工队有多霸道地占据公共空间，村民总能见缝插针地找到一席娱乐之地，你进一尺，我退一丈，互不相干。任凭喧嚣如何震耳欲聋，也丝毫不会影响村民打牌的心情。不过，一旦影响到自

① 访谈对象：王哥；访谈时间：2018年6月2日；访谈地点：青田3号院。

家地界，必然“一纸诉状”告到燕姐那里，燕姐再进行一番苦口婆心的劝说，纠纷能否调和再议。想来，村上公司一系列乱七八糟的扫荡，还得靠青禾田公司来一番哑巴吃黄连式的救场。

直到半个月后，与我们朝夕相伴的木芙蓉被拦腰砍断，我们为此痛心疾首了许久。若芷曾对我说过，小时候她家门外也有棵娇艳的木芙蓉，眼前这棵树常常让她想起童年过往，如今她的寄托也随着凌乱的枝叶和花瓣而凋谢了。如此令人痛心之事，在施工队看来却微不足道，因为节约成本才是“王道”：

> 我们原本打算在那里开路的，但是那棵树阻挡了我们。我们不可能因为这棵树改变道路的方向，所以只能砍掉了。其中还要考虑成本问题的，砍树比较容易。在我们这儿，移植树的成本很高的，而且还需要技术，根上的泥土不能散才可以移植。所以，在花卉市场买棵树重新栽上会比较简单，而且价格也比较低廉。①

（二）一己之力

最可惜的是那座建于20世纪80年代的黄房子。渠老师认为，当年能建造如此体量、格局完整、装饰美观的房子实属不易，它承载着一代人的记忆。更重要的是，它不仅坐落在正面大街上，还处在村口的鱼塘边，可谓是青田的名片，因而被渠老师盛赞为“青田的眼睛”。然而，自从这群“不速之客”进入后，房子就被木架团团围住，将所有的暴力与脏污与外界隔离，殊不知早已被折腾得奄奄一息。尽管渠老师不常住在青田，但他时刻关注这里的施工情况，当他发现施工队在砸栏杆时，瞬间大发雷霆。为了阻止他们

① 访谈对象：王哥；访谈时间：2018年6月14日；访谈地点：青田3号院。

施工，渠老师和郭老师不知和村上公司交锋了多少次，但是“大胡子”总会以“已签订协议”为由来回应。由于态度强硬，两位老师直接被村上公司列入“黑名单”。

图3–10　黄房子原貌（拍摄者：渠岩）

图3–11　破坏后的黄房子（拍摄者：刘姝曼）

为坚决阻止这莽撞而荒谬的行径，两位老师多次找到马会长和徐主席，希望能协商施工方案，为此几人专门建了微信群。渠老师将黄房子的惨状上传到群里，愤怒地写道：“这座房子是青田的‘眼睛’，他们竟然把栏杆砸了，破坏得太厉害了，现在‘眼睛’都要瞎了！”马会长立刻回复道：“好的，渠老师，我马上处理。”徐主席也随即回应：“渠老师，别生气，我们抓紧制止。”渠老师最耿耿于怀的是乡建者的失误：

我们原本是保护乡村的，现在我们自己开始破坏乡村风貌。赶快停止这种行为，不然以后我们如何在村民中起示范作用！必须把房子恢复成原有的样貌，里面怎么改都可以，但是如果按照他们的规划，效果就非常不协调。如果你们再这样改造，青田将完全失控。他们为什么不给我看图纸，我到现在都不知道他们具体怎么做。

为什么砍树?！碗口大的树，他们都不心疼，我很伤心，太野蛮了！当时为了扩大3号院的院子，本来想砍树，我也及时制止了，好不容易保留下来！我们为什么对砍树如此冷漠！如果觉得碍事，把树移走也行啊，结果全砍了！他们对生命根本没有敬畏！[①]

大家从未见过渠老师发这么大火。也许最让他气愤的是施工队的隐瞒，因为从接盘到施工，他从未看到过村上公司的设计图纸。公司之所以和渠老师“躲猫猫”，大概是心虚自己浮夸的设计方案被否决，所以只要渠老师不在村里，他们就快马加鞭搞“建设”。好在，马会长立即赶到青田制止了施工队的行径，他即刻回复：“幸好发现及时，还可以补救。”于是，渠老师向马会长他们下了最后通牒：

请立刻停工！你们引进的合作团队，成为破坏乡村最狠的角色。我们之前沟通了那么多次，他们根本不听，一群自以为是的“小年轻”，完全是“城市后花园”思维。我们必须和他们签协议，他们的图纸都要交给我们审核，不能允许他们再砍树。既然你们之前有协约，那就监管有力一点，请他们别再施工了，一定要按照我们的要求做！

我们的慈善一定要和商业分开，对吧？你这样做让外面怎么看，这不是打着慈善的幌子在做生意吗？我不反对商业，但是不能这样一家独大，而且你做的业态和乡村一点关系都没有。真想要有商业，我们应该扶持当地村民，比如做渔家乐，支持他们自己创业，或者把和乡村有关的文创吸引进来。做民宿也比这个强，民宿也是创造生活。当时你们和我谈的条件是，如果引进村上团队，那你们就会负担起基础设施建设的花销，但是实际上这一部分已经由政府拨款的2000万元做了。你们现

① 访谈对象：渠老师；访谈时间：2018年6月25日；访谈地点：青田16号院。

在在做什么？[①]

如此质疑令人不寒而栗，微信群里顿时一片寂然。事后，渠老师将他们的聊天记录全盘告知与我。面对一群唯利是图的乡村刽子手，如果由着他以前的暴脾气，早就甩手不干了；但他也意识到，任何时候都不能被那染成黄金色的裹脚布蒙蔽双眼，现在还不能意气用事，否则后果不堪设想。

二、身不由己：无语的乡建者

（一）逃离青田

5月尾[②]，我和若芷、阿均、小夏正在2号院的办公室讨论着渔家乐的房屋模型图。为扶植青田村民创业，帮他们免费设计房屋。聊得兴起，若芷突然向我们发布“紧急通知”——5月31日前全部搬离青田。这是青禾田和村上公司的协约，承诺6月尾前要把房子改造完成，并且正式投入运营。其中还包括已经修复完成的1、2、3号院，意味着此前大家在三座房子中投入的人力、物力、财力瞬间化为泡影。庆幸的是，新修好的16号院不用转交。“我们要搬到哪里去？”小夏问道。若芷回答，“正在装修的逢简文化中心啊，那里刚刚添置了桌椅，以后就是乡研院的新办公室了”。看来消息是千真万确了，我开始担心起来：如果乡建人员都撤出青田了，接下来的工作该怎样进行，怎么和村民联系？顾不上多问，我们抓紧收拾、盘点、装箱、搬运。另一边，燕姐、霏姨、婵姐、茴姨、阿德也措手不及，一时间忙得一塌糊涂，颠三倒四。我帮燕姐盘点着即将转交的家俬[③]，准备把三座房子里的物

① 访谈对象：渠老师；访谈时间：2018年6月25日；访谈地点：青田16号院。

② 月尾（yud^6 mei^5）：月底。

③ 家俬（ga^1 xi^1）：家具。

品全都搬到16号院去。夏日炎炎，惹得大家的脾气也愈发烦躁。

连日下雨，16号院的木门上生出些毛茸茸的绿点，我们搬着东西走进房门，一股霉味扑面而来。卧室的墙壁上渗着水，床单和被褥也都湿漉漉的。阿德此前一直负责跟踪1、2、3、16号院的工程进度，向我解释道：

> 一般建这样一座房子需要四五个月，施工队要赶在5月尾之前完成任务，结果现在三个月就搞掂了。本来应该刷完油漆等它全都干透再做防水的，但是没有等就直接进行下一道工序了，所有工作都操之过急。现在一下雨，木头受潮变形，屋顶漏水，屋内潮气也散不出去。如果不开空调还好，但是阁楼上那么闷热，怎么能不开呢？可是一开空调就漏水。我们曾经尝试补救过，但是没太有用，根本原因是前期工作没做好。①

夏季午后对流雨来也匆匆，去也匆匆，带不来一丝凉意。乡建者们也行色匆匆，雨后的潮气闷得大家更加喘不过气来。

（二）乔迁之惶

新建的文化中心坐落在以“小桥流水人家”为金字招牌的逢简水乡。它处于广东省中部，无论从哪里来到此地游览都非常方便，而且景区不收门票。顺德区内“半小时交通圈”和周边城市“一小时交通圈”基本形成，2个小时内可到达粤港澳经济圈的任何一座城市，到此短途或一天往返的周边游成为居民小短假休闲的首选。但是每日近5万人的流量——珠三角城市群“一日游”和周末休闲度假客源，使得逢简水乡不堪重负，尤其是春节、五一和十一黄金周、暑假期间的客流高峰期。我常看到来自广东各地乃至周

---

① 访谈对象：阿德；访谈时间：2018年5月31日；访谈地点：青田坊16号院。

边省份的旅游团光临此地，大巴车、小轿车络绎不绝，每逢旺季必须交通管制。

逢简的民居按照政府要求已进行过规整，除飘窗可以“自我装饰”之外，所有外墙全部贴上了灰色瓷砖。村民为了改善自身居住条件或者就近做些小买卖，就把旧房拆除，建成现代化楼房，举目望去便能够觉察到整条村的参差面貌。这里是开放型景区，没有门票收入，只有游船是公开竞标，收入归村集体。逢简圩自宋代起就已成为顺德著名的水乡圩市，如今每到客流高峰，逢简村的村民也会纷纷摆出摊位，为游客奉献出农家水果或小吃，市列珠玑，琳琅满目——这是小本生意赢利的最佳时机。村里的士多有些是自家开的，有些是租赁的，这些店面平时基本是闭门的，只有周末才开门迎客。尽管每家卖的特产大同小异，倒也基本云集了顺德各区县乃至珠三角地区的特色饮食，糖水① 和点心应有尽有——双皮奶②、姜撞奶③、鸡仔饼④、盲公饼⑤、鲮鱼饼⑥、大良蹦砂⑦、均安蒸猪⑧、伦教糕⑨ 等等，几乎每家都宾

---

① 糖水（tong⁴ seoi²）：甜食。

② 双皮奶（soeng¹ pei⁴ naai⁵）：顺德特色甜奶酪，以水牛奶为原料，上层奶皮为雪白圆状薄片，味道略咸；下层奶皮香软嫩滑，清甜可口。

③ 姜撞奶（goeng¹ zong⁶ naai⁵）：顺德特色糖水，以姜汁和牛奶为原料，甜中微辣。

④ 鸡仔饼（gai¹ zai² beng²）：又称“小凤饼”，以面粉拌上花生、瓜子、芝麻、核桃、猪肉等制成，调以南乳、蒜蓉、胡椒粉、五香粉和盐，味道甘香酥脆，甜中带咸。

⑤ 盲公饼（maang⁴ gung¹ beng²）：佛山特色饼食，用糯米配以白糖、花生、芝麻、猪肉、生油等原料制成，相传由清代嘉庆年间的一盲人创制而成，故名“盲公饼”。

⑥ 鲮鱼饼（leng⁴ jyu⁴ beng²）：将鲮鱼揉压成饼，双面裹上香炸粉，油煎而成，肉质细嫩鲜美。

⑦ 蹦砂（bang¹ saa¹）：顺德大良传统油炸糕点，用面粉和猪油、南乳、白糖等配料相拌炸制而成，形似金黄色的蝴蝶，故称“蹦砂”（顺德俗称蝴蝶为“蹦砂”）。

⑧ 蒸猪（zing¹ zyu¹）：顺德均安名吃。用五香粉、沙姜粉、罗汉果、精盐腌制6小时，用猛火蒸制而成；出锅时趁热将肉切成块状，撒上芝麻、香油等，肉质肥而不腻。

⑨ 伦教糕（leon⁴ gaau³ gou¹）：顺德伦教特色糕点，由籼米粉用酵母发酵再蒸制成型，糕体雪白油润、透明光洁，口感爽软弹牙、甜冽清香。

客满堂。

但是，逢简水乡作为小范围的地方性旅游景点，吸引半径不大，所以很难在全国创造知名度，人均旅游消费也不高。从目前来看，旅游开发前期投入很大，但游船收益根本不足，很难让村民分享红利。餐饮行业大多是村民利用自家房子开展的，从周末旅游中获得直接收益的只是一小部分家庭。除了得益于旅游的村民，大多数人则处在旅游带来的苦恼中，他们常常抱怨：节假日里狂热的人流和车流，造成严重的交通拥堵；旅游带动下，本地物价普遍比周边村落高出一截；仅有的市场或士多里面的商品都被游客抢购一空，给村民生活带来极大不便……

从青田到逢简，早已习惯了幽静的我有些不适应这里的喧嚷。逢简水乡的规划向来不被看好，没想到有一天我们也要栖身于此，简直是莫大的嘲讽。办公室刚刚装修好，空气中还弥漫着油漆的味道，为了快速驱散室内甲醛，只好每天开窗通风。窗户没有防盗网，为维护公司财产，必须留人看管，“毒气”常常让人头昏脑涨。顺德人一向看重仪式，一般入住新房都要举行“入伙”[①]仪式，公司也要举办隆重的开业仪式。选择良辰吉日，准备水果、糕点、烧猪、香烛，在室内、室外各拜一次，默念吉祥语，愿神灵保佑人们生活和工作一切顺遂。然而，我们搬迁时仪式也没有来得及办，就直接手忙脚乱地开始工作了。

青田村口的木棉依然挺立，每当蒴果成熟便会裂开，吐出云一样的花絮。夏天的风懒散地吹着，花絮便如同跨季的雪花纷飞起来。树下，村民正拿着布袋，捡拾着飘落的棉絮，织之为毯、裁之为衣，物尽其用。木棉飞絮，人心难道也会随之而散吗？

---

① 入伙（yeb^6 fo^2）：迁进新居。

小 结

艺术从来都不是铁板一块，无论是放置在公共空间里的艺术装置或作品，还是艺术家在公共领域中引导艺术行动，只要与外界发生关系，就必然涉及政策执行、资本运作等方面的因素。但朱利安·斯塔拉布拉斯（Julian Stallabrass）认为，艺术圈总是希望能与商业和权力保持距离，甚至批判，这样才会保持自身的清白。因为如果艺术不远离资本，就会丧失原有神秘感和纯洁度，从“神坛”坠落后，人们便不再欣赏和崇拜。但吊诡的是，这种性感与纯粹恰恰成为资本拥抱它的理由。[①] 因此，当高洁的艺术进入青田之时，青禾田公司的经济活动就主动与其发生关联。

每当触及土地和房屋租赁等问题，经营主体通常会倾向于比较急功近利的方式，希望能抓住时机尽可能在短期内获利；如果发现很难有效益就把土地转给下家，因为任何长线投入都无法打包票，也许土地会被政府以各种理由收走。按照青禾田公司的计划，如果不出意外，他们可以以渠老师的“青田范式”为契机，以低廉的价格租下乡村中的闲置房屋，接着在艺术家的妙手奇思下转变为城市人休闲度假的特色消费场所，进而获取经济效益。他们

① Stallabrass J. *Contemporary Art：A Very Short Introduction*，Oxford：Oxford University Press，2004，pp.101–118.

的目标自然不是直接从艺术中获利，而是艺术衍生出来的价值，比如地租效益的增长、周边环境商业性能的提升、人流的活络，甚至探索如何将艺术与文化融入整个区域开发中。对此，张正霖将其概括为“商业”“艺术”与“公共”之间的三角形联动。①

令人尴尬的是，在不久之前，榕树头基金会正在以“先锋者”的英雄姿态积极投身于乡村保育，就在他们努力走入当地村民中间、企图改善他们的生活时，突如其来的“变故”打碎了之前树立的美好幻象，也在乡建者内部产生了隔阂；更让村民疑惑的是，最初的承诺是不是一种遑论。站在一个缺省的立场上，“慈善”“公益”“援助”“福祉”等字眼，从来都是一种充满关爱的确信，这似乎是全人类共同的世界观。人们很难预料，当这些语汇与资本捆绑之时，这层含义是否会打折扣，会暗示怎样的动机，之后又发生怎样的化学反应。基金会的所有成员都是企业家，每个人都有一套自我合理化的行为逻辑，可能从一开始就注定了“神话”的现实性——让人产生不当的令人难以接受的联想。这或许不是一个误会，而是一场“冒险”，也未可知吧。

① 凤凰艺术：《姜俊、张正霖：公共艺术、经济运作与艺术商业管理》，2018年8月16日，http://art.ifeng.com/2018/0816/3437709.shtml。

第四章

『佳节』重逢

艺术再造传统节庆

第一节　乡情犹在：信仰礼俗中的内生动力

一、龙舟出水：驻留老人的坚守

（一）宗族公尝

5月尾，既是青禾田公司忙着搬迁的日子，也是青田慈善基金会成立一周年的纪念日。旧年[①]青田队长邦哥向乡亲们提议，成立村民自己的慈善基金会。瑞叔作为基金会的秘书长自然忙前忙后。虽然他既不是队长，也算不上队委，但青田乃至邻村事务也会来找他这个“编外人员”。他向我讲述其中的缘由并发出邀请：“过几日我哋青田慈善基金会要在村里举办敬老宴，在长街上摆上百桌围餐呢，好热闹啦！你同渠老师一起来呀！”“好啊！”我兴高采烈地应着。

青田、大社和福田同为刘姓兄弟，共2000多人，这三个村民小组曾共同成立刘氏宗亲联谊会，拣[②]出一名会长，三个小组再各出一名副会长，瑞叔便责无旁贷地成为青田的代表。顺德人最重祭祖，祠堂的营造能够体现出一个人所在宗族的社会地位和经济实力；家法规定了人们的道德规范，也维

---

① 旧年（geo^6 nin^4）：去年。

② 拣（gan^2）：选，挑选。

系着宗族内部的亲情与人情；公尝① 则用于祠堂日常运作，抚恤宗族内部的年老与弱势群体，以及对宗族子弟的助学和奖学。每年刘氏大宗祠都要筹集资金，用来修复祠堂、敬老、助学等，比如今年就用8万元修复了一个廿几平方米的梅兰竹菊镂空屏风，这些公尝全部来自刘氏宗亲的捐赠。顺德本土的企业家体现出鲜明的草根性和本土性，拥有浓厚的乡土气息和本土情怀，他们在外经商成功后总会用投资、捐赠等方式回馈本族，循环往复之下，宗族尝产不断扩大，凝聚力和影响力也越来越强。青田慈善基金会正是为筹集善款、组织宗族活动等而设立的。会长是青田走出去的企业家汉哥，他是顺德著名餐饮品牌“猪肉婆”的股东之一。虽然他早就不在村里居住，但一直想着村里的老人们；他为人低调，前些年的青田敬老宴都是他带头捐赠操办的，因此被推选为基金会会长，也是众望所归。青田基金会成立一周年之际，将邀请本村60岁以上的150多名老人家食饭，同时也会请大社、福田的刘氏宗亲翻嚟②，还有青田的乡村建设者们。

青田敬老宴过后，我们便悉数搬出，2号院只剩下空荡荡的会议桌和孤零零的投影仪。那天，我最后一个离开办公室，抚摸着会议桌，失落又不解。尽管我知道每天从逢简到青田的通勤时间只有10分钟，但是村民再也没法随时去办公室找我们谈天，如今再也不是那种和村民抬头不见低头见的日子。

（二）敬香起龙

俗话说，“四月八，龙船挖”，讲的是农历四月初八的起龙仪式。旧时，龙船由松木制造，每年扒完后都会被埋入河涌里，保存起来。来年端午时

---

① 公尝（gung[1] soeng[4]）：又称蒸尝、祖尝、尝产，是维系祠堂和宗族公共事务的经济来源。

② 翻嚟（fan[1] lei[4]）：回来。

节，再将其打捞出水，检修、洗刷、操练一番。请龙、出龙、扒龙、藏龙等一系列仪式都由村民自发成立的龙船会组织，负责和龙舟有关的一切事务，比如龙舟维护、船身竞投、围餐组织等等，龙船会的会首由村里颇具声望的长者担任。以前，女性尤其是孕妇，不可观看龙船，以避不祥；因为龙舟从河中升腾而出，是从阴转阳的关键时刻，但女性为至阴之体，如遇阴性则会令神龙威力受挫。现在已无妨，不少妇人会在河畔围观；龙船出水的时间也没有严格规定，一般于农历五月初，择一良辰吉日进行。

这天清晨，天空中漂着蒙蒙细雨。瑞叔、细叔、结姨、麦哥、霏姨等村民早已在村西边的河涌口等待。结姨正远远地向我打招呼，她手拿着一束刚摘下的黄皮塞给我，那黄皮颗颗青中透黄，浑圆饱满，轻轻剥开，便露出朦胧的光泽，果肉酸酸甜甜。青田的龙舟就埋藏在那里，船头、船中、船尾的部位都已经搭好了木架，前来打捞龙船的都是村委会的老伯，他们把绳子缠绕在木架上，将龙船慢慢提起，用水瓢不断向外舀水。瑞叔在一旁解释道，以前完全靠人力，需要20多人才能做到，现在用小轮吊机只需三五个人足矣，有“金龙出水”之意。半小时之后，一条长达25.88米的龙船便浮现在水面上，“25米”是取河道弯位距离的最大化，“88”则预示着“发达”。同样的木板藤条，不同的铁锤木刨，挥之不去的意气风发。用清水将河泥洗净后，老伯们安装上龙头龙尾，开始在村落的河涌里穿行、操练，岸上的村民则在燃放鞭炮，敲锣打鼓，祈祷红火、平安、顺利。试划完成后，将龙舟停靠在岸边，把龙头和龙尾暂时卸下保存。这便是“龙母诞”的前奏。

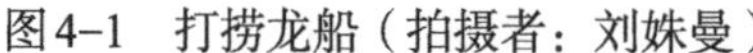

图4–1　打捞龙船（拍摄者：刘姝曼）

图4–2　龙船试航（拍摄者：刘姝曼）

在龙潭，最热闹的不是五月初五的端午节，而是五月初八的“龙母诞”，即龙母诞辰之日。相传，龙潭村有个叫陈德公的后生①，也是远近闻名的孝子。有一日，他在河涌支罾②网鱼，希望给生病的老母做一餐鱼汤。谁知他每次拉回鱼罾，除一段木头之外，一条鱼都冇。无奈之下，他再次将木头抛出，祈祷保佑他网到鱼，并保证：如果这次灵验，他一定将木头供起来，早晚烧香拜福。没想到，来自西江上游的龙母娘娘巡游至此，正附身于这块木头上，听到陈生的话，对他的孝顺心生怜爱。于是，龙母娘娘作法招来虾兵蟹将，将西江水族中罪孽深重的鱼虾统统押入他的鱼罾中。陈生没想到自己的祈求如此见效，好开心地翻屋企③为老母做鱼汤，阿妈逐渐好翻④了。后来，陈生信守诺言，将这块木头供奉在神台上磕头敬香。龙母娘娘见到他如此虔诚，便托梦于陈生：既然诚心挽留，就给她在农历五月初八前建造一座行宫。陈生按照龙母娘娘的旨意，修建了一座龙母庙，这就是坐落于龙潭村

① 后生（heo^6 sang^1）：年轻人，小伙子。

② 罾（zang^1）：一种用木棍或竹竿做支架的方形渔网。

③ 翻屋企（fan^1 ugug^1 kei^2）：回家。

④ 好翻（hou^2 fan^1）：伤病痊愈。

西华坊的孝通殿。

二、龙母诞会：回乡青年的执着

（一）竞投船身

五月初八子时，我与若芷、小夏相约来到龙潭村，孝通殿内外的香火早已旺盛起来。龙母庙名曰“孝通殿”，坐北朝南，面向龙潭大涌埗头；三间两进，脊塑雕花，甚是精妙；大门两侧的立柱上，题有一副对联：“正中宏化育，柔顺启文明。”该庙始建于宋代咸淳元年（1265），历经重修；“孝通”是龙母获敕的众多封号之一，专门指群龙对母亲的孝心。[①] 早在唐代，龙母就被王朝纳入敕封的神灵行列，取得正统地位，顺德地区则在龙母祀典中潜移默化地接受中原文化。“邑中香火最盛者……龙潭之龙母庙尤著灵应，乡人往祷者刑牲鲜礼，焚燎如云”[②]，足见其香火旺盛。龙母庙西侧还建有五龙庙，西南侧另有天后宫，三座庙宇伫立于龙潭大涌埗头处，呈三足鼎立之势。当晚龙潭村的端午敬老宴上有位老板以18888文的价格抢到头香，香炉里已经插满了长短粗细不等的高香，瞬间庙堂里外火光闪烁，烟雾缭绕。龙潭村孝通组的村民率先抬着龙头和龙尾来此参拜，希望能得到龙母娘娘的恩泽和庇佑，随后再将其绑到龙舟上继续巡游。深夜，龙船大涌里传来锣鼓声和整齐的号子。

初八清晨，村民已集结在河涌两岸，有的拿着香烛贡品，有的忙着点燃鞭炮，有的带着宝宝在敲锣打鼓，叮叮咚咚的脆响震得人心神荡漾。长街上已经搭好了长棚，服务的阿姨将圆桌摆放得整整齐齐，河涌旁已经撑起了几

---

① ［香港］科大卫：《皇帝和祖宗——华南的国家与宗族》，卜永坚译，南京：江苏人民出版社，2009年，第74页。

② （民国）周之贞修：《顺德县续志·卷一》，民国十八年（1929年）刊本。

口大锅，准备从早忙到晚。人群中，我见到结姨正端着几个粽子向我招手：“食咗饭未啊？要唔要试下枧水粽① 同咸肉粽先?”不同于北方的甜粽，枧水粽里不加任何酱料，枧水浸入的糯米金黄剔透，再蘸上一丝蜜糖，顿感清香弹牙；咸肉粽则是用生糯米包裹上腌浸过的五花肉，煮熟后，肥瘦相宜的肉质伴随飘香的粽叶，也不觉油腻。

图4-3 孝通殿抢头香
（拍摄者：刘姝曼）

图4-4 五月初七夜敬龙母
（拍摄者：刘姝曼）

早上9点，“起龙”仪式开始。“转龙头”是扒龙舟的头彩，麦哥、细叔将木雕漆彩的龙头和龙尾请到青田的关帝神厅祭拜，上香进宝，默念着保佑扒仔平安顺利的祷辞。再把龙头和龙尾请出来，后面跟着的众人拿着船桡，敲锣打鼓放鞭炮，绕着青田的风水塘转着。随后，人们把龙船的一系列部件都放置在岸边，大鼓、铜锣、神楼、高标、罗伞、幡旗罗列有秩。麦哥和细叔跃到船上，小心翼翼地安装上龙头和龙尾。青田的龙船是一条“老龙”，龙头高昂，口含钢珠，垂下白色的胡须，两侧的弹簧须跳动着，龙腹不甚宽阔，深棕色的腹身尽显沧桑，龙尾翘起。细叔分别在龙头和龙尾各挂上一束

① 枧水粽（gan^1 seu^2 zung^3）：糯米加枧水做成的粽子，食用枧水用草木灰加水过滤而成。

黄皮叶，又从船尾走到船头，将黄皮水通洒一遍，做驱邪消灾之用。紧接着，他又在龙船的每个位置标上序号，准备公投。在龙船安装过程中，岸边的女人们也没得闲。她们在埗头装香燃烛，为龙舟敬献贡品。

10点钟，铜锣声响起来，通知乡亲们竞投马上开始。大家纷纷前来公投龙船的各个器具，价高者得，喊标声、欢呼声、掌声此起彼伏，随着一锤定音，龙头、龙尾、大鼓、划桡都依次竞投完毕。麦哥以888文的最高价拍得龙头，人们通常认为投得龙头者出价最高，因此获得的福气也最多。一轮公投下来，一条龙船的器具投得近万元，所有资金全部归入青田龙船会，用于村民围餐、人员奖励、龙船维修等。一个多小时后，扒仔们陆续下到龙船就座，慢慢扒动龙船，在青田村内的小河涌做热身运动，岸上的妇女跟随着龙船燃放鞭炮。在外人的想象中，参与游龙的队员应该是身强体壮、活力四射的后生，然而在这里都是阿叔在支撑着队伍。年轻人迫于生计出去打工，很少回来参加游龙。可不要小瞧老爷子们，他们早已习惯了“开门见水、举步登舟”的生活，划龙舟成为生命中的一部分，加之成日在村里就可随叫随到，划龙舟的技术自是信手拈来。黄铜板的手臂划着红褐色的船桨，龙船所到之处闪过粼粼波光，岸边的村民喝彩声与噼噼啪啪的鞭炮声此起彼伏。

图4-5　竞标（拍摄者：刘姝曼）

图4-6　安装龙头（拍摄者：刘姝曼）

（二）龙船竞渡

12时整，青田的扒仔们集结完毕，龙船在人声和爆竹的交响中向龙潭奔去。我和若芷吃过午饭，一同追赶着龙船奔去。龙船奔驰四方，村民们争相带着小孩到划过龙船的河水中洗脸，名曰“洗龙舟水”，认为这样就能去掉身上的晦气，体格更加强壮；尤其是小孩子洗过后一定能身体健康、聪明伶俐、茁壮成长。共同参加游龙大会的有100多条龙船，因此在划行途中能遇到兄弟村落的龙船。几条龙船在小河涌里相遇，需要你退我进，相互谦让，毕竟狭小的河涌只容得下一条船经过，在拐弯处和小桥下最考验队员的技巧。每条船上，扒龙舟的人员都统一穿着标上社坊字号的背心，每村颜色鲜明易辨，他们挥动着的木桡上也清晰地写着社坊的名称。最威风凛凛的便是指挥队伍的鼓手了，他们站在龙船最中间，鼓声起处，画桨齐下，青田的老扒仔们使出浑身解数，用精瘦却有力的手臂划动船桨。

图4–7 龙潭大涌百舸争流（拍摄者：刘姝曼）

六月的中午，炽热的太阳灼烧着人们的皮肤，不过滚烫的空气丝毫没有影响人流的勃勃兴致。终于，我和若芷追到了龙潭村口，卖水果、点心、雪条①、小玩意儿的小贩拥挤在马路两侧，叫卖声此落彼起，好一番闹洋洋的光景！通往大涌只有一条并不宽阔的小路，男嬉女笑，老叫少嚷，人来车往，水泄不通。龙潭水乡深处，传来滚滚声浪，是铿锵明快的锣鼓，是人潮涌动的喧闹。是的，那是龙潭大涌的方向。

波光浪影之中，百十条龙船穿梭游弋，千桡摇动，彩旗翻飞，既有花枝招展的新龙，也有沉稳古朴的老龙。各社坊朝气蓬勃的扒仔不仅在龙舟装饰形态上一争高下，还在速度上彼此追逐，因此不仅需要持之以恒的耐力，也需要强劲的爆发力。巡游一番后，扒仔们便在龙母庙前的埗头上岸，解下龙头和龙尾抬到庙中参拜，然后接着扒行。幸甚至哉，龙船并行，划桨摇橹的高手们将桨叶插入水中，向对方龙船挑去，一时间水花飞溅；船头和船尾的弄潮儿则有节奏地顿足压船，如游龙在水中起伏。岸上的男女老少，摩肩接踵，眉飞色舞，重重叠叠的忘我欢叫与掌声共鸣着。飞溅的浪花，飞舞的龙旗，飞驰的蛟龙！

三、乡村盛宴：歌舞表演的融入

（一）万人围餐

游龙结束已是夕阳西下，扒仔们各自扒龙船回到自己的村庄，无论是在地塘上、祠堂里，还是河涌畔，迎接他们的是一场一年一度的盛大围餐。青田的正面街上早已摆满了300多围，每围10人，不仅为了奖励游龙归来的弄潮儿，也迎接着久未回家的亲人。龙船饭是乡亲们的一次大会餐，以前人少

① 雪条（sud[3] tiu[4]）：冰棍儿。

的时候本村妇女亲自下厨即可，现在规模越来越庞大，就直接邀请外面的厨师掌勺，不需要自己动手，专业的餐饮公司从搭棚、摆桌、煮饭到清洁，一条龙服务。五六口直径一米的大镬① 在河涌旁架起，几十盘同样的菜式集中堆放在一张圆桌上。十几人的烹饪队，从早忙到晚；由几十名阿姨组成的服务队，训练有素，端着盛满碟子的大盘子，将每道菜运送到各桌上。瑞叔向我介绍道：

> 龙母诞是我们杏坛镇最热闹的时候，也是我们青田欢聚一堂的时候，平日出去打工的后生仔都会翻嚟。龙船饭是大家自愿买的，一般500文一围，比方说，我认10围，就出5000文，那我可以请100个朋友过来食饭。食龙船饭的人越多越好，证明家族旺盛。好多企业老板、善长仁翁都会积极捐资赞助的。②

“场内酒筵摆得好齐整，座中充满欢笑声，主席台已布好景，头上灯光如日明。乐曲悠扬添雅兴，还有祝庆龙舟声，唱颂新风家国盛，轻歌曼舞贺升平。”龙舟说唱艺人手持一支半米长的彩漆木雕龙舟长棍，胸前挂着一副小锣鼓，一曲地道的顺德腔开始在饭桌间蔓延。紧接着，各式菜品陆续端上来。每一次乡村盛宴，几乎都离不开这样几道菜：鸿运烧肉、文栈葱油鸡、红烧乳鸽、红灼罗氏虾、豉汁蟠龙鳝、清蒸多宝鱼、瑶柱扒瓜脯、上汤娃娃菜、龙凤锦绣丁、叉烧包，桌上还摆着红米酒、凉茶、椰子汁等饮料。龙船饭的菜式丰富令人眼花缭乱，传统菜式也被保留了下来，不同的相聚，同样的质朴。每道菜的制作不要求精致，只求快捷、质朴，烹饪方式以焖和炒为

---

① 镬（wog[6]）：铁锅。

② 访谈对象：瑞叔；访谈时间：2018年6月21日；访谈地点：青田坊正面街。

主，大鱼大肉预示着吉利和富裕。

图4-8　青田端午围餐（拍摄者：刘姝曼）

龙舟围餐中，除了本村村民，榕树头基金会、青禾田公司的工作人员也被邀请出席，马会长、徐主席、杨秘书长、燕姐、碧云姐等都在，若芷、阿均、小夏、阿德、阿春、大鹏哥和我也不例外。红色的长棚上早早挂起一个醒目的牌子，上面写着“青田书画慈善拍卖会”。亮哥是顺德远近闻名的书法家，他的墨宝几乎遍布整个杏坛，很多村的村口题字都出自他的手笔，各种牌匾自不在话下。每年他都会拿出一些自己的书法作品拍卖，所有竞拍所得全部捐献给青田慈善基金会，用于处理村内日常事务。

顺德的乡村每逢盛大佳节，都会举办类似的“投灯”活动。“灯”同“丁”谐音，以前生了男仔的家庭会在祠堂祖先牌位前挂一盏灯，意思是“添丁”，即“新丁入族”之意。随后，这户人家为庆祝添丁会摆下酒菜，请乡亲们聚会，这边是“饮灯酒”的习俗。席间的重头戏便是“投灯”，将制作好的花灯冠上好意头的名，比如“一帆风顺”“财源广进”“万事如意”等，也可以是精美的工艺品。主持人会引导乡亲们投灯，尤其是好多从村里出去的老板会翻嚟，这时主持人会特意走到这些老板身边，问他是否加价，只要征得老板同意，马上高声宣布新的价格，抬价的节奏也一浪高过一浪，长棚下瞬间波澜万丈。宴会投得的金额全部归到大队，投灯之人则将这些好意头带翻屋企。

不过，投灯时的热烈程度，要取决于村子的物质生活水平和村民对藏品的兴趣。青田的多数村民貌似对“高雅”艺术作品并不感冒，只有几名热心“观众”在积极竞价，差不多每件作品可以拍到几千到万元不等。这些爱心人士均是榕树头基金会的企业家，原来活动举办之前，青田队委就已经和榕树头基金会商议，希望他们能继续支持青田村民事务——去年竞拍的所有金额都归于榕树头基金会，今年所得直接则纳入青田自己的基金会，所有善款均用于青田乡村建设。

（二）民谣晚会

端午时节也是年轻人翻屋企的日子，乡村音乐会在人潮涌动的时候举办再合适不过了。渠老师邀请到自己的故友，也是参与过许村国际艺术节的伙伴——民谣歌手赵勤来到青田，与他一起来的还有他的女儿妞妞，也是一位歌手。初到青田，他们被其质朴的天然风光所深深打动，向我娓娓道来：

> 这里的自然条件很好啊，在当地已经非常发达熙攘的大环境下，还能呈现出静谧古雅的气息实属不易。2015年夏天，我得知渠老师在许村进行的乡村艺术项目时，就感到非常新奇和喜欢。直到2017年春天，我又很荣幸地得到了渠老师的邀请，并于那年7月至8月间去参与了许村国际艺术节的活动。那时候我就与许多艺术家一起，在那里生活和创作，度过了一个特别又令人难忘的夏天。在许村时，主要是给当地孩子上课，包括各种艺术方面的课程、排演节目、开办音乐分享会、策划组

织展览、参与当地的民间及社会活动等等。①

我在许村时，给当地的孩子们上英语课，教他们弹钢琴，帮他们排合唱并在艺术节的闭幕式上表演。这些课程不是死板僵化的音乐课，而是带领和帮助孩子们走进艺术，感受自由表达的魅力。从中他们不仅仅学习到了技法和能力，更重要的是，他们变得更加自信和快乐了！②

赵勤曾经和山西籍的艺术家刘智峰在许村艺术节期间共同创作歌曲《松烟镇》，那时他第一次感受到太行山深邃而壮美的意蕴，这样的氛围恰好符合他对太行山和许村的期待，便生出创作词曲的想法，把这首歌作为献给许村的礼物和对那段难忘生活的纪念。特别是在后来的谱曲中，随着音律和节奏的加入，这首歌逐渐呈现出一种超脱于具象性描述的音效：一片宏大又壮阔的天地、山水、人神及历史之景弥漫在太行山河谷和走马槽的堆石道上，笛声如风，鼓似马蹄，疲惫的旅人缓行于古道的清溪边……旋律中交织着无根无由的焦虑不安，以及化解不掉又寻觅不得的浓浓乡愁，在赵老师看来这正是现代社会中城市人的集体性心病。可以说，音乐家通过音声描绘了心中的乡村图景，也表达了自己对人与人、人与乡之间的关系。今年，他也把这首作品从太行山带到了青田的端午演唱会上。

一接到演唱会的通知，榕树头基金会就开始了紧锣密鼓地筹办，聘请专业的广告策划团队，负责搭台、灯光、音响等等。演出当天下午，西酒亭旁的地塘③上就已经搭建起一个宽阔的高台，工作人员不断调适灯光和音响设备。舞台下摆满了凳子，以供村民就座。夜幕徐徐降临，舞台的灯光闪耀起来，几道光束喷射而出，变幻的色彩划过夏夜里漫长的天际。台下的村民逐

① 访谈对象：赵老师；访谈时间：2018年6月18日；访谈地点：青田地塘。

② 访谈对象：妞妞；访谈时间：2018年6月18日；访谈地点：青田地塘。

③ 地塘（dei^6 $tong^4$）：晒场，上面铺有灰沙的场地，晒谷物用。

渐多起来，明晃晃的灯光照亮了老人们安静的爬满皱纹的脸庞，为嬉戏的细佬仔投射下细碎凌乱的影子。赵勤先生和妞妞的嗓音，一个沧桑，一个清纯，非洲鼓打出的节拍，吉他弹奏出的音符，交织出故事般的旋律。作为创作型歌手，他们对于乡村演唱会有独到见解：

> 这（青田）是我到目前为止参与的第三个乡村音乐会，也是我觉得氛围最好的一个。这里的村民都对普通话的歌不太熟悉，但他们非常热情，我能感受到他们的好奇、期待和喜欢。也许他们不能完全听懂我的歌，但一定能体会到那种让我们共同感动的东西。这就是音乐的力量！
>
> 我选了一些中英文的经典歌曲，以及几首自己写的歌。一场音乐会，翻唱是一部分，同时我也想加入一些原创歌曲，作为自己的一种表达，传达给观众。考虑到观众的接受度，唱两首粤语歌可能效果会更好。以后可能会在这方面做一些改进，更好地拉近与观众的距离。①

惊喜的是，村民在得知要开乡村音乐会后，广场舞队的敦姐找到燕姐：“我哋可唔可以参加?”听闻青田村民主动要求上台表演，我们难掩心中的喜悦，马上答应下来。于是，在美妙的音乐后，阿姨们的舞蹈表演被安排在压轴的位置上。她们统一穿着只有在正式场合才会穿上的演出服，相互化妆、梳头。尽管动作不太整齐也不甚标准，但自得其乐，将音乐会的气氛推向另一个高潮，台下的观众不由得拍手称赞，演出结束后她们依然在舞台上相互拍照留念。村民们全情投入，倾听这种源于乡间、传达生活情感的细腻而动听的乐曲，也用掌声和欢呼声感谢这场特别的乡村家庭大聚会。

赵老师情不自禁地表达着感想：“很爽！风和日丽，气氛热烈！乡亲们

① 访谈对象：妞妞；访谈时间：2018年6月18日；访谈地点：青田地塘。

图4-9　妞妞演唱会现场
（拍摄者：刘姝曼）

图4-10　广场舞队的阿姨们在表演
（拍摄者：谭若芷）

的参与度很高！没想到我们这种带有明显北方气息的音乐在这里还会产生那么多共鸣！”这也正应了渠老师最初的设想：乡村民谣演唱会不仅是一场演出，更是一座桥梁，能够让音乐和艺术走进每个人的心里，让传统和当代文化的魅力相融合，为乡村生活注入更加多元的活力。

不过，村民总是有这样一种自卑：“我们欣赏不来高雅艺术，根本听不懂英文歌，达不到人家的审美高度啊！”“音乐会的初衷是为了吸引年轻人，但是年轻人也很少去听，老人又欣赏不来。”造成这些问题的原因，或许还有“高大上”的舞台带来的距离感。当年在许村举办音乐会时，村里并没有舞台，村民都是搬着小板凳而来，虽然简陋，但是给人以亲切之感。注重“排面”、完美主义是顺德人一贯的行事风格，做事情要么不做，要么就做到极致。无论是舞台、灯光、音响，均是按照音乐节的标准配备，在乡村中营造出类似年轻人参加明星演唱会的氛围。头先青田还举办过另一场小型的音乐会，只是在大榕树下扎了一个小小的舞台，灯光柔和，歌手演唱以粤语为主，很容易融入青田的乡村风光中。难怪村民会感到端午舞台风格与青田乡村环境的违和。

一场乡村音乐会有如此大的规模和影响力，令杏坛镇政府惊喜不已，但是人潮涌动的场面却让经验不足的他们胆战心惊。毕竟要遵照规矩办事，像这样的“大型集会”需要提前向上级报备，因为涉及安保等问题，主办此次活动的榕树头基金会也没想到会有如此多的条条框框，只能承诺“下不为例”。

转眼间，三天的端午假期结束，青田又恢复了往日的寂静。农历五月十三是“关帝诞”，为吉日，青田的阿叔们准备把扒完的龙舟重新埋入水里，从清晨便开始行动。每条船的底部都有一个用木塞塞住的小孔，细叔跳到船上，把这个进水口开启。竹竿已经固定好龙船的方位，随着水流缓缓流入，龙船也越沉越深，最终埋在河泥里。瑞叔说，龙舟入水宣告着这一年的龙母诞盛宴正式结束。沉入河涌的龙船只有水退时才能隐约可见，经过一年的韬光养晦，第二年同期再重见天日。

端午节庆过后，赵勤先生和妞妞向大家一一道别，继续音乐探寻之路。青田的年轻人带着上学的孩童回到城市工作和生活，老人们则依旧重复着安静的乡村生活。蛟龙戏水之后，一番孤寂的清冷；丽日华宴之后，一片缄默的萧索；欢腾过后，值得慢慢回味。

第二节　制造“复生”：仪式庆典中的外在推力

一、“成年”礼成：文化意涵的添补

（一）“冠礼”演绎

转瞬即逝的时光总是那样绝情，它永远不会等待人类延迟的脚步。眼下，青禾田和村上公司的工程依然没有理出头绪，却又要马不停蹄地筹备青田的另一场盛宴——中秋“烧奔塔”。奔塔是一个下阔上窄的空心圆柱，底部直径2米，上口内直径0.8米，高3.8米，由2000多块青砖搭建而成。在河涌底部挖出淤泥，再掺入河沙搅匀，便形成最平价的砌塔灰。奔塔下面有两个大灶口，用来燃放柴草、水松枝等燃料；塔顶为空心，用于投放木屑或者松针叶。每年中秋前夕，后生仔都会三五成群地商量烧奔塔的计划。他们要潜入青田周边的河涌里，在水底挖淤泥，用河泥砌塔，还要拣取水松枝作为燃料。旧历九月的河水会比以往更冻一点，如果能完成这项考验，就说明他们成功完成了从青年到成年的跨越，后来这一具有“成人礼”色彩的仪式就成为村里一个不成文的规矩。据村民说，烧奔塔是青田独有的中秋习俗，但是近年来面临失传危机。

这样一场特殊的“成人礼”激发了渠老师的浓厚兴趣。他认为，当下社会之所以会处在道德崩溃的边缘，是因为丢失了很多可以承载民族人文品格

和精神气度的传统，“仪礼”就是其中之一，因此在青田恢复和演绎“成人礼”颇有一番意义。为此，渠老师特意邀请北京大学哲学系的吴飞教授，作为本次“成人礼”的文化礼仪顾问。“冠礼”和“笄礼”是中国传统的成人仪礼，是“以成人之礼来要求人的礼仪”，意味着懵懵懂懂的少年将从涉世未深和正式跨入社会，必须履践孝、悌、忠、顺的德行，才能成为合格的社会角色；唯其如此，才可以称得上是“人”。把“冠礼”的元素加入青田“烧番塔”仪式中，将为传统注入新的时代精神。当然，这必须建立在尊重文明传统、汲取既有文化合理内核的基础上，也不完全照搬古人。在继承传统“冠礼”对青年仁、义、孝、廉等品质的要求上，也希望寻找一种更现代的方式，启发当代青年人的积极进步的精神品格，让他们用行动继承珍贵的历史文化遗产，也让传统文化在青年人的成长中发挥实际作用。

榕树头基金会向来雷厉风行，这一艰巨的任务交由小马哥来执行。他是基金会中的年轻一辈，也是理事们工人的才子，饱读诗书，鼻梁上的眼镜又增加了一丝文气。于是，他开始在青田乃至整个龙潭村广发通知，动员孩子们参与其中，瑞叔还帮忙写了公告，贴在大队的宣传栏上，在青田寻找年龄在16到20周岁的年轻人，男女不限。此外，基金会还邀请了经验丰富的专业广告公司，负责前期排演、现场摄像、后期制作，“一条龙”服务到底。

（二）“寻人”典礼

台风“山竹”即将到来的消息让主办方惊恐不已，原本八月十五的“成人礼”被提前了将近10天。红底黑字的通知醒目地张贴出来，但青田却没有一个孩子报名。有谋生能力的青年早已离开村庄，在规定年龄段的孩子又都在上学，这样的原因令主办方无可奈何。有时，村民也会向基金会提出些在后者看来似乎“无理”的个人要求，比如参加活动是否会派发利市，如果答案是肯定的，人们自然会乐此不疲；如果没有红包，便会犹豫再三，甚至逃避。后来，基金会请求龙潭村委会帮忙，最终在杏坛中学和杏坛职业学校选拔了10名（男、女各5名）形象好、气质佳的适龄学生。当然，青田本村也还是有积极分子的，比如麦哥，特意唤回在外上班的儿子。阿聪20岁出头，高大的身材，白皙的脸庞，好靓仔嘅！久未谋面的胡会长也成功动员起自己未成年的儿子，来青田参与拍摄并参加仪式。这样一来，参加青田成人礼的队伍便不会“势单力薄”了。

挖泥定在农历八月初六下午，艳阳高照下河水不至于太过冰凉。地点设在西酒亭旁的小河涌，人们通常会把盛宴过后的废水和油污排放于此，油盐酱醋的瓶瓶罐罐也会直接投入河涌，河底是否有玻璃残渣却不得而知。河涌里的树叶、矿泉水瓶、塑料袋也还没来得及清理，清澈的水面浮现出罕见的黄色油污。现场的摄影师们早已抢占好合适机位，几架无人机从低空飞过，生怕错过一个绝美的镜头。为了彰显出更优美的画质，孩子们穿上了定制的服装。靓仔身着深蓝色马甲和灯笼裤，靓女[①]穿着粉色长袖小褂和长裤。他们手拿竹筐，从寂静的巷仔中款款走来。每个孩子的脸上都洋溢着纯真的笑容，说笑着来到河涌口。那里埗头宽阔，是绝佳的拍摄地点。为安全起见，他们在“教练”的指挥下认真地做着伸展运动，之后便有序地手拉着手准备入水。靓仔们没有丝毫犹豫，步入到泛黄的河水当中，用竹簸铲出河泥，身畔的伙伴立刻搭把手，一个接一个传到岸边的靓女手里；靓女在水边接过河泥，倒入一旁的竹筐中，如此循环往复。“教练”喊着口号，用喇叭传递着挖泥时的注意事项。村民、基金会的工作人员、拍摄团队、拿着换洗衣服的家长们正在岸边张望，或欣喜、或企盼、或担忧，镜头捕捉下每一个人的表情。

拍摄结束后，岸边的“教练”指挥孩子们去换洗衣服，以免着凉。这时我才得知，他是榕树头基金会聘请的广告公司总策划，也是本次“成人礼”

① 靓女（leng³ neu⁵）：对青年女子的一般称呼。

的“导演”——刘秉扬。扬哥是隔壁福田村的刘氏宗亲，三岁就学会了游泳，小时候就曾见过老爸怎样挖泥，也曾身体力行同村里兄弟一起下河。他们一般会直接游到河中间，直接潜入水底，快速把泥挖起来。毕竟，这是龙潭一带的传统，现在只有青田依然在延续，好在这里的泥是“好泥”。打捞而来的河泥正静置于河岸旁的箩筐之中。我向扬哥询问如何去鉴别泥的好坏，只见他用手指蘸了一点竹筐里的河泥，递到我面前：“你要不要闻一下？”我凑过去，一股淡淡的臭味钻入鼻腔。他向我解释道：

图4-11 下水挖泥（提供者：刘秉扬）

这就是“土地的味道”，判断泥的好坏，要睇它的质地、色泽、纹路。你睇，青田的泥很细腻，挖上来没有杂物，颜色是麦绿，涂一下很均匀，好似女孩子的化妆品。泥里面有树叶、田螺，说明这里生态好，没有污染。所以质量是可以的，是“好泥”。

之前，我哋其实有一啲啲担忧，现在的学生大部分都不太会游泳，而且河涌也没有特别…… 干净。不过，呢系好很正常的，比较好的是大社在青田外面，刚好把污染区挡住。其实㗎起来看，河水也没太脏，都是些自然和生活垃圾，还好还好。①

孩子们在扬哥的指挥下砌好了塔基，任务就此完成。他们欢欣地把红砖扔到河泥中，瞬间泥点飞溅，沾到孩子们的脸上、身上，影片定格在这一张张灿烂的笑脸上。至于后续的砌塔工程，交给专业师傅便可轻松搞掂。

图4-12　满载而归的孩子们（拍摄者：刘姝曼）

二、“奔”塔续燃：文化展演的升级

（一）“奔”“番”之争

幸好赶在“山竹”到来之前，大家闯过了“成人礼”的关卡，基金会的

---

① 访谈对象：扬哥；访谈时间：2018年9月15日；访谈地点：青田河涌口。

工作人员总算松了一口气。随即而来的却是一个新问题，即本次活动如何命名——“烧番塔”还是“烧奔塔”。

最初瑞叔认为是“烧番塔”，基金会的理事刘锡亮则提出了不同意见——他是青田走出的书法家，对家乡一直有着难舍的情结与记忆，认为应写作“烧奔塔”，而这也是青田村民的强烈要求。据民俗学家考证，“番”在粤语中有两个读音“fan^{1}”和“pan^{1}”，读“fan^{1}”时可理解为“番邦”；读“pan^{1}”时，特指广东的“番禺”。至于烧番塔的由来，相传是为纪念清代抗法将领刘永福把逃入塔中的番鬼佬[①]烧死的英勇战斗；又有传说，纪念元朝末年汉族人民为反抗残暴统治者，中秋起义时举火为号，现在是为祈求吉祥和来年丰收；还有一说，由于各同宗兄弟分散居住在不同的僻远地区，交通和信息不发达，又要防止被官兵发现追捕等，相互间联系和探访很少，甚至不能或不敢相见，为了相互告知自己的状况，于是相约在中秋佳节当晚，在高处燃点篝火，以烽火为信互报平安。这一习俗在广东佛山、肇庆等地区广为流传。

然而，无论外面的中秋习俗如何进行，村民始终坚持青田的“烧奔塔”与众不同。或许古籍中的片语只言能够提供些许依据，但亮哥清晰地记得，他们从小就一直念“ben^{1}”的读音，虽不知应该怎么写，但绝对不应读作“fan^{1}”。八月十五即将来临，经过反复讨论，主办方最终决定尊重村民意愿，将“烧番塔”改写成“烧奔塔”。

（二）“复燃”之火

“烧奔塔”以前是在正面街的正中央举行，现在长街上架满了密密麻麻的电线，出于安全考虑，活动地点便转移到西酒亭前宽广的地塘上——那

---

① 番鬼佬（fan^{1} guei^{2} lou^{2}）：洋鬼子。

里也是村民运动休闲的篮球场。从逢简出发之前，我收到了结姨的微信。她是我们非常要好的朋友，我们在2号院驻村的时候，她经常来找我和若芷聊天，常为大家送来粟米①、荔枝、黄皮、枧水粽。后来，乡建者们相继搬到逢简水乡，我们就只能暂时通过微信联系。她的信息里充满着期盼，令我深感自责又有些无奈，透过屏幕，我感觉到自从我们撤出后，村民的生活好像瞬间失去了依靠和指望：

> 好耐②冇见你喇！你哋最近忙紧咩啊？我哋青田人都几好③嘛，你哋千祈④要记得我哋啊，要常翻嚟睇下我哋啊！我哋希望都寄托喺你哋身上，只要你哋好好做，我哋青田就一定会越嚟越好嘅！

大致的意思是：“你们最近怎么不在青田了啊？我们已经很久没见到你们了。我们这里的村民都是很好的，你们千万要记得我们，常回来看看。我们的希望全都寄托在你们的身上，只要你们好好干，青田才会变得越来越好！”原来，村民们一直在疑惑，乡建者们撤出青田之后究竟去了哪里。大家搬出去之后，和村民的联系自然就不如以前频繁了；施工过程中出现的错误和纠纷也引起了村民的焦虑和不满。他们担心是否是因为自己不够积极而失去了志愿者的帮扶，也恐慌未来在青田开展乡建工作会失去方向。村民充满企盼的话语，总让我心里不是滋味，一方面我不想让他们失望，怕承接不住他们期许的目光；另一方面，我也在反思村民是否在此过程中主动放弃了主人的权利。

① 粟米（sug¹ mei⁵）：玉米。
② 好耐（hou² noi⁶）：很久，很长时间。
③ 几好（gei² hou²）：多好，多么好。
④ 千祈（qin¹ kei⁴）：千万。

中秋当天，榕树头基金会的工作人员全部早早赶往现场，严阵以待。从下午就开始布置会场，在篮球场一角搭起了舞台和大荧幕，灯光、音响依次陈列，热火朝天地忙到晚上。另一角上搭起一个小棚，那是专门设置的“捐赠柴火灯笼认领处”，凡是出钱为奔塔添置水松枝的积极分子，都可以在这里领到一盏灯作为回馈。举办活动前，青田队委也特意表达了榕树头的企业家理事们带头捐款、多多益善的希望，收集的善款则全部归入青田慈善基金会。“烧奔塔”仪式原计划晚上八点正式开始，篮球场上已经提前聚集了些许村民，大荧幕上滚动播放着榕树头基金会的宣传片，讲述着他们进入青田一年以来的乡村保育成果。然而，工作人员发现还有很多年轻人没有回来，队委商量后决定将仪式推迟到八点半，没想到引起了群众的不满。虽说是已经协商好的事情，但有些不明事因的村民开始抱怨，人群里开始发出躁动的声音，“点解[①]仲唔开始”“都好晚了”云云。终于，半小时后，仪式正式开始了。

主持人首先向村民“普及”了青田“烧奔塔”的文化传统，随即屏幕上展现出前不久广告公司拍摄的“挖泥”视频，演绎出“桃花源”般的质感。接下来是“成人礼”的授予仪式，主持人庄重地念出这些曾经参与挖泥的未成年人代表的名字。他们依次走上台，来到聚光灯下，主持人带领他们朗读着成年的“宣誓词”：“2018年9月24日，父母已经把我抚育成人。从今以后，我必须承担责任、严以律己、宽以待人，做一个光明磊落、问心无愧的人，以报答父母、社会、国家与天下的恩德”，并郑重地宣读出自己的名字。随后，他们的父母上台给予孩子们温暖的拥抱，为他们颁发成年证书和纪念牌并合影留念。礼毕，这些刚刚步入“成年”阶段的孩子脸上洋溢着喜悦，虽鲜有孩子来自青田，但青田给更多孩子搭建了舞台。

---

① 点解（dim^2 gai^3）：为什么。

图4–13　宣誓现场（拍摄者：刘姝曼）

一串长达数十米的巨型爆竹震耳欲聋后，师傅们点燃了柴草。他们经验十足，毕竟这种活动已经自行组织了多年。水松枝、柴火、木屑已在塔旁堆成小山状，水松枝是前几天采好的，一定要在不干的情况下，放到灶口内才能噼啪作响。原本以为村民们都会为这次活动做一份贡献，却发现支持和参与的人越来越少，基金会只好和村委商量，安排骨干成员统一采摘。结姨在我身边道：

> 中秋前一两日，细佬仔们都会在村里揾废弃的青砖、瓦片，挨家串门讨要柴火，去村外执水松枝条。柴在烧火煮饭的年代是好贵的，但大家都会好大方地送上一把自己屋企的柴。因为奔塔的火越旺，我哋来年的生活就越好。如果呢家冇柴，就畀佢利是去买糖食。中秋晚上，家家户户的柴聚在一起点燃，好壮观嘅！俗话讲，“众人拾柴火焰高”吖嘛，火光越大、越强，就越说明来年人丁越旺，生活越富足、幸福、吉祥。

而家边有[①] 细佬仔啊，后生仔都出去了。[②]

炉火渐渐烧旺，塔的上方迸发出微红色的小火苗。紧接着，师傅爬上塔顶，将一包木屑从上面投放进去，火势瞬间明亮了，火星喷发出来，微弱的火焰在木屑的激发下，终于生发为熊熊大火。师傅用木棍搅动着，让木屑和火焰充分融合，一条火龙猛然窜出，以灼灼的热量和舞动的姿态在空中摇曳怒放，滚滚火星喷发，火光点亮了夜幕，映照着人们欢乐的脸庞。这时，越来越多的村民自愿走向了“柴火捐献处”，将二三十文换来的水松枝亲自添进塔里，图个吉利。细佬仔在一旁跃动着，也学着大人的模样，向灶口添柴。塔下师傅含着号子，将成包的木屑扔上塔口，上面的师傅继续将这些木

图4–14 青田烧奔塔现场（提供者：刘秉扬）

① 边有（bin[1] jau[6]）：哪有。

② 访谈对象：结姨；访谈时间：2018年9月24日；访谈地点：青田地塘。

屑投放下去，每添加一次，火焰便窜高一番。“好靓啊”“再大啲”，伴随着人们的惊叹和欢呼，一抬头便是漫天的星火。人们希望所有霉运厄运都被大火燃烧成灰烬，来年风调雨顺、红红火火。

按照渠老师的观点，由于近代以来的文化改造与反传统运动层出不穷，乡村民俗活动的文化内涵或许会被抽离或改变，而今青田的“烧奔塔”仪式便是将“成人礼”的新意涵注入其中，以传统“重现”的方式，让村民回到似曾相识的礼俗场景中。这是青田第一次将“成人礼”与“烧奔塔”进行“打包”，榕树头基金会正以此为起点，追求一种乡村文化、乡村生态和社群参与的“三位一体”的保育方式，因此这次活动也是多元化节日的尝试。如今，“烧奔塔”仪式总算有惊无险地结束了，绕开了凶猛的台风“山竹”，也博得当地村民一乐。

如今，龙潭端午节“龙母诞”和青田中秋节“烧奔塔”已明确列入“岭南乡村艺术季”的项目，成为杏坛镇人民政府主办、广东工业大学和榕树头基金会共同协办的乡村活动。按理说，通过集体努力得到上级认可是值得庆贺的事情，但乡建者们的欢喜并没有特别强烈，因为总会有更多乡村琐事令他们一筹莫展。例如：

> 我们原本和村委商量好的事情，有时因为和村民沟通不畅，就会引起很多不必要的误会。本来我们是做好事的，但总会听到很多抱怨，其中会有很多不理解。①
>
> 村民现在太依赖于基金会了，比如捐赠水松枝，最初也是和我们商量好，让理事们多捐一点。还好在老板们的带动下，青田有很多年轻人

① 访谈对象：乡建者A；访谈时间：2018年9月30日；访谈地点：逢简文化中心。

也加入进来了。[①]

我们在村里做了那么多事情，但是村民的积极性很差。公司已经投入了那么多钱，但现在村民一有什么事情就还让我们投钱，这里明明是他们自己的家。[②]

同为乡建者，我感同身受。他们的语气中没有愤怒，也没有抱怨，更多的是隐隐的担忧和深深的困惑。他们也无法预料青田的未来将走向何方，甚至不知在重重困难之下青田能否走下去。虽然志愿者们坚持不懈地“用爱发电”，但难免会有沮丧泄气之时，所以有时会闪现退出的念头，大家不约而同地自省：“我们离开之后，青田会变成什么样子?”不过，短暂的丧气之后，大家又打起了精神，“虽然从目前来说，好像看不到希望；但如果现在稍微松一口气，就很难坚持下去了，所以工作还要继续”。

① 访谈对象：乡建者B；访谈时间：2018年9月29日；访谈地点：逢简文化中心。

② 访谈对象：乡建者C；访谈时间：2018年9月30日；访谈地点：逢简文化中心。

小 结

英国近代史学者艾瑞克·霍布斯鲍姆（Eric Hobsbawm）曾提出“被发明的传统”这一概念，发明的历史已成为知识、运动、民族、国家意识形态的一部分，并不仅仅保存于大众记忆中的，而是由专业人士选择、撰写、描绘、普及和制度化后的产物。[①] 用艺术再造传统节庆，正是将记忆碎片分门别类，把有利于自身发展的记忆保留下来并加以强调，让人们不断传习；将不利的因素过滤掉，以此将过去遗忘，用节日再现的方式为传统的存在进行合理化解释和正确性辩护，从自身需要出发，把记忆构建成有利于当下的历史。人们在记忆中唤醒过去，又在记忆中遗忘过去，我们保留并再现着自身不同时期的记忆，如同借助一种连续关系，让人们的认同感长期存在。

杏坛地区的龙母诞历年来维系着当地的团结与稳定，青田的“烧奔塔”中的捞泥砌塔环节则是当地青少年重要的人生过渡礼仪，在艺术家与榕树头基金会的共同打造下，逐渐成为该地的文化展演符号。关于仪式与展演的关系，唐·汉特曼（Don Handelman）认为其中包含着完全不同的超逻辑，即转化和展现。在传统社会秩序中，仪式通过自身内部运作使得社会秩序产生

① [英]E.霍布斯鲍姆、T.兰格：《传统的发明》，顾航、庞冠群译，南京：译林出版社，2004年，第1–18页。

可预见性的、限定方向的、有控制的变革，并且对影响效果产生控制，这些都是事物“自然”秩序的有机部分。当民间仪式转变为现代展演，就可能成为官方思想的“面具”；并且犹如一面镜子，反映着国家集权制下社会秩序的巨大幻想。这些幻想掩盖了集权制度塑造、约束和控制社会秩序所具有的巨大力量。[①] 在此，节庆已然成为一种“社会戏剧”，通过创造临时的微观世界，把一种存在转换成另一种状态，为了理想的实现，也为了政权的需要。当仪式庆典转变为文化展演，并且走出村庄，纳入民族国家的体系中，就被赋予了新的意义和逻辑。

从进驻到现在，艺术乡建团队已经在青田举办了一系列活动，大到节日庆典，小到扫街净塘。日常义务劳动，纵然逐渐改善了村里小巷、鱼塘、祠堂等角落的脏乱状态；盛大的佳节庆祝，也的确让青田超越周边村落成为顺德乡村建设中闪亮的“新星”，但在人们的行动层面却没有产生鲜明而强烈的变化；换言之，乡建者的行动之中总是缺乏足够的张力来诱发更多村民形成更加广泛而持续的参与。固然，青田因为艺术乡建者的进入而活跃起来，但这种行动方式却是充满依赖性的。每一个在青田的行善之人都将载入史册，如果没有在当地形成联动，那么那些名字就只能是乡建历史上源源不断的符号，让当地人民“动起来”只能是一种美好的“景观”。显而易见的是，艺术家、社会组织和地方政府在长期磨合中已经探索出较为成熟的合作模式，也同时具备专业高度、社会情怀、行动能力，但为何在艺术乡建实践的某些环节中屡屡受挫？民营企业家如何处理好本职工作和社会事业之间的关系？其实问题的答案从一开始就埋下了伏笔，这些隐忧都将在后续的困境中逐渐浮出水面。

---

① Handelman，Don. *Models and Mirrors*：*Towards an Anthropology of Public Events*. With a new preface by the author. Oxford：Berghahn Books，1998，Preface pp.X–iii.

第五章

知易行难

青田乡建的当前困境

第一节　揠苗不待：速度与时间的背离

一、安居未及：经验主义的挑战

（一）上雨旁风

尽管16号院还没有达成最后的验收工序，但这里已经成为我们扎根于青田的唯一落脚点，只是时常对“偏居一隅”颇感无奈。不过总算还有一处容身之所，那就“既来之，则安之”吧。16号院从里到外修葺一新，因其外观由红砖修筑，渠老师亲切地称其为“红房子”。房屋内部的白色砖墙是最新粉刷的，添置了新定做的家具，会客厅、会议室、茶室、卧室一应俱全，灰白色调的简约与顺德崇尚烦琐华丽之风迥然不同。红房子北面最醒目的便是那棵大榕树了，粗壮的老树干原本已经死掉，却不知从何时起又萌生了新芽，它倔强地伸出新的枝干，伸向天空，漫过屋顶，越过河涌。新老灵魂相互缠绕，榕叶更加繁茂，遮天蔽日，驱散着暑气，庇护着这座新起的房子。红房子外面也精心布置了花坛、果树，值得一提的是，有几棵树是从暴力施工者的手中“抢救”回来重新培植的。不过榕树下的花坛在渠老师看来，人工痕迹过于明显，于是我们便一起拿着锄头和铲子，去青田的鱼塘旁边挖了些野草种进花坛，挖出来的其他花卉则移植到旁边的花坛里，以此增加些自然的味道。他边挖边对我说道：

> 我做农活儿特别有经验呢！其实我们没必要从外面的花卉市场买，你看这鱼塘旁边的野草就很好啊，这些本地的乡土植被一定要保护下来。①

盛夏的雷阵雨最是微妙，风云诡谲，远远的天角漾起了黑云。灰蒙蒙的压抑后是黑滚滚的爆发，晦暗的布幔，沉重的闷雷，骇人的闪电。不过，雷阵雨总是来得猛烈，去得迅速，天地间瞬间形成巨大的雨幕，不一会儿天空一角就露出水洗般的湛蓝，只不过这一场倾盆并不能将这炎炎夏日冷却。尽管大榕树用自己强壮的阴影包裹着这座房子，尽力给予它足够的凉爽，但房间内部依然要靠空调降温。这下可遭了！不开空调时屋内只是潮湿闷热，若想打开冷气降温除湿，屋顶就开始漏雨，再加上近日雨水连绵不断，便形成了“屋外下大雨、屋内下小雨”的尴尬局面。

图5-1　榕树下的红房子（拍摄者：刘姝曼）

① 访谈对象：渠老师；访谈时间：2018年6月25日；访谈地点：青田16号院。

施工队曾说过，若不是为了追赶工期，也不至于造成现在的失误。更恼人的是，这座房子不仅在做工方面有不当，还存在程序问题。因为它以前是蚕坊，属于青田公共建筑，但房子是从私人手里租下来的，因此有两个不同的房产证。不巧，租房子的时候发现证件有遗失，所以要补办手续才能正式走进改建程序。公司为了尽快改造并投入使用，在红房子手续补全之前就已经开始行动。所幸红房子不会对外做民宿，不存在运营问题，也不用担心承担风险，只要后面补上所有手续就没问题了。但房屋还没有验收通过，还需请红房子的主设计师——郭老师重新“出山”，检验一番，寻找补救的可能。

（二）难以抉择

通常情况下，专业设计师主管建模，按照自己的想法设计结构，但之后房屋的承重等结构问题基本不做考虑，因此会委托给专业的结构师全权负责房屋的安全。但郭老师有着寻常专业设计师不具备的经验，可以一边做设计、一边做结构，尤其像16号院这样体量小的建筑完全可以一手操办。

当初在设计房顶时，大家在防水问题上曾犹豫再三。房屋原本是瓦顶的，最初想在瓦顶下面再加一层隔热层，施工队提出三种方案：泡沫、水泥和木板，如果用水泥则面临承重问题，因为这座房子地基薄弱且简单——只有地梁，没有打桩，地上部分不能加太多重量；原计划用泡沫做隔层，因为那样不会出现问题；施工队建议用泡沫，因为重量轻且不易变形；郭老师则会基于以往经验和美观考虑，选择在屋顶上铺设木板，以防潮隔热。对于这个决定，施工队最初是反对的，因为根据他们的常识，南方多雨不适合用木板。包工头欧阳这样解释：

我是做结构和木工的，因为木头太多，容易发霉，所以防潮最重要。但是工作安排得太紧张，我们做得速度太快，建筑和外壳几乎是同步进行的。我们一直在赶工，正好赶上这边的雨季，就连下雨我们也在加班，所以顶都没盖好，我们就用木板挡住，在里面做工。其实工作都没做完，木板就已经吸了几盆水了，而且其间又下过很多场雨，水根本就没有干完，之后油再多防潮防霉的漆都没用，肯定会发霉的，板会烂的。房顶的板是用木头接起来的，木头与木头之间的接口处会吃水的，一个地方吃水，可能整块顶都会发霉甚至腐烂变形。

“根据你们的经验，有没有办法防霉防潮？工期这么赶，房子的安全能够保证吗?”我继续询问道。

当然有的。按照正常程序，房屋原结构做好之后，在保证没有落雨的前提下，做水工和电工，做完之后干一下，木工再进来粉刷。墙身和木头都要做防水的，防水的前提就是要干燥，粉刷完的墙面都要干一下，让油漆干透了。墙面没有干透的情况下就做防水，作用不大，墙上的水分被油漆盖住了，潮气走不了总会发霉的。我们干工程那么久，每项工作都要有顺序的，现在几乎所有工作都要同时做。像这样一座房子，正常来说，需要四五个月，我们去年12月净地、开龙口，转过年来前两个月过年停工，3月份正式开始，6月份结束，从打地基到盖房，从头到尾，三个月都不够，太着急了。①

其实之前的房子都已经烂完了，第三方评估公司将它定性为“危楼”，我们相当于重建了一座新房。地基不是水泥的，是砖，又说要加盖二层，原来的地基没有力，所以要重新做地网、压砖。而且，它在河

① 访谈对象：欧阳；访谈时间：2018年11月10日；访谈地点：逢简文化中心。

涌和鱼塘旁边，后面又有棵大榕树，房子新建后会有一到三年的沉降期，可能会造成墙面撕裂，所以要重新做地基进行加固，做圈梁之后再起墙，所以地基的问题不大。虽说是“新建”，但还是保留了屋面旧墙，分别是正面两侧和中间两面。旧房子的砖都风化了，酥了，没有力了。旧结构保留，也都是用的以前的青砖，但我们不是借它的力，而是增加新结构起承重作用，为旧墙减压，所以也没有问题。①

当地施工队多年来已经形成了自己的行动规则，设计专家的到来对他们的施工习惯产生的冲击着实不小，在审美和质量方面提出的高标准严要求让他们有些惊慌失措。他们很难在短时间内理解艺术家和设计师的想法，更不用说达到如此严苛的标准了。起初，工人们也会发表些不同的看法和意见：

比方说，定做柜子的时候，我们习惯封边，在外面包一层，为了保护嘛。封边是为了持久使用的啊，防潮、防霉、防爆裂。但郭老师告诉我们，要把真实的东西露出来，一定要保持原色，所以就没有封边，可能会刷一点清漆吧。其实，这是一种“暴发户”的做法，有问题就修，反正不在意钱。②

还有，我们不是做了阁楼吗，可是乡下人的手艺活儿确实不好，木板粘得凹凸不平的，要么就太齐整。郭老师强调要有节奏感和韵律感，但我们哪懂得这些啊。不过木板早已经贴好了，拆下来也是不可能的，只好以后注意了。③

① 访谈对象：阿德；访谈时间：2018年11月10日；访谈地点：逢简文化中心。

② 访谈对象：施工人员A；访谈时间：2018年11月9日；访谈地点：逢简文化中心。

③ 访谈对象：施工人员B；访谈时间：2018年11月10日；访谈地点：逢简文化中心。

红房子出现问题后，大家才意识到揠苗助长带来的严重性。同样的情境在3号院改造时也遇到过，秉承着“以和为贵”的准则，也碍于情面不便或不肯提出不同的想法，直到如今落入积重难返的境地，最初的无奈才浮出水面。这要从我初来乍到时给我带来无数梦魇的阁楼说起：阁楼虽然是浪漫的，但住起来不太舒服，有闷热之感；隔音效果不好，晚上总能听见奇怪的声音。不只我一个人有这样的感受，凡是曾在3号院住过的房客都感同身受。当地人对“阁楼”的解释是这样的：

> 我们非常尊重渠老师和郭老师的意见，要保留原有风貌，要有怀旧纯朴的感觉，这样的房子确实有乡村的味道。不过我们的阁楼主要是用来放东西的，很少用来住。之前设计的阁楼空间都太低了，我们住的都很高的，而且只有小窗可以通风，所以设计上会有些问题。南方蛇虫鼠蚁太多，在上面走动会发出响声，隔音效果不好。我们南方太热，夏天太长，从4月到8月，潮气和热气往上走，所以乡村改造一定要入乡随俗，多年来的生活是有道理的。红房子每年夏天是无法住人的，因为一开空调就漏水，更没有人愿意住在那里，因为不符合最基本的生活常识，只解决空间不解决自然，对地理环境认识不够。其实我们施工队，还有周围一些村民都窃窃私语过，只是百姓的声音小。我们顺德人不愿意批评人，大家都比较含蓄。①
>
> 南方夏季长、雨水多，现在天冷了可以住，但之后会有半年时间摆在那儿没有用处。但是没办法，设计师很难接受别人的意见。首先是生活，其次才是美，要先满足功能性需求，不能过度艺术化、理想化，要

① 访谈对象：施工人员C；访谈时间：2018年11月10日；访谈地点：逢简文化中心。

接地气才行。以后再出现问题，老百姓会看笑话的。[①]

郭老师并不是一意孤行的设计师，他明白当前设计的不足，并且希望尽最大全力挽救。虽然，整修过的红房子依然有瑕疵，但总算能够暂时解决问题。其实，他在设计阁楼时也考虑过通风问题，但与当地村民主动适应自然不同，他更倾向于采用现代技术解决居住问题：

阁楼的空间是封闭的，上面的确没有居民家的通风口，热空气抬升，全都积在上面，这点我是知道的。但是空调可以解决这个问题啊，这就是今天的思考，也是没办法的办法。尽管冷空气下沉，但是依然可以解决炎热的问题。村民在家中做的夹层，我们是看过的，其实做了夹层也会影响空气流通。

另外，红房子防潮问题也是没法避免的，一般我们会在屋里做地面硬化，先做防水再铺瓷砖。雨季地面反水，空气中的水汽太多，红房子也要淌汗，所以墙壁渗水。未解决热的问题，我们在屋里安装了几部空调，但空调本来就是湿的，还得除湿。具体来说，没有措施，除非里面一直开着风扇。在北京，我们在进行高档别墅的室内装修时，都是采用整体新风系统，需要安装新风机等设备，那是一套独立的空气处理系统，所以会比现在的操作更复杂。[②]

① 访谈对象：施工人员D；访谈时间：2018年11月11日；访谈地点：逢简文化中心。

② 访谈对象：郭老师；访谈时间：2018年11月14日；访谈地点：逢简文化中心。

二、紧急告停：欲速不达的警醒

（一）违建搁置

“打风[①] 喇！”台风“山竹”即将在顺德登陆的消息在人群中间沸沸扬扬地穿梭着。作为北方人，我还从来没有过抵御台风的经验，只好按照乡亲们的叮嘱，提前备好了食物，老老实实待在房间里。在阿春的提醒下，我还准备了蜡烛，以防停电带来的黑暗。台风来的前一晚，红霞特别绚烂，天空宛若一幅渐变的红色油彩。人们已经用胶带呈“米”字形粘住自家的窗户，以减缓台风的冲击力；村里仅有的几家士多，食物也几乎被抢购一空，唯独辣椒、藤椒牛肉面、酸辣粉等辣味食品被“遗忘”在货架上，因为不食辣是广东人最后的倔强。夜静无风，风云突变前总是寂静得令人可怕。次日清晨，窗外树叶沙沙作响，一阵阵怪风飕飕地吹，融化了人群的燥热，也涌起了河涌的暗浪。天幕低垂，一卷卷惨淡愁云沉重地压下来，不规则的雨点密密麻麻地飘着，街上早已不见行人。我蜷缩在房间里望着窗外瑟瑟发抖，只听风声越来越紧了，枪林弹雨般地吞噬着大地，像一首惊愕奏鸣曲，所到之处树木晃荡，花草扑地，田野咆哮，河水翻腾，一片狼藉。

此时，马会长也正坐在粤晖花园的大厅里，望着抖动着的、濒临爆破的玻璃出神。最近他的心里一直有块大石头堵着，“山竹”更是扰乱着他的心绪。青田正面街东头有棵榕树，那里通常是人们聚集打牌的地方。狂风抽打着、扭动着、叫骂着、吵嚷着，夹杂着电闪雷鸣向这棵老树扑去。只见那榕树的枝干在剧烈地颤抖，枝叶在无助地抽搐，只听“咔嚓”一声，饱经风霜的身体再也支撑不住，痛苦流过它斑驳的躯体。环抱它的早已不是温润的泥土，而是冰冷的水泥，它的气根早已没有足够的力量让它肆意蔓延。伴随着

---

① 打风（da^2 $fung^1$）：刮台风。

图5-2 台风中倒地的榕树（提供者：欧阳永德）

低沉的吼声，它是如此善解人意，没有伤害到旁边的士多和人家，而是像一个迟暮的英雄，用尽最后一丝力量，倒向了荷塘。秋阴不散，吹断的枝条融在一片残荷之中。

台风总归会过去，迎来的是月朗星稀、平息安和的夜晚。月亮慢慢地倾斜，夜渐渐深了，静寂了，但是马会长的心并不平静。榕树倒下的地方，正是青田最具争议的地方——难怪马会长总有一种预感，最近可能会有不祥的事情发生。5月以来，为了挽救被折磨得奄奄一息的黄房子，渠老师不惜一切代价，要与这些“乡村屠夫”抗争到底。经过多次谈判，马会长最终决定“忍痛割爱”，村上公司前期造成的所有损失完全由自己承担：强制施工队停工，并且让他们承诺所有工程图纸必须交由渠老师和郭老师审核，两位老师同意后才可落地实施。火上浇油的是，村上公司为了增加运营空间、吸纳更多团队进入，在房子周边的空地上大肆浇筑混凝土建筑，大面积改动房屋格局。如果说平时态度恶劣、施工噪声等行为人们还可以勉强忍耐，那这种违章行为则屡屡触犯村民的底线，终于有人忍无可忍，投诉了这家公司。在多重压力下，该施工队总算暂时罢手，只是这一搁置便不知何时重启了。

（二）事冗难言

马会长从来没想过，一切美好的事情会落到今天这个尴尬的局面。民营企业家主张“和气生财”，从他与我的交谈中得知，打好“算盘”是他们的本职专业：

> 青田的老房子已经租下来20多座，要交付给村民租金。前面三座房子加起来包括软装，花了120万元；仅16号院就花了170万元。租下来的房子必须装修维护后才能运营，而且我还要付给员工工资，举办活动、接待领导、交纳物业费全部由我来承担。我们进来的两年里，已经陆续投入1000多万元了。原本计划6月底投入运营的，现在项目已经延期半年了。如果把租下来的房子全部运作起来，差不多总共要投入2000万元。到现在只投不赚，我们的股东都很着急。

“您认为按照之前的经营模式，前期投入那么多，能够赚回成本吗?”我尝试报以理解。

> 这些房子的租期平均是10年，如果要投入2000万元，一年要回报至少200万元才能回本。如果运营得好，把“深度工作”理念融入进去，我们就有信心把之前所有的投资都收回来。纯粹的艺术是收不回成本的，商业不能完全按照艺术的理论体系来做。现在我们已经听取了渠老师的意见，对那些不“合理”的改动比较大的房子进行控制。渠老师的

艺术乡建确实有价值，但那是很久以后才能体现出来的。我们企业家有自己的决断力和行动力，能够识别和开发最高价值。成功的企业家要经过几次转型，收放自如，有“刹车机制”。

“我明白您的意思，从商业模式和逻辑来说没有问题。但乡村建设的关键在于老百姓怎么看待，后面的十年中您觉得应该怎样回馈当地的村民呢?”

我们的合作公司（村上公司）的主要经营模式是互联网培训和体验，这些互联网大企业可以和孩子互动，带孩子们去看他们工作场景。他们很希望和村民接触，从民间激发创作灵感，为乡村做些设计产品。这里有两方面的结合，一方面是针对年轻人的社区教育，另一方面还能为村里的中老年人提供新的就业岗位。我们有20多座房子，承载着工作、娱乐、餐饮、休息等不同的功能，这些服务型的职务准备请当地村民做。村民一开始或许会有不如意的地方，觉得会打扰自己的生活，但是会有更多就业机会。平时我们安排燕姐多走动多和村民联系。

“我知道燕姐在这方面确实做了很多工作。那您认为是哪个环节出现问题了呢？那谁来为这次投资失败埋单[①] 呢?”我们的确看到了大家的努力，但站在朋友的立场上，我也希望能共同面对困境。他的嘴角上刻着苦涩：

我们一开始进来的时候和村民没有互动，后来我们举办各种活动，为村民做事情，村民才逐渐信任我们。但是日子久了他们的想法就变了，那是他们的家，他们总是为一点点小矛盾闹别扭，不愿解决自己的

① 埋单（mai^4 dan^1）：开单，结账。

问题，人心变了。我们很难想象，哪天我们撤出来不干了，青田会变成什么样子。

我觉得现在我们公司的方向走偏了，公司不应该这样经营的。从目前来看，“青田范式”中没有一条与经济有关，但我们认为只靠外部投入是不可能的，是无法实现可持续的，只有在社会和文化资源基础上做提高才更有意义。政府投入跟我们没关系，这点要分清楚。我们倡导的商业模式不能按照政府和事业单位来做，但我们现在的路子就是这样。我承认，我们选的这个合作团队把城市的理念带进来确实有问题，我们团队也尊重渠老师的意见，所以要协商好、达成共识再做，所以我们才愿意停下来。

你知道许村的，那里是封闭的，艺术节就只是片段，老百姓参与很少，艺术节只是为当地带去了名声。而且，艺术节是“烧钱”的，当地煤老板投入全都是“死钱”，都是一次性投入，以政府为主导。我们这里是民间参与，本村人掌握资源，企业家组成的民间社团积极性、主动性、行动力强多了，我们氛围也好，应该有更大的参与责任和更多的权利分享。青田应该作为大家共同的作品，要先落地再看生活。

既然我做了事情，就承担着责任，所以我要背负下所有的错误，有买卖就有伤害。我们非常认同两位老师的理念，尽量不破坏老宅原貌。但是那个设计团队目光太短浅了，我们其实也是向他们施加了很大压力，希望既能达到盈利点和数据点，又能不破坏建筑。但是两全其美太难了，我们承认监管力度不够，忽视甚至纵容了暴力施工。①

企业家投身公益，难免会招致非议；但如果把目光放在商业社会，企业

① 访谈对象：马会长；访谈时间：2018年10月30日；访谈地点：逢简粤晖花园。

家的任何投资都是要有回报的，哪怕是公益事业。作为对社会的感恩和回馈，榕树头基金会已经为乡村保育的公益事业投入了大量人力、物力、财力。企业家们每天都在面对如何经营、如何利益最大化的话题，也无可厚非。有时，当地人难免会对这种不计回报的付出不以为然，产生“慈善就是有钱人的游戏”或者“慈善也是一种生意”的想法。村民的依赖、艺术家的坚守、企业家的追求，当多种欲望纠缠到一起，尽管大家表面一团和气，但内心却搅成乱麻，欲哭无泪。

第二节　聚光灯下：神话与现实的落差

一、青田论坛：学者的审视与理解

（一）事无巨细

2016年以来，青田逐渐成为中国乡村文明复兴的“典型”，由此提出的“青田范式”也吸引了全社会的广泛关注。2018年5月18—24日，首届“青田论坛”暨顺德乡村考察活动在青田举行。渠老师邀请来自中国社会科学院、北京大学、香港中文大学、中山大学、厦门大学、中国艺术研究院、北京第二外国语学院、东海大学、多伦多大学、哈佛大学费正清中国研究中心、广东工业大学等高校和科研机构的专家学者。他们齐聚青田，就青

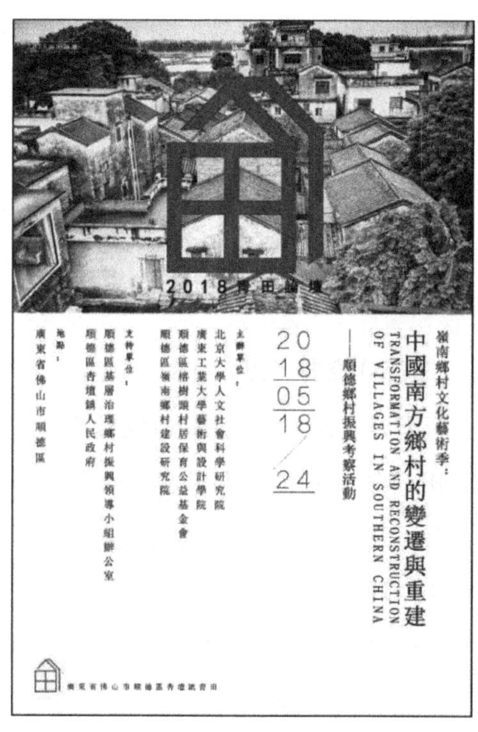

图5-3　“青田论坛”原海报
（设计者：罗佩欣）

田已完成的乡村调研和修复工作进行探讨，并就更广泛意义上的乡村建设问题深化讨论。

作为本次活动的主办方，基金会和乡研院做了充分准备。提前一个月，大家就已忙得热火朝天，安排会议和考察日程，预订酒店、设计海报、宣传单、文化衫，定做笔记本、签字笔、雨伞等，事无巨细。活动举办前几日精心设计的海报、宣传单成捆地运到办公室，微信公众号上的通知也公之于众，大家激动得手舞足蹈。本次论坛能够顺利开展，离不开顺德区杏坛镇人民政府和顺德区基层治理乡村振兴领导小组办公室的支持，奈何之前举办类似乡村活动的经验十分有限。基金会也理解镇政府的为难之处，为避免不必要的麻烦、保证活动如愿进行，还需对目前设计的海报字体、语言风格和邀请人员等方面做出调整。经过大家齐心协力，这些棘手的工作总算在会议前完成了。

既然是要举办会议，那主办方必须有一个心理准备，因为学者们可能与乡建者持相反意见，并且从其他角度阐释意见与建议。无论支持还是反对，乡建者们都要虚心接受，这些都将成为今后艺术乡建的重要参考资料。坦然并勇敢面对，是每一个事物产生之初的必经之路，也是向上向前发展的必备前提。

（二）各抒己见

开幕这天，青田主路口设置了通往会场的指示标志，两辆巴士相继来到青田。青田论坛在2号院会议室举行。长10米、宽3米的长方形会议桌放在中间，几十张椅子分列两侧，独特的环境彰显着特殊意义。论坛分为上午场和下午场，分别由艺术家渠岩老师和王长百老师主持。

学者们首先针对艺术乡建中主体性的问题展开讨论。科大卫教授认为，“根据人类学的办法，谈及乡村的地方习俗、风俗习惯以及历史形成，最基本的一点就是要尊重当地人，只有当地人才有权利改变当地。不管外来者有什么意见，我们都要尊重当地人的风俗，这是未来发展的历史走向”。宋怡明教授与他的观点不谋而合，“从事农村建设时，要找出传统有价值的东西，我觉得最关键的问题是谁来决定、根据什么标准来决定什么是有价值的东西，你如果从一个外地人的角度去判断有价值的东西，你永远是失败的”。刘志伟教授也补充道，“乡村的重建最大的困难是，假如从村里出去的人们不认为村里是他的家园，其实就不存在一个重建的问题。重建的也不是乡村了，或者说也不是本地人的乡村了，这是一个最基本的问题”。

对于青田已经完成的工作，学者们给予了充分肯定，只是在某些角度上观点不尽相同。孙歌教授认为渠老师团队做了非常重要的示范工作，“在这样一个破破烂烂的老房子里，我们可以经营出即使在大城市里也算得上最尖端、最现代的生活方式，这就给农民传递了信息，告诉他们很时髦的城里人也觉得我们的老房子好，或者说现在有一些城里人跑到我们这来搞工作室，这些对我们发展旅游业有一定帮助”。张静教授将这种示范作用归结到生活观念上，“如果我们想要告诉村民说，这个房子应该做成这样，瓷砖的那种不好看，我觉得相对来说还是比较容易，最难的是房子的内部结构跟他生活的需要以及观念是有关的，那个就叫作生活方式。他的生活观念和生活需要，包括他跟家庭里的人、家族里的人以及其他人的关系，这些东西决定了房子的样子，而不是房子的样子来决定他的生活”。郑振满教授则追问了几个问题：“我很欣赏这些美丽的房子，它是一个新的居住形态。但是，老百姓能不能承担成本，这个真的能够推广吗？从另外一层来说，你们有没有满足他们一些需求，例如说他们需要拜祖先，他们有礼仪活动，所以老百姓真的需要这套房子吗？”

同时，专家们也表达了对艺术家和青田乡建者的钦佩。王瑞芸老师认为，“艺术家参与乡建，也许要防止自己陷入太深，陷进去之后，一个艺术家该有的功能也许会被淹没。因为艺术家的作用是发现问题，用艺术的手段彰显出来让大家注意。其实能做到这一点就很好，行所当行，止所当止。因为真正陷进去后，会有很多因素的羁绊。尤其是这么一个社会难题，要有多大的力量才能够把它最终推到一个我们希望的美好结果上去呢？这不是说要放弃，而是让自己明确艺术的使命和能力。艺术家在这里做的，就是种下了种子，种子是会发芽的，也会有它根据本地气候和土壤的自然生长过程。比如，村民看了艺术家改造的旧房子，多少会心动，多少人会体会到旧房子也是好看的，一个村子里几百个人中，哪怕有十个人，甚至五个人意识到，或者官员中有一两个人意识到，这颗种子就算种下去了。艺术家无须‘把控’，做‘呈现’就很好了。一个艺术家不预设、不期待，这样比较容易保持一个艺术家内心的自由。对他们来说，内心的自由高于一切。内心自由不是他自己个人受益而已，而是一颗自由的心灵比不自由的心灵更容易发现问题，发现人类生活的荒谬之处，这样艺术家在社会就不会褪色”。顾伊老师认为艺术家的身体力行着实令人感动，“渠老师一直知道，如果走这条路的话，他无时无刻不处在一个‘道德困境’中 —— 一个艺术家在解决一个整个世界都没办法解决的问题。我们今天对艺术家的崇拜依然建立在他们的个人性上，甚至有点浪漫主义的英雄崇拜，认为他们可以代替正常人来感受，他们可以代替没有自由的人来追求一种自由的生活。但事实并非如此，西方做介入性作品的艺术家也时刻感受到困难重重，因为他们在介入时，总有一堵墙，他没办法解决伦理问题、社会关系问题等。所以，艺术家能走在理论界的前面，让我们看到一种可能，也看到他们的辛苦”。[①]

---

① 以上讨论内容根据会议录音整理。参加本次论坛的专家学者有：北京大学邓小南教授、渠敬东教授、王铭铭教授、赵世瑜教授、张静教授、周飞舟教授，香港中文大学科大卫教授，中山大学刘志伟教授，厦门大学郑振满教授，北京第二外国语学院孙歌教授，台湾东海大学赵刚教授，美国哈佛大学费正清中国研究中心主任宋怡明教授，加拿大多伦多大学顾伊副教授，中国艺术研究院王瑞芸研究员，中国社会科学院李人庆副研究员，广东工业大学方海院长、渠岩教授、王长百研究员。会议时间：2018年5月18日；会议地点：青田2号院会议室。

图5-4　“青田论坛”现场（拍摄者：王小红）

青田艺术乡建的每一步都充满了反思性，每前进一步也都面临着巨大的困难。乡建者们蓬勃的生命力亦得到了专家学者们赞许和感动。旁征博引、酣畅淋漓的学术氛围对于驻守乡村已久的我来说，简直是一场醍醐灌顶的视听盛宴，这些前瞻性的建议都将为青田接下来的工作提供智力支持。

二、万众瞩目：媒体的赞赏与争议

（一）长枪短炮

在众方的推崇下，青田这个并不起眼的小村庄引起了官方媒体的关注。正如渠老师的预言，“让一个人们都看不上的破村子变得出名”，果然，2017年3月以来，报刊、电视、网络等不同平台上关于青田的报道令人应接不暇：

以前青田的人们走在外面，根本抬不起头来，现在终于挺直腰板了！

要不是这样的乡村振兴行动，这片村庄早就就被拆掉了，媒体关注也引发了政府的足够重视，所以村子才能保留下来。

的确，平时来青田参观的队伍就络绎不绝，每逢节庆“长枪短炮”更是把活动现场围堵得水泄不通。众多媒体人中，一部分与渠老师有过接触，最直接的交集来源于对太行山艺术乡建实验的关注，听闻他正在尝试艺术乡建的南北地域转向，便不约而同地被邀请来青田做客。另一部分则是跃跃欲试的当地媒体，他们急于寻求顺德乡村振兴的范本。2017年10月18日，习近平主席在党的十九大报告中正式提出乡村振兴战略，指出：农业农村农民问题是关系国计民生的根本性问题，必须始终把解决好“三农”问题作为全党工作的重中之重，实施乡村振兴战略。2018年3月5日，国务院总理李克强在政府工作报告中提出，大力实施乡村振兴战略。那时顺德乡村振兴事业刚刚起步，青田一马当先、横空出世，不同于以往的乡建案例，青田艺术乡建没有刻意追求经济增长，而是着重于文化的复兴，这样的思路另辟蹊径；同时这又是一次艺术家与民间组织合作进行乡建的尝试，也是对政府主导的“自上而下”方式的反省，这令各大媒体眼前一亮，蜂拥而至。同年9月，中共中央、国务院印发《乡村振兴战略规划（2018—2022年）》，乡村振兴已成为顺德全区上下关注的焦点。

不过，这些关于青田艺术乡建的报道，大都属于顺德区的政务动态，或者是对于渠老师“青田范式”理念的宣传和推广。记者们来去匆匆，在有限的周期里参与当地人的生活显然是不现实的，因此很难观察到事情的全貌并深度挖掘各个主体的看法，也不能真正触及过程中面临的重重困难，只能观望着事情的进展，呈现出的往往是些浮泛的片段，态度也不甚明朗。

图5-5　大型活动现场（拍摄者：刘姝曼）

（二）主媒“垂青”

经历了一年的蓄势，终于在2018年的春天，青田以更加成熟的姿态受到更广泛的媒体的青睐，这也是渠老师和榕树头基金会期待看到的景象。只是这些媒体常常“来也匆匆，去也匆匆”，访谈对象通常围绕渠老师、马会长等乡村建设者展开，当然瑞叔等几位村民也会根据媒体需求被列入采访名单，但其他村民几乎没有表达机会。关于更广大村民想法的表述，常常来自媒体对现有访谈的揣测。

在地方媒体的关注下，青田终于在2018年5月得到央视《新闻调查》栏目的“眷顾”。在该节目8月底播出的“乡村振兴”系列节目《回归家园》中，青田再次作为广东顺德“乡村振兴”的“样本”吸引了全国观众的目光。相比于之前的“蜻蜓点水”，本次拍摄团队可谓煞费苦心。他们先后几次来到青田，不仅询问了渠老师、榕树头基金会、青禾田公司等参与的艺术乡建故事，还观照到不少村民的反馈。尤其对参与乡建各主体深度访谈后，逐渐剥开了人们思想的撞击和现实的冲突，进而对青田当前发展的偏离和凝滞展开省思，弥补了以往的新闻赞颂中没有关注到的视角。一时间，观众们体会到一丝不好的预感：尽管青田在“版面”上和“镜头”里风光无限，但内部已经出现的裂痕，很有可能会使这些美丽的“神话”支离破碎。

但无论如何，一个默默无闻的村庄突然被推到了聚光灯下，这对地方来说简直是不可多得的殊荣。青田像一块刚刚出土的珍宝，一经挖掘便引得各方媒体热心关切。央视首播完结，《霸屏央视43分钟，“青田范式”引全国关注》等报道也席卷了顺德各大官网、微信公众号、微博客户端，同样开启了霸屏模式；顺德电视台趁热打铁，开始了新一轮的滚动播放。线上线下一片哗然，不同的声音如潮水般袭来，比如：

> 在发展经济的同时，保留、保持、保育先祖遗留给我们的传统古村落，向渠教授和参与青田古村落修缮的村民致敬！
>
> 顺德的每一条村都是这样，每条村都值得“霸屏”！
>
> 基金会的资助无疑是向“钱”发展了，就像逢简水乡一样，把原本宁静舒服的村庄变得熙熙攘攘。人们走马看灯后，就抛下一句话“以后给钱都不来了”。
>
> 我儿时对逢简的印象是很纯朴自然的，尤其是夏天夕阳西下的时候，夕阳倒映在鱼塘中，象草背面棘手的质感，路边不知名野花，村车搭客上落，村边老人树下打牌，我坐在父亲的摩托车后座上，看着这每一帧画面都是唯美的。但是，现在商业化的改造，把这些原有的美好都破坏了。
>
> 也许，我是很自私的，不愿意村居现代化发展。保护旧有建筑和经济发展看起来是很矛盾，正如渠老师与基金会的思路不一致，一方面希望保留旧有文化与村落产业文化发展，一方面因为前期投入资金后得不到有效回报，而把村民往所谓的民宿发展，走旅游路线。我认为，乡村

的发展应当把村民和新生力凝聚在一起。①

评论中，人们表达出对本土文化的自豪感和自信心，对青田乡建者的赞许，对即将逝去的传统文化的忧虑，对过度现代化改造的不满，对当下乡建困境的理解。但毕竟这些评价更多来自置身事外的人们，“欲戴王冠，必承其重”，只有身处其中才能知晓乡村建设的不易。《新闻调查》肯定了乡建者在青田取得的成绩，但莫名地把基金会推到了硬币的另一面，这或许会引发不明真相的网友肆意评论，无疑会让曾经参与贡献的当事人看过之后心如刀绞。紧接着，《人民日报》客户端的“文旅大咖有话说”系列节目《谁是乡建主体》也紧锣密鼓地展开。这次网络直播以渠老师和瑞叔为访谈对象，凸显了青田艺术乡建中当地村民的主体存在。在主流媒体的视野下，参与乡建的社会组织仿佛被忽略了，或者意外而被迫地成为一种“阻力”——尽管镜头前片段式的表达并不能完整地展现出被访者的真情实感。

（三）荧幕“明星”

随着拍摄深入，越来越多的媒体意识到问题的复杂性：仅仅采访乡建者是不够的，所以渐渐把目光转移到村民身上。瑞叔在渠老师的推荐下，成为青田的另一位“代言人”，一年来他的出镜率越来越高。瑞叔毕竟曾经做过组长，以前也有过些被访的经历，只是没有如此频繁而已。每次访谈或拍摄，他都会精心准备，穿上平整而清新的衬衫，认真对待。媒体发问大致聚焦于某几个话题，瑞叔一开始有点拘谨，回答之前需要斟酌再三；后来他逐渐发现，尽管不同记者询问的问题不尽相同，但关注范围大致一样，日子久

① 顺德城市网：《霸屏央视43分钟，“青田范式”引全国关注》，2018年8月27日，http：//www.shundecity.com/a/sxxt/2018/0827/214991.html。

了，瑞叔对各种问题的回应也烂熟于胸，形成了自己的一套应对策略，在镜头面前也愈发镇定自若 —— 可谓“铁打的瑞叔，流水的记者”！

无论何种媒体前来，瑞叔都会主动承担起带领大家逛村、讲解、接受提问的义务，于是人们在电视机上总会看到这张熟悉的面孔，收音机里传递的也是他的声音，瑞叔逐渐成为一名“官方发言人”。最初接触瑞叔时，我很难听懂他的青田味道的普通话，虽然我一直在苦练“德语”，但与瑞叔的进步比起来还差得远呢 —— 他的普通话讲得越来越流利，惭愧的是，我依旧在粤语的“九声六调”中原地踏步！作为“发言人”，瑞叔有时也会帮村民表达一些不同的声音，试图去纠正一些表达，比如：

> 其实我们以前在外面都没“抬不起头来”，我们也从来不会因为自己是青田人而感到没有面子。只是，讲起青田这个地方，好多人都不知道，青田不如现在出名，这是真的。①

过多的曝光率会让其他人对当事人产生疏离感，一个热心善良的人如果被打造成“明星”，难免也会引来一些苦恼 —— 当然，那些闲言碎语可以抛之脑后。当一种声音被“模板化”后，媒体开始有意识地寻找新的访谈目标 —— 宝叔。宝叔修复的老房子与渠老师倡导的“修旧如旧”理念不谋而合，不由得令记者们眼前一亮 —— 这似乎又是一个可以包装和宣传的村民典范。宝叔一向低调内敛，本打算安静地在家中练习书法、学习国学、陶冶情操。如今，隔三岔五就会有参观队伍、拍摄团队、政府官员、学校领导来到他家门前拍照、讲解、慰问。宝叔同样出现在《回归家园》的拍摄中，记者指着房屋顶部人字山墙边缘的装饰图案，向他询问道：

① 访谈对象：瑞叔；访谈时间：2018年8月5日；访谈地点：青田坊瑞叔家。

“这个叫什么？你觉得，你的房子修成这样，这种建筑改造风格有没有受到艺术家的影响？”

这是“草尾”，就是展现小草在微风吹动下，慢慢卷起来的那种柔和的感觉。我自己把那个形态做出来，结合人对事物、对生活、对各个方面的美好想象，做一个综合的体现。这个是传统图案，以前古屋基本都有的。

他（渠老师）来过好几次了，帮我提了好些建议，我很感谢他。我也经常走过去，到他那边看一下，学习学习。①

图5–6　《新闻调查》“乡村振兴”系列节目《回归家园》

图5–7　《人民日报》“文旅大咖有话说”系列节目《谁是乡建主体》

① 以上对话来自《新闻调查》“乡村振兴”系列节目《乡村2018（三）回归家园》。

宝叔绘制的“草尾”，是岭南古建筑中常见的灰塑艺术装饰，通常绘制在房屋山墙顶部。灰塑的制作工艺复杂，包括配料加工、构思造型、固定骨架、造型打底、批灰、上彩等步骤。宝叔虽然低调，却喜欢特立独行，加之自己国学老师的身份，因此喜欢这种古旧的装修风格；更重要的是，他自己也愿意躬行实践，钻研这些工艺技艺，自行创意设计。宝叔这种“开拓者”的姿态赢得了渠老师的赞赏，后者一直希望通过他能在村里起到改革示范，从一砖一瓦、一房一室，带动村民改变一味向城市学习的审美观念。宝哥的房子与新建成的16号院仅有一河之隔，尽管距离不算太近，但这种不谋而合的遵从传统的理念，足以让乡建者们欣喜若狂。在媒体新一轮的“乘胜追击”下，宝叔便被打造为成功“开化”的村民典型，意味着：乡建者的工作经受住时间的检验，村民逐渐接受了渠老师努力推行的和谐乡土建筑伦理。逐渐地，宝叔家的国学社成为青田令人瞩目的新景点之一，也顺理成章地列入外来参观者的“必经之地”。

三、倾诉心声：企业的无奈与辩白

（一）莫名“对立”

《新闻调查》肯定了乡建者在青田取得的成绩，但莫名地把基金会推到了硬币的另一面，这或许会引发不明真相的网友肆意评论，无疑会让曾经参与贡献的当事人看过之后心如刀绞。马会长的地产商身份尤其会引发争议，但他自己也背负着巨大的压力：

> 一开始（佛山）市长和书记都以为我要把青田搞成另一个乡村楼盘。的确，基金会几个理事都是搞房产的，人家不免猜疑，我们是不是谋着土地利益，用靶子来“圈地”的？其实真不是这样，因为青田没有经济

价值，我们很多理事都非常犹豫，尤其是村上公司的施工叫停后，理事们很不满，不想再继续投入下去。但我们为什么还在坚持，更多的还是家乡情怀。我们十几个成立基金会，每人投的钱都不太多，总共凑出一百来万。我们确实是怀抱着情怀想做点事情，当然在此过程中如果发现商机更好，但这并不是最初目的，我们从来都没想过要投资一个亿迅速拿回十个亿，那样初心就有问题了。我们本来就很随意，成就成，不成也算做些善事。

马会长曾经给《回归家园》的导演发过一段很长的信息，那是他的肺腑之言，奈何导演可能忙于工作没有回复，在影片中也就没有展露出马会长的内心。他掏出手机，向我动情地念着：

我们都是顺德人，都充满对顺德的爱和顺德人的乡村情。顺德的乡村哺育我们成长、成人、成就事业，我们做青田正是缘于我们对母亲的爱！感恩母亲，回报母亲，所以成立榕树头基金会去做乡建项目。这是很自然的事情，没有什么名与利的关系，初心不变！我说得那么清楚，但导演一定要找个“对立面”，不然怎么体现文化的“高度”。可是我们商业从来都不是对立面，文化和经济是互为的。

我反复强调，文化的上层运作确实有高度，但需要补充经济方面的东西，所以我们才会成立公司。公司不能由文化来主导，而是需要经营的，必须商业化，但不能变成事业单位的运作模式，我们现在就是走偏了，像一个行政单位。就拿16号院来说，那确实呈现了渠老师理想的空间，但是近200万元投进去后无法运营，或许能产生社会效益，但没有经济效益，公司不能做这种事情。渠老师的艺术实践为我们在乡建界打开了局面，我们名声在外后，通过引入第三方来运营。徐主席一直是我们的灵魂人物，他知道只靠政府是做不下去的，但为什么要坚持把青田的事情做下去，这正是缘于我们对家乡的爱。①

既为公司，股东们的地产商身份则最易引起公众误会：他们是否像外人揣测的那样——打着“保育”的幌子做房地产开发？对此，碧云姐向我解释道：

可能人们在规划政策方面并不太熟悉，因此其中会有些误解。首先，青田不属于建设用地，它也不在拆迁范围内。因为从经济角度来看根本没有价值，拆了也没有意义，所以并不存在“我们来了就保住了这块地儿”这种说法。即使有一天把这里拆掉，那也会恢复为农用地。而且，在青田我们根本没必要做交易，因为没有商业价值。既然我们选择听从渠老师的建议，进行文化复兴，租房就好了，没必要进行产权置换，因为成本太高了。尽管政策上可以行得通，但我们本就不想这样做，而且村民也未必同意。②

遗憾的是，更多的观众没有来过青田，即使来过也未曾听到那些辛酸过往。最让企业家们耿耿于怀的或许是他们被推到“对立面”的误会：

本以为央视直播完就结束了，结果顺德电视台又在重播，我有好几个朋友都说在片子里看到我了。朋友们都知道我们现在做的事情，他们都说这个片子很有问题啊，怎么把我们划到“对立面”上去了？媒体的

① 访谈对象：马会长；访谈时间：2018年10月2日；访谈地点：逢简粤晖花园。

② 访谈对象：碧云姐；访谈时间：2018年11月5日；访谈地点：逢简文化中心。

指向性太明显了，网友也批评我们，做商业开发就是错的。可是，商业行为又有什么不对吗？企业家的本职工作就是追求经济价值最大化，大家不可能做永久的慈善家，让我们承担全部社会责任也没这个能力。①

如果真从地产商的角度看，居民和外来商铺融合是很难的，地产商与居民互动很麻烦的，最好的方法就是把居民都迁走，这样就不用处理各种关系。地产商招商完恨不得抓紧走，因为最终目的是赚钱。我们企业家现在这样做，本来就是选择了一条更难的路。②

只要涉及村民利益问题，他们就会投诉，已经不像以前那么朴实了。但是，社会责任对于企业来说是不现实的，除非政府拨款支持。现在是这样，基金会做了那么多事情，等做得差不多的时候，政府就来拿政绩了。③

徐主席则希望引导大家，凡事都向着积极的方向考虑。面对误解，他更加心平气和，坦然接受不同的意见和回馈：

其实，我觉得总体来说片子还是挺好的，只是没有把我们最核心的东西展示出来。但是，这种案例在全国范围内是有普遍性的，只是每个村子都有具体的做法罢了。记者也是努力从一般社会的角度寻求突破。我们现在遇到最不开心的事情，无非就是村上公司的操作与渠老师的想法不一致，大家也都做了最艰苦的努力，就算现在出现了偏差，那就当反面教材好了。我们现在也对他们的改造进行了控制，以前给他们20间的，现在缩到5间，而且所有的改造都要交给渠老师审核。可能这些

① 访谈对象：乡建者A；访谈时间：2018年10月7日；访谈地点：逢简水乡客栈。
② 访谈对象：乡建者B；访谈时间：2018年10月7日；访谈地点：逢简水乡客栈。
③ 访谈对象：乡建者C；访谈时间：2018年10月7日；访谈地点：逢简水乡客栈。

事情对我们的乡建过程造成了冲击，但社会中总要有一部分人需要用这种方式进入，这就是一种实验结果。尽管我们不认同，但正是他们丰富了我们乡建工作的内容，所以我希望大家用更宽广的胸怀去看待这件事情。至于媒体的报道，我想说的是，我们做了那么多工作，的确没有达到媒体描述的“高度”，但有些也超越了媒体的诉说。我们自己相当于播撒下一颗种子，从某种意义上来说，我们或许应该感谢媒体提高了人们的关注度。①

（二）“打擦边球”

出现误解的根本原因依然离不开“商业开发”的话题。村上公司的暴力施工一直是大家心底的隔膜，他们和渠老师倡导的乡土观念南辕北辙，前者更在意运营的体量，追求用最小成本达到最高利益——这种建设方式恰好是商业运作最熟悉的路数。

我们运营需要一个体量，房子如果不能动，那工作空间就很小了。我们计划容纳150人，但现有空间根本满足不了需求，只能拓展。

是的，我承认这种做法确实不对，而且违建严重影响了村容村貌。既然我们认同渠老师的方向，那就需要和第三方对接。村上公司看重的是青田的自然环境，是要引入商业运营的。只是，他们的手法是城市化的，为了适应都市青年的生活习惯。到现在这个矛盾还没有化解。其实他们在“算账”，比方说，一个空间只能容纳30人，但是如果实现平衡点需要容纳50人，如果违建拆除，空间就会不够，租更多房子意味着成本会提高。

① 访谈对象：徐主席；访谈时间：2018年11月2日；访谈地点：逢简文化中心。

“既要节约成本，又要增加空间，这很难啊！这样的想法，我们有没有尝试相互沟通一下？”所有人都沉浸在安静且忧愁的空气中。

> 企业都想“打擦边球”，用最小成本达到最高利益，达到平衡点就能盈利。青田容量很小，不需要很大的流量，需要安静和干净，所以我们最初给它的定位是“养老”，做不同类型的商业，看能不能做活这个地方。我从来没有想过走旅游开发的路子，不想人们在这里留下聒噪和垃圾。其实，青田完全可以和旁边的逢简互动起来，承接那里的流量，一动一静，实现优势互补。很多项目都是需要烧钱的，比如艺术节，那些钱主要来自企业家的一次性捐助，政府没有那么多拨款，但我们不能这样，我们要实现运转。
>
> 其实问题还是出在沟通上。我承认，渠老师整合资源的能力很强，也给予乡村建设思想高度。其实，现在基金会内部也会出现不同声音，我们希望能够搭建一个平台，希望大家在一个平等的地位上协商，内部意见一定要充分表达，所有信息也能够透明地上传下达，保持工作的自主性和独立性。①

是的，如果沟通畅通，或许事情就不会陷入如此尴尬的境地。简言之，甲方没有和乙方达成共识，并且在后者并不知晓的情况下，引进了第三方；但是乙方和第三方沟通断层，理念不一致、信息不透明使本应愉快合作的双方处于莫名的对立状态。理想状态下，青禾田公司开始就应当让渠老师知道引入新团队之事，并且将资金运作模式与老师们分享，尽管这并不在两位老师的工作范畴内，但沟通畅通、以诚相待，相信老师们会接受。接下来，需

---

①　访谈对象：马会长；访谈时间：2018年10月2日；访谈地点：逢简粤晖花园。

要由第三方直接与渠老师和郭老师对接，由渠老师讲述乡土建筑伦理，转变他们以往的城市设计理念；郭老师做工程设计总监，负责监督他们的落地情况。两位老师尤其要对乡土建筑伦理和工程设计重点把控。

现实是残酷的，村上公司不仅没有按照老师们的建议推进，而且还试图隐瞒，但终究纸里包不住火，其施工的野蛮程度和不切实际的城市风格更是引起了村民的不满。痛彻心扉的是，郭老师主持修复的1、2、3号院全部交付给村上公司，或许他们无法短时间内领悟思想的真谛，3号院已经被砸得面目全非，尽管也保留着老房的骨架，但又在老房外浇注了大量钢筋混凝土框架，正如村民所说，“与其将屋子全都拆嗮，用嘅多建材，不如另起一座新屋企，何必呢?”其间两位老师一直被蒙在鼓里，为了给他们一个心理安慰，青田的施工队才不得不仓皇冒进，以致在操作过程中失误连连。窘迫之下，郭老师在不给报酬的情况下临危受命，修改第三方图纸，但之后的施工落地又未必按照补救建议进行。第三方之所以能够底气十足地为所欲为，大概是出于青禾田公司和他们的合作关系：前者占70%股份，后者只有30%，相当于改造房屋的费用依然由前者支付，如果给出100万元预算，其中30%的利润也由后者获得。简言之，村上公司辜负了合作伙伴的信任和期许，不需要对自己的行为负责，所有错误由青禾田公司埋单，这也许就是“赔了夫人又折兵”在乡村建设中的话本吧。

（三）“桥梁”名义

榕树头基金会与青禾田公司的“绑定”状态，从一开始就面临着些许争议，压力来自青田村民、艺术家、学者、媒体等。为此，我曾善意地向他们提醒，“很多大企业是先赢利后慈善，但是咱们先成立基金会、后成立公司，两个机构同时做乡建的工作。我知道大家做了不少工作，因为我们每天都在一起，但是在外人看来，也许不得不多想”。对此，马会长向我解释，基金会理事们从事的领域涉及房地产、家具、环保、交通等各个门类，每名企业家都经营着几家甚至十几家公司，因此大家平时都忙于各自的业务。理事们平均一个月聚会一到两次，每次聚会都有公共议题，虽然全员聚集的可能性不大，但大部分成员还是能够聚在一起，商讨基金会事务。为方便行事，大家共同成立青禾田公司。尽管顺德民营企业家已积累了相当的资本，但相对于大企业来说，他们还没有足够雄厚的资金去支撑所有事务，因此他们务必要"打好算盘"。他们采取的方式是"以商养善"，从商业中挖掘价值，将赚回的利益回馈基金会，但不能只以公益为主业，不可"丢晒算盘"①。青禾田公司如今已经到了入不敷出的田地，他们意识到不能让建好的房屋继续闲置下去，需要依靠民宿运营赚取利润。如果不能运营，则还有另外一种"自救"手段，即寻求与政府的合作，承接政府的乡村振兴策划项目，以政府购买服务的方式获取补贴，渠老师和郭老师也可能顺理成章地成为基金会的学术顾问和设计总监。

站在他们从事领域和成立基金会意愿的立场上，我非常理解他们的初衷和处事方法。如今理念和落地的差距出乎所料，企业家面对巨额投资，无法预料何时能回本，更不能计算出何时能赢利。眼下，他们的盈利目标尚不能达成，只能希望做些有意义的事情，价值是乡村保育背后生成的，意味着文化高度的提升。针对基金会和公司成立的顺序问题，碧云姐最初也是有顾虑的，但如此做法也有其合理性：

如果从西方视角来看，这样的顺序的确会比较敏感，但是在中国并不敏感，目前舆论还没有负面导向。我们顺德人做事情分得清清楚楚，如果要做基金会就不要和商业混淆，将来有可能成立很多公司，这都没

① 丢（diu[1]）晒（saai[3]）算（syun[3]）盘（pun[4]）：把算盘弄丢。

问题，但边界要清晰，这是我们一贯的作风。因为基金会的理事们各自都有自己的公司，不好分清利益的关系，所以要成立一个新公司。从零开始，成立一个新组织，这样财务边界就会清晰很多。社会允许基金会和公司同时存在，允许商业往来。

相反，政府如果发现你没有运营，才会怀疑你的动机，如果你有运营只是不会赚大钱，平衡就好，那政府才会相信，因为没有只“输血”不“造血”的。况且我们与政府也交流过，他们并不介意赚钱的事情。之前也有很多打着“乡村振兴”旗号进行“圈地”的案例，反而更不好。村民也很愿意租房，只要不征地，他们就很开心。①

胡会长是榕树头基金会的发起人之一，也是村上公司的法定代表人。他始终认为，基金会的作用不应该仅仅体现在公益事业上，更多地应该承担“桥梁”的作用，因此特别强调公益与盈利两手抓。基于他对“公益”和“慈善”的理解，青禾田公司为何坚定不移地引进该公司，这些疑团似乎都可以迎刃而解了。

我们最初对于榕树头基金会的定位，就不是完全公益性的。基金会的成员都是有情怀的社会贤达人士，既有企业家，也有文化人士，这里是所有会员的共同家园，所以大家既是投资者也是受益人。正如“德意志制造同盟”，工业设计由政府官员牵头，其中包括企业家、艺术家、设计师等，他们保持着不被纳入政府系统的状态，用民间组织推动德国制造业发展，但是缺少社会服务。我们不同，我们用公益提高了社会影响力，以文化为先导振兴乡村，以活化传统村居为载体，引入外部力量

① 访谈对象：碧云姐；访谈时间：2018年11月5日；访谈地点：逢简文化中心。

带动村民。

那么，把“公益”“慈善”等名片贴在最显眼的地方，会不会“限制”了基金会的行动呢？

我们的基金并不是纯公益性、非产业性的慈善基金，我们有产业依托，需要政府支持，没有人规定公益不能做投资，基金为什么不能做投资？我们希望借助基金会可以共同发展，“共同”就意味着包括村民、政府、乡建者。700多名村民如果游离于其外，那么公益性就无法体现。珠三角历来有公益的传统，我们的初心非常纯朴，但没想到影响力越来越大之后，过程越来越复杂。企业家所有的投资都是为了建立一个乡村振兴的运作平台，其实到现在我们已经主办了很多活动，比如“缮居”公益活动，室内设计师自己出钱，主动帮助青田的五个困难家庭修缮房屋；再如，推动建立乡村研究机构，进行知识挖掘和积累，服务于乡村建设；还有，现在引入村上公司，也是为了激活乡村的商业模式，引导社会资本投入，进而发现乡村价值。正是因为我们用公益的方法将社会资本引入，青田才能特别快见到成效。①

① 访谈对象：胡会长；访谈时间：2018年10月4日；访谈地点：逢简粤晖花园。

小 结

顺德历来有“积善行德”的乡土慈善传统，远离中央、连通全球贸易的海洋文化更是塑造了人们重商、重利的理念。商人们在财富积累到一定程度后，便会向家族、乡亲、邻居、老幼以及社群祠堂庙宇、公共设施及文化活动等进行捐款资助，以求得福报和支持，这是中国财富人士进行慈善行为的基本动机。近代以来，商业伦理运用到慈善实践的情况广为接受，因此社会企业、公益金融、政府购买服务等跨界尝试屡见不鲜。

此外，慈善行动还有基于工具理性的两大动因，正如朱健刚所述，一是慈善消费主义，即富人通过慈善捐助，寻求一种新的消费方式，让自己体验感动、舒缓心情、获得尊重、建立友谊，比如狮子会；[①] 二是作为企业战略的慈善，即将慈善纳入自身的市场营销体制之中，以谋求更高利润。在资本原始积累时期，企业家通常将做慈善视为建立地方政府信任以谋求获取投资方便的重要策略，力图通过慈善来树立企业品牌，培训员工团队，建设社区关系，甚至也有通过慈善来合法避税甚至洗钱的案例。由于进入到公共领域，是否专业化、是否具备公信力、是否承担相应的社会责任就成为衡量基

---

① 朱健刚、景燕春：《国际慈善组织的嵌入：以狮子会为例》，《中山大学学报（社会科学版）》2013年第4期，第118-132页。

金会的重要标准。在众目睽睽之下，富人慈善总会背负太多争议。[①]

秉持着“顺行乾坤、德化桑梓”的初衷，企业家们成立的榕树头基金会成为顺德首个在民间发起的乡村振兴公益组织。他们将宗旨定为“推广乡建正确理念，发掘乡村价值，推动乡村振兴”，并创立“学术引领+公益支持+商业运营”的创新协同架构，便是对企业战略慈善动机的回应，也正体现出顺德人“打擦边球”的擅长。顺德企业家将现金直接捐助到青田的艺术乡建中，希望能为乡村保育尽一份微薄之力。基金会与公司互补的方式，意味着他们不仅要将效率、成本、利润作为最先考虑，还要承担起相应的社会责任，树立良好的社会形象。始料未及的是，他们得到的不仅有村民的感激和内心的愉悦，随之而来的还有媒体的质疑和人们的依赖。原本的善意如果加剧了地方社会的矛盾，并且从长远来看没有激发内生力，反而可能会导致当地人的主动性“休眠”，最终成为一种潜入骨髓的“暴戾”——这显然是大家不愿看到的景象，因此为接下来的工作提出了警醒。

① 朱健刚:《慈善不应被资本逻辑左右》,《文化纵横》2010年第6期，第21–24页。

第六章 彼茁而生

艺术乡建的诸多可能

第一节　回归土地：启迪乡村基础建设

一、“水土不服”：乡土何以规划

（一）“专业”思维

自从佛山市政府批复扶持用款2000万元后，青田的公共设施建设便提上日程，具体包括污水处理系统建设、河道清淤、千石长街和入村小桥修复、乡村公厕改造、乡建展览馆建设、书塾与炮楼修缮等多项工作。怪异纷繁的乡村样貌和地方关系，对追求一致、均衡的管理者来说，简直是一场噩梦。很多时候，规划意味着要在顷刻间翻天覆地，建筑起闪亮的整齐划一的楼房；或者，从实用主义的逻辑出发，建立起一座恢宏、华丽的观光胜地。杏坛镇城建局的郭局长是这次项目的主要负责人，规划专业出身，年纪不大。他曾多次和其他工作人员前往青田，一来熟悉环境，为规划做准备；二来和郭老师商讨基础设施的落实思路。此时的我也会默默地跟在一旁，倾听和学习两位郭老师不同风格的规划思路，同时协助记录。初冬清晨，郭局长一行人再次来到青田，他们认为郭老师提供的方案与他们之前的想法迥然不同，因此想继续实地考察一番，团队商讨后再做定夺。

此前，郭局长已经和很多青田村民交流过，并且非常耐心地倾听了渠老师和郭老师的乡建理念——这或许是对他以往所擅长的城市规划观念的颠覆。本次考察前，他已经反复修改过团队的规划思路，大致如下：

目前面临的主要是环境改造的问题，在此前的交流之中，我们也明白渠教授的想法，所以这次在青田的改造，我们会尽可能保留“原味”，在设计上尽量保留原貌，做完后让外来人感觉不到变化。我们非常认可老师们的理念，建筑也要和周围环境结合，不要过多追求美观，大改大造。此外，我们还有些进一步的改造想法，想和您交流一下，毕竟这些观点达成一致后才能相互认可。

暂不谈污水净化与河道清淤的问题，因为河道处在杏坛的中心地带，和外来河涌沟通不通畅，和青田内部环境关联不大，因此我们主要考虑的是河道两岸美化和荷花池周边环境美化，准备把河岸边的杂草清除，再播撒些易养殖的花，这样两侧河岸会更加整齐、美观。

再一个，村出入口景观的改造。可以考虑在村口的篮球场（地塘）上种个瓜棚，搭个架子，上面全都挂满南瓜，冬天也不摘，大约一公里，这样就会有农业的感觉。瓜棚架子就好像村子的大门，正好可以当作农业科普展。当然这些南瓜没有食用价值，只单纯产生景观效应。到了第二年就全部清理掉，再种再长。

至于青石板路的改造，翘起来的石板要铺平，我们会把所有石条统一整理一遍，再把地面做硬体化，现在的石条比较混乱。地下的排水通道会重新铺设，安装路灯，但之前的灯头很好，会继续用，只是在底座部分用红砂岩点缀，与每间民房的基底颜色相呼应。

图6–1　城建局考察青田（拍摄者：刘姝曼）

东西两侧的公厕，它的外部结构是完整的，但最缺少的是化粪池，之前都是直接将粪便排放到鱼塘里面。所以，我们设想在下方完善化粪池，这样就会干净些，而且无异味。我们问过一些村民，他们原本是想把它拆掉，另起一座新的，因为厕所挡住了鱼塘，从视线考虑不太美观。但是，如果厕所移动位置，就会对周边村民产生影响，因此我们决定厕所的外观保持原有视觉风格，内部做处理。

村里的绿化方面，我们准备把河涌两旁的杂草灭了，直接撒上马缨丹就好了。其实给我们做绿化的地方不多，因为几乎没有土地了，村民都种菜了。鱼塘旁边有菜地，人们堆放杂物较多，垃圾也较多，总体来说环境不太好，不利于参观，在村口种菜有点凌乱。村民为什么不种香蕉或大蕉呢？这么好的地方，种一片香蕉林也好看啊，很容易打理。我们会把杂草和垃圾清理掉，重新填些土上去，再撒上波斯菊，这种花买回来后要混砂，很容易生长，一个星期之内必须浇足水，灭两次草，杂草不长之后再撒种。这种花一年有两期开放，都能看得见。让它长一年，第二年大家想种什么就随意了。①

从郭局长的陈述中，依稀能够判断出他们对乡土伦理的认同和对村民意见的尊重，尽力做到“原汁原味”：强调建筑与周边环境的和谐，不过分追求现代化审美风格；本着资源节约的原则，有效运用乡村原材料，不搞大拆大建，尊重外部形貌，改善内部功能。不过，他的规划中依然清晰地贯穿着长期以来的城市设计的惯性思维，比如农业展览瓜棚、清理杂草进行绿化等做法。此外，对于青藜书舍、传经家塾、老蚕坊、东西炮楼的改造，他建议大家再去现场考察一番。于是，一行人准备环村一周，进行建筑细节方面的修补完善。王师傅专门负责古建筑的维修，他深知文物保护工作应遵循“四保”原则，即保证“原材料、原形制、原工艺、原做法”，始终贯彻着“修旧如旧”的文物修缮原则，并且与渠老师和郭老师的理念不谋而合：

我们对于这些古建筑的修复，必须符合文物的修缮规定。我们在文物保护工作中，一直遵循“四保”原则。文物的要求是“修旧如旧”，如果我们还想保留历史的痕迹，那在观感上就要有明显的新旧分割。

老蚕坊是瓦顶，房顶上已经长出很多小树了，这些可能会影响到房子安全，所以需要全部清理掉。根据规划书，乡建展览馆是钢结构的，我们会将房顶的瓦片全部拆除，墙壁保留，如果改成钢顶，还要考虑承

---

① 访谈对象：郭局长；访谈时间：2018年12月16日；访谈地点：青田2号院会议室。

重的问题。

两座炮楼已经倾斜太多了，周边要加固。这边酸雨严重，因此建筑风化严重，可以做一层保护膜。炮楼里面原来是有楼板的，但现在全部缺失，其实就算修复了也没有什么实质作用。由于两座炮楼的顶都已经缺失，我们准备加瓦顶做阁楼。用传统工艺加固，全部采用糯米浆加固。另外考虑到炮楼旁边还有菜地，为了不影响村民生活，可以把炮楼整体平移，这样更有利于保护建筑。

两座书塾的布局都比较小。青藜书舍的屋脊上开了窗，两面墙体分别开过洞，后来又填上去的，说明这里以前养过蚕。我们会把原有的瓦拆下来，现在能看到有一根木条已经烂了，那是挡住瓦片防止下滑的，所以要重新修，再把房顶上的缝隙都补上，但会保证原样修复。至于传经家塾，大门有一边的木梁架倒了，所以村民就随便搞了一条水泥条。按照我们的原则，是要修复成木梁架的。前提是不要刷墙或换新砖，所以尽量不动外墙。当然如果不修墙，也不会影响结构安全。现在的问题是，两座书塾墙体是不同年代建成的，我们在修复过程中是统一年代呢，还是每个年代都保留。青砖上之前刷过石灰水，我们会把它清洗干净，屋脊上的青苔也会清洗出来。另外，还想在天井做一个独立的钢结构，可拆除，对原建筑没有影响，防止酸雨腐蚀。最后把缺失的大门也恢复上。①

① 访谈对象：王师傅；访谈时间：2018年12月16日；访谈地点：青田正面街。

（二）野径芳菲

图6-2 青田坊村落现状调研报告（提供者：广东工业大学城乡艺术建设研究所）

图6-3 青田村落保护、发展与文明复兴项目书（提供者：郭建华团队）

早在2017年底，渠老师已带领乡建团队完成《青田村落保护、发展与文明复兴项目书》。之所以使用“保护”“复兴”等字眼，是为了区别于以往的“规划设计书”。这一方案将青田总体布局分为七大功能区，分别是：“青田民俗生态文化展示区”“青田社区休闲中心”“原乡工坊、民艺工造、手工作坊”“青田有机农场、自然生态教育基地”“桑基鱼塘、体验博物馆”“停车场”“创客空间”。[①] 这是一种“反规划”的思路，但“反规划”不是不规划，也不是反对规划。正如俞孔坚所说：“它本质上讲是一种强调通过优先进行不建设区域的控制，来进行土地和城市空间规划的方法论。首先以土地的健康和安全的名义，以持久的公共利益的名义，而不是从眼前的开发商利益和短期发展的需要出发，来做土地和城市建设规划。”[②] 或许这样的设计依然没有脱离农业文化旅游的框架，但随着乡建团队在一年中不断深

---

① 郭建华：《青田村落保护、发展与文明复兴项目书》，北京，2017年9月。

② 俞孔坚：《回到土地》，北京：生活·读书·新知三联书店，2009年，第21页。

入村民生活，其思路也在随之延展和转变。

按照规划局最初的设想，首先会铺设一条百十米的柏油马路直通入村，旁边的人行道铺上花砖；在村口最醒目的位置设置钢架结构的南瓜棚，把村里的杂草全部拔除，撒上花种，重新“绿化”…… 提起“绿化”，人们脑海中总会浮现出城市中开阔平整的草坪、整齐划一的绿化带，却忘记了乡村里阡陌交通间的花草。规划者总是认为杂草有碍于观瞻并且毫无用处，所以铲除杂草被视为最简单粗暴并且有效的方式。殊不知，生长于乡土中的杂草却是当地环境中生命力最顽强的适应者，成活率之高超乎想象。更重要的是，留住杂草，是对当地生态系统的尊重，意味着回归自然。这不仅是对传统规划之美的倾覆，更展现了绿化观念的进步。相比之下，渠老师和郭老师的理念更加“野性”。他们认为，当前美丽乡村建设的误区在于千篇一律的形式和庸俗乏味的审美。一刀切的规划抹杀了乡村的自然生长，使得原本朴实却有性格的村庄变成了趣味趋同的旅游景点。这些设计师基本没有在乡村生活的体验，设计也许是他们的一厢情愿的“面子工程”；再者，快节奏的计划决定了他们来不及考虑太多，必须在规定时间内完成任务。

不过，以郭局长为代表的规划部门也在与村民、艺术家、设计师、乡建者的沟通中调试着自己的城市规划思路，逐渐接受了“野性生长”的乡村自然面貌。但是在很多方面，郭局长也非常为难，毕竟对“乡村规划”，进一步说对“乡村能否规划”等问题的追问，对他的专业和工作造成了极大的挑战。诚然，技术方面的问题可以商榷并改进；但在实践上，有些想法很难落地，有些则很难向上级交差。在交流过程中，他屡次表达了自己的困惑和顾虑：

我们保证不会用太多和乡村无关的城市里的新元素，并且会在原有基础上提升整洁度。您说“修旧如旧”，保留原有的历史痕迹，但是这些青苔、灰尘等等如果不清理的话，就像没干活一样；如果建筑修复也没怎么改动，政府会认为我们文物部门没有尽职尽责，村民就会质疑我们的钱都花到哪里去了。毕竟是政府工程，讲究的是显著变化和明显提升。我们做好后，省市领导要回来看的，门面的东西还是要弄的，当然我们保证不是铺张。再者，甲方是政府，具体实施还要招投标，我们现在的想法能否被贯彻还是个未知数，当然我们可以推荐团队，尽量落实大家的心愿。①

理想终归是浪漫的，出于对彼此的尊重，政府部门和乡建者都愿意以诚相待，主动沟通，各抒己见。郭局长的忧虑不无道理，从调研到规划设计再到具体落地实施，各项工作又分属不同部门负责，在后续操作中，难免又会出现分歧；2000万元的基础设施配套资金，从佛山市落实到青田村民小组需经过各层级的审批拨付，真正用于基建的资金不知能剩几成。因此，乡村复兴设想能否真正落实、基础设施建设能达到什么程度、落地效果能否令村民满意，终究都是未知。

二、姗姗来迟：工程以何验收

（一）难以估量

从2017年10月政府专项资金审批通过到现在（2018年）已有一年时间，公示和报价早已在公告栏贴出，却迟迟没有举动。一方面，青田乡建的每一步都走得谨慎，渠老师一再主张“慢下来”；另一方面，款项拨付、工程招标，也有一个过程。所谓“工程招标”，就是多家施工单位同时竞争一项工

① 访谈对象：郭局长；访谈时间：2018年12月16日；访谈地点：青田2号院会议室。

程的过程，谁的报价低又能保质保量完成任务就交给谁做，从图纸到施工都要招标才能录取，天地公道。2018年底，顺德的很多条村都已经被派发了乡村振兴专项资金，2000万元拨款对于行政村基建来说已然并不稀奇，甚至还有更多的，比如容桂镇马冈村的4000万元。青田的独特之处在于扮演了一个先锋者的角色，而且自然村相对于其他行政村来说仍是一个小单元，一个村民小组能得到市长的亲自批示实属不易。

这些专项资金将在组织招投标工作后，在相应时段内分期分批进行施工和验收。青田及周边范围的水环境整治、机耕路美化、罗水段涵洞建设等项目，在专项资金到位后，马上进行招标建设，争取在2019年全完成，切实提升项目周边环境，达到道路两旁美化、河水清澈的效果。旧房改造资金由企业自筹，再加上政府相关部门专项资金，通过特色民宿的管理和运营收益进行资金平衡。同时，通过项目运营实践，为乡村振兴提供合理可行的市场运营示范模式。2017年10月，这笔资金就已经从佛山市下拨到杏坛镇政府，迟迟没有投入使用，因为各项目还需要共识、招投标等环节。为此，基金会也不惜动用各方关系，密切关注资金走向的每个时间节点，还是推迟到2018年10月底才开工。只是这样的节奏貌似与顺德一向倡导的“敢为天下先”的精神不太相符，这也是很多乡建者在煎熬等待中的感受，他们时常遗憾，当年的光芒在如今政府运作中逐渐被消磨黯淡了，但也始终相信只要一个地方具有深厚的底蕴和博大的胸怀，就不会有排斥、怠慢和矛盾，顺德就是如此。

拨款到账后，怎么用也是个问题。如果“修旧如旧”、节约资源，便可以不用花费太多就能达到效果，但如果看不到“变化”就意味着“什么都没做”，这在检查时一定是不过关的。

> 拨款批下来未必很慢，钱已经到账了，但是没有用出去，因为要走

很多手续。之前的去向主要是青田论坛和烧奔塔，这是我们列给政府的明确选项。至于基础设施方面，比如老蚕坊，因为房产证手续不完整，集体财产需要证明，要先登报纸公示3个月。第一轮价格压得太低，招投标没成功；第二次提高物价后，才有人做。我们把郭老师所有的施工图纸都交给了政府，但是具体怎么办就不得而知了，我们只是“友情客串”。①

的确，从公示到招投标，到设计，再到施工，本就是个耗时间的过程，再加上不同单位在理念和执行方面都有不同的风格和立场，任何一方都可以直接否定另一方。原本的想法真正落实到地面上，也许会发生天翻地覆的变化，这也是工程的难办之处。正如郭局长所说：

我会尽量把你们的意思传达清楚，工程量清单不能超过10%，如果超过，施工队是有权要求不这样做的。工程要招投标，中标机构如果是另外的单位，那他可以完全不按照这个要求来做。所以现在方案就要做好。招投标不确定是哪家单位，如果容易谈还好。要想把专家意思落实下来，现在确实要下很多功夫。②

（二）守得云开

2018年10月底，期盼已久的青田基础设施建设终于开工，计划在2019年春节前完成。村庄边角的空地上，挖掘机、推土机正在紧张作业，建筑工人们各司其职。两座书塾的外围已经被深绿色防护布包裹起来，屋顶揭下的

① 访谈对象：碧云姐；访谈时间：2018年12月19日；访谈地点：逢简村文化中心。

② 访谈对象：郭局长；访谈时间：2018年12月16日；访谈地点：青田坊16号院。

瓦片正堆放在天井中，工人正在脚手架上清洗石灰水涂抹过的青砖墙，逐渐露出原本的模样。在保持原有灰塑的前提下，破损的屋脊和屋脊下的檐板也修复完整。两座酒亭的外墙已经恢复了裸露的墙体，准备重新铺贴。上千块松动的石板已经搬起并堆放在路旁，为了不影响村民出行，特意留出两板石宽的狭窄小路。重要的是，施工队在每块石板背后都标了号码，以便重铺时全部“对号入座”。小巷亦是如此，石板悉数连根拔起，重新铺设排水管道。为了赶工期，11条小巷和正面长街的工作同时进行，虽然考虑到村民活动问题，但终归是不怎么方便，尤其是老人，面对仅有几十厘米的小路，他们只好大门不出、望而却步。

图6-4　修复千石长街（拍摄者：刘姝曼）　图6-5　修复青藜书舍（拍摄者：刘姝曼）

我见到了久未谋面的瑞叔，自从他正式入职青禾田公司，生活就变得忙碌起来。3号塘旁边的基塘工作站也已经建好，黄灰相间的小房子坐落在一角，这一抹清新的颜色令人身心舒畅。瑞叔还在小屋旁边新栽了几棵果树，六月里种下的桑苗已然长大。工作站内部空间宽敞，除了储存鱼饲料和工具，旁边还有一个小隔间可以饮茶，小憩一番。在这里，瑞叔向我表达了一些村民的想法：

重新铺设排水管道，掘的沟比较深，落雨泥松，往沟里返填土的时候，房屋地基浅，存在安全隐患，出行好困难的。一般情况下，整一条巷子修复差不多要一两个月；如果修几条，余下过段时间再修，村民仲可以绕路，而家同时开工，确实影响出行，尤其是老人家。因为存在安全问题，有啲村民情绪激动，但是投诉无门。质量都不好，巷子里面挖一条70厘米的渠，要铺混凝土，但是他们只放咗红毛泥同沙。①

图6-6　焕然一新的千石长街（拍摄者：欧阳永德）

图6-7　修葺一新的传经家塾（拍摄者：欧阳永德）

① 访谈对象：瑞叔；访谈时间：2018年12月20日；访谈地点：青田坊瑞叔家。

无论如何，千石长街和两座书塾总算赶在春节前完工了，工人们能够准时回家过年，青田村民也希望能在新春到来之际享受到新的村貌。修葺一新的正面大街整齐平坦，地下排水系统更新，石条缝隙加入水泥，进行道路硬化，之后不会出现沉降、翘起等现象，那条曾经将东西两侧割裂开来的“死巷”也重新打通。青藜书舍和传经家塾除了屋脊、镬耳、檐板等部件的增加和修补外，把内外墙全部重刷干净，不同于其他村子富丽堂皇的大祠堂，这两座建筑依然克制地保持着古拙青砖的画风。西酒亭位于村口，是青田的门面，本想只装修这一座，但为了顾全大局，将东西两座酒亭均做了整洁和铺贴处理。东西两侧的公厕外观粉刷一新，内部则做了下水处理。村口的地塘旁边的空地原本是垃圾的集散地，如今铺砌了小路，路旁全部做了绿化，波斯菊如点点繁星，点缀着新建起的休闲公园。尽管施工队在落地时依然存在些许“刻意”，但如今可见，他们已经最大限度地尊重了乡村的“野性”。

第二节　源头活水：拓展乡村文化视野

一、因势利导：孕育乡土教育

（一）致敬先驱

1933年，黑山学院（the Black Mountain College）是在美国北卡罗来纳州艾西维尔市创建的实验性学院。这是一所以引领革新而著名的学校，为20世纪60年代的美国造就了数位非凡的前卫派先锋艺术家。美国黑山学院诞生于美国经济大萧条与第二次世界大战前的严峻背景下，以崭新的方式将欧洲的先锋艺术策略带入美国，其以艺术为中心的教育理念逐步建立了跨学科学习和研究的行为实践，对战后艺术格局的转变起到重要作用。黑山学院最初由约翰·安德鲁·赖斯（John Andrew Rice）及一部分持不同意见的进步学者共同创办。在黑山学院中，学习和经验必须紧密联系，稳定的情绪和思考的能力如同吸收知识和观念一样是教学的目标，艺术学习和实验是教学的中心。[①] 学院由教员们推动着向前发展，这些教员包括视觉艺术家、设计师、作曲家、诗人等，致力于跨学科的艺术教育，力求将其打造为美国前卫

① 常宁生、蒋奇谷：《美国当代艺术学院教育》，《南京艺术学院学报（美术与设计版）》2011年第3期，第12-19、182页。

艺术的“孵化器”。同时，倡导整体性教育，在进行艺术探讨的同时，鼓励学生参与农场劳动、建筑项目和机构决策等。这里不需要外力控制，没有课程要求，也没有官方成绩和认定学位。

不料，黑山学院只维持了24年，学院经费不足，设备简陋，最终因欠债而被勒令停课。它在发展过程中逐步形成了一种另类的、自治的社区模式，正如创始人赖斯所强调的，这所学院与早期实验性的“乌托邦”社区并无共同之处，它只是一种教育手段，而不是满足参与者的诉求。这样一个开艺术教育和创作先河的机构，似乎也是一个颇具“波希米亚”取向的地标。这些先锋艺术家特立独行、放浪不羁，试图与现行制度抗争并努力开创一番事业；没有固定的住所和收入，用超然的态度面对生活，用嬉笑揶揄作为防身武器——艺术是他们安身立命的唯一信仰和依据。然而，黑山学院更像一个“理想国”，矛盾与分歧便与日俱增，最终成为黑山学院难以为继的原因之一。尽管黑山学院于1957年关闭，但其独特的教育理念和先锋精神，对今天全球政治和经济动荡环境下的艺术、科学及其他学术领域的教育都具有重要意义。

（二）“青田学院”

以黑山学院为标杆，为将这样的艺术教育理念落实到中国乡村，青田学院（Qingtian College）于2018年12月10日举行了挂牌启动仪式，将16号院红房子设定为实践基地。最初的打算是创办一个独立于体制的艺术教学机构，在乡村挖掘和传承民艺，由王长百老师担任青田学院院长。后经过一系列调整，青田学院最终成为广东工业大学落地青田的艺术与乡建研究与教学机构，也是乡村文化复兴与乡村艺术再造的“孵化器”，同时还是与榕树头基金会合作的乡村建设的学术项目，承担起艺术乡建的教学、科研、创作与交流任务。

图6-8　青田学院揭牌仪式（拍摄者：谭若芷）

相比于大学和正规院校，青田学院更像一个艺术“试验场”，我们希望通过在乡村进行在地的作坊授业和思维训练，培养一群影响世界的国际艺术大师。青田学院是在中国社会面临转型和文明复兴背景下，以崭新的方式，将国际当代艺术思想与策略带入青田，以乡村为文化背景和立足点，以当代艺术为核心理念，逐步建立跨学科的当代艺术思想体系，在乡村创作出一批影响时代的创新成果与作品。当代艺术是为社会提供思想活力和创造性价值的知识智库。每一个地区的文明高度和走向，取决于该地区当代艺术的引领和先导，他们会给社会提供当代前沿思想与观念，贡献取之不竭的创造力。当代艺术家将会诱发异常深刻的“文艺复兴”，才能拯救中国创造力枯竭的难题，也能重建“真善美”的真谛，从而激发这个迷失与痛苦时代的精神活力。

我们的老师其实是有能力和方法的，但学生只是学习了老师传承的技术。艺术强调差异化和个性化，没有标准，在于激发每个人的风格。我反对学院派教育，所以推崇作坊式教育，它有很多优势：比如，师徒授业的传道方式，有在地性，在乡村扎根，接地气，有现场感；尊重自然、生命、土地；艺术在民间。所以，我们的艺术教育出现了问题，同一化非常严重，而且不接触传统和生活，实际就是几个软件。所以，中国教育艺术制度需要拯救，青田学院不是传统意义上的实体学院，更不是传统意义上的僵化教学。而是使陷入困境的当代艺术教学找到出路和方向，使其重新回到中华文明的母体，也就是在乡村中获得灵感、活力与激情。用传统文化激活艺术，用在地实践促进教学改革，用乡村文化激发艺术方法的想象性思维，开启创造性的教学思维。

青田学院会以乡村复兴和岭南乡建作为首要任务，建设乡村文化复兴与乡村艺术再造的孵化器和推进器，为岭南乡建提供思想资源和艺术智慧；通过激发人们的创造潜力，让人的创造性活动为乡村振兴和社会进步服务；通过搭建高校和乡村的艺术桥梁，让学生在青田学院学习并为顺德乡村建设服务，让学生通过动手和实践来学习艺术；通过艺术家在乡村访问驻留的方式，推动青田学院成为国际和国内艺术家的创作基地与乡建工作坊。比如说，“铁皮屋”多媒体实践计划、“无祖之乡”主题影片拍摄计划、国际艺术家驻村计划等。

比如，艺术教育的方式，艺术思考和实践，我们现在多了乡村复兴的使命。接下来会举办一系列艺术活动，比如国际艺术家驻村计划，他们和村民一起创作作品，融入民俗节庆中去。这些作品将成为青田乡建展览馆的永久收藏，将为青田和顺德地区积累一笔宝贵的国际文化与艺术财富。通过对学生教育的帮助，增强文化承载力，促进乡村复兴。①

① 访谈对象：渠老师；访谈时间：2018年12月15日；访谈地点：青田16号院。

访谈中得知，渠老师指明了当今艺术教学方法的困境，乡村恰好为艺术教育带来灵感，以此为契机他也勾画出新的艺术创作目标。未来，青田学院将以乡村作为特定文化场域，以村民的审美行为、表达方式和创作能力等为考察主体，以当代艺术为核心理念，将全部有利于维系乡村情感、促进村民交流的意义生产的实践纳入“乡村里的艺术”之范畴，用传统文化激活艺术，用在地实践促进教学改革，用乡村文化激发艺术方法的想象性思维，开启创造性的教学思维。

二、媒介景象：传播乡村隐喻

（一）展览大观

艺术本就是一种传播方式，当艺术作品由艺术家完成后传递到受众时，便意味着需要由一些人、组织或网络来进行分配。[①] 分配方式是多元的，比如展览、表演、报道等。

除媒体报道外，“青田”也发展为一个被“展示”的对象，参与到高雅殿堂的艺术展览中。2019年1月11日，文化与旅游部主办的第三届“中国设计大展及公共艺术专题展”在深圳市当代艺术与城市规划馆开幕，“青田范式”被列为“城乡营造”板块的公共艺术案例之一，讲述了用公共艺术在城乡更新中如何保留历史记忆、保护生态环境的生动故事。同年3月23日，由中国艺术研究院主办的“中国艺术乡村建设展”在北京市中华世纪坛举行，推出三位艺术乡建者的实践案例——渠岩的“从许村到青田”、左靖的“景迈山”计划、靳勒的“石节子美术馆”，其中“从许村到青田”板块

---

① Wendy Griswold. *Cultures and Societies in a Changing World*. London：Pine Forge Press，1994，p15.

展示了渠老师从2008年以来跨越南北地域的艺术乡建实践；10月16日，“青田”再次在深圳市华侨城创意文化园区亮相。渠老师在这两次艺术乡建展中明确提出：从许村到青田的乡村建设，均是当地人、知识分子、企业家、政府和艺术家互动而成的开放性实践。2020年10月21日，由中华文化促进会等联合发起的第二届“小镇美学榜样”发布典礼在成都市安仁古镇举行，青田文化艺术村以“原乡价值的传承开新”为特色上榜。

图6–9 “中国艺术乡村建设展”海报

青田在参与各项艺术展出的同时，其策展人也在根据不同场景而不断调试修辞，将更加多元的标签附加其上，比如“公共艺术”“大地艺术”“文化艺术村”“美学榜样”等，这样一个名不见经传的村庄，逐渐被打造成个人或集体生产的“艺术作品”。艺术界认为，这来之不易的“展览”远不止是一场狂欢或庆典，更重要的是唤起社会各界对乡村价值的广泛关注。一座村庄既然储备了丰富的事实资料，那就应该好好利用这些资料去维持和重建地方形象并获取自豪感，热情的支持与宣发态度便是创造令人感到深刻印象的技巧。[①] 青田荣登各项评比榜单，意味着这些年乡建者做出的努力逐渐成为参与各方的共识。

（二）笑逐颜开

摄影也是传递和表达青田乡村隐喻的重要媒介，不少摄影家慕名而来，用镜头勾勒出青田乡村形貌和村民的微观日常。何崇岳老师是当年参与许村国际艺术节的艺术家，以拍摄“乡村大合影”而著称。他的摄影作品揭示了现代化冲击之下的乡村面貌和村民状态，镜头下尽管村民相聚、一派祥和，但又隐喻着对乡土社会消逝的忧伤和焦虑。同样参与拍摄的还有王小红老师，她为青田创作的系列作品《青田乡村记事》画面温婉、情谊绵长，融汇了女性特有的柔美与细腻，她镜头下的青田犹如梦幻般的岭南水乡，黄发垂髫，怡然自乐，引领观者不由自主地屏息凝神，憧憬田园牧歌般的宁静和悠然。所以，摄影家是艺术乡建中不可忽视的力量，他们拥有鲜明的个人风格，使用不同的构图、光影、色彩等，描摹出独有的青田图景。[②]

2018年12月20日是我结束田野、暂别青田的日子。清早，我陪渠老师一起去村民家送全村合影——那是著名摄影家何崇岳先生在5月份为村民们拍摄的。一起合影的还有榕树头基金会、青禾田公司、岭南乡研院的乡建者们，以及参与青田论坛的专家学者们。拍摄当天烈日高照，但依然没有阻挡村民的热情，何老师用镜头记录下这难忘一幕。历经半年，村民大合照终于冲洗出来，村民人手一份。我和渠老师走在已经铺砌一新的街巷中，享受

---

① [美]段义孚：《空间与地方——经验的视角》，王志标译，北京：中国人民大学出版社，2017年，第144页。

② 渠岩：《青田计划：乡村建设中的艺术介入与摄影实践》，《中国摄影报》2020年5月22日，第9版。

着温柔的冬日暖阳，他向我分享这两年的乡建感悟：

艺术家在从事艺术乡建的过程中，应该扮演四种角色：第一，基层官员的启蒙者，到一个地方要先要向官员表达理念，他们的规划思路已经固化在脑海中，首先要剔除刻板印象，得到他们的认同；第二，在地学徒，艺术家要尊重地方知识，很多方面要向当地老百姓学习；第三，当地矛盾的协调者，有些房子在建造过程中会影响整个的乡土风貌，但是经过我们多次讨论，房主依然接受了我们的意见，而且现在村民自己都主动来征求我们的意见，可见他们自己都理解了老房子的价值；第四，不良生活的斗争者，比如之前的施工队暴力施工破坏民居，影响村容，必须立即站出来制止他们，不然如何给村民做榜样，我们要坚决与这些破坏者抗争到底。

不理解没关系，时间会解决任何问题，我们的理念并不是天马行空的，而是真正可以落地的。我们只要默默地做就可以了，日子久了，老百姓总会理解的。你看，我们一起清扫垃圾，从美化村落环境做起，一开始村民都是观望的态度，后来也默默地加入进来了；村民自己修房子，也知道不破坏整体村容村貌了，比如宝哥的房子就很有想法，最近青田又有一户修房子的村民要贴瓷砖，他们是主动拿着几个样本来问我的，看这个合不合适；还有村民大合影，我们挨家挨户地送给他们，你看他们多开心。这就是艺术的魅力，这也是多主体联动的结果，总会有冲突，但是大家协商就能解决矛盾。①

① 访谈对象：渠老师；访谈时间：2018年12月20日；访谈地点：青田16号院。

图6-10　青田村民合照（拍摄者：何崇岳）

当我们将合影送到村民手中时，我看到阿婆湿润的眼眶，阿叔灿烂的笑颜，流露着对自己的村庄、邻里、家人的爱，一股暖流瞬间涌上心头。

那一刻，我知道，他们接受了乡建者，我们都是一家人。

小　结

统一、均质、规则的街区，展现出优雅而令人羡慕的秩序感，成为强势的美学理念。但这种一厢情愿恰恰抹杀了乡村质朴的性格和多样的姿态，一曲田园歌谣在专业规划师的操刀下可能被演绎成乡村挽歌。任何情况下，孤立的、以个人经济利益为基础的保护主义是绝对片面的，它倾向于让政府去实施太多巨大的复杂的功能。于是，在现代化的宏伟蓝图面前，作为乡村主体的当地人却成为最被动的个体。当抽象概念萦绕在生态和人文的多样性中间，当官僚化公式应用于观察的现实，每个人仿佛都在精疲力竭和饥肠辘辘中，沉醉于现代性的城市闹剧里，无限循环，乡村逐渐成为不断被蚕食、侵蚀、摧毁并且注定消亡的对象。艺术家的优势则在于能够灵活地结合官方与资本，以平和的姿态进入，特别受到基层干部和政府的欢迎，并且有犯错的豁免权；企业家的长处在于，能够为当地人民带来利益，为政府带来政绩。与政府的统一规划不同，艺术家没有强调刻意“打造”或“改造”什么，只是恰如其分地加入到村民生活中，在无望的乡土中构建生活的意义，展现一种新的生存方式，给予村民自主选择的权利。无奈的是，政府项目主导的发展和开发的乡建项目，尽管可以远离，但不能摆脱和超越，力所能及的只能是尽量避免建设性破坏。

同样地，艺术参与在乡村文化视野的拓展中也激发了诸多可能。当代艺术植根乡土后，艺术家依然包含着自身的审美理念、文化抱负和政治诉求，因此艺术不再只是一个社会事实，而是以问题意识为主导、以社会关怀为出发点的社会实践行动。青田学院为当代艺术青年搭建了新型教育培养平台，年轻人有着时间尺度的优势，也拥有长足的创造空间，乡土文脉则为艺术创作提供了灵感源泉。但更重要的是，要明确乡土艺术教育所要追寻的本质问题，依然是青年如何看待乡村、如何在传统中寻找自己的来路。策展和摄影则建构了另一种意义上的“青田”形象。乡村借助艺术展览形成一种“原真性”媒介景象（mediascapes），即通过媒介流通的故事、形象和信息，这种图像是人造的并且能够被转移、展示、销售、审查、崇拜、丢弃、凝视、隐藏、反复使用、一看而过、损坏、触碰、再造。这是一种图像所承载的意义，能够被不同的主体、因不同的原因、以不同的方式加以创造和使用。透过这种诠释手法，人们会从自己的期待立场出发，建构心中的文化客体。只不过青田在展览或影像中可能被“样本化”，将其与原生背景相剥离、只保留美学属性，这种“本质主义”的方式更多地满足了精英的需求，以“原汁原味”的图像、文字和光影，缓解和对抗人们对都市化、机械化和社会激变的焦虑。①

① Gillian Rose. *Visual Methodologies*. London：Sage，2001，p14.

结语

再造『家园』

多重主体参与的艺术乡建

第一节　艺术家：浪漫与理性融合

一、俯仰思虑：实践中的省思

艺术家们亲近自然，热爱自由，历来是反对现代性、均质化和物质至上主义的骑士。充满疏离感和沧桑感的乡村，对于高度文明化的城市来说，具有更多野性和留白，再加上便宜的租金和宽敞的空间，更加有利于艺术家聚集在边缘地带，创造更多可能性。驻村之初，我所在的乡建团队已完成青田社会文化调查与建筑空间调查，并尝试与在地村民建立友好合作关系。在尊重地方性知识的基础上，渠岩老师提出“青田范式”，以历史、政治、经济、信仰、礼俗、教育、生态、农作、民艺等九大方面为具体线索，进行“家园”再造：空间设计师郭建华老师对青田四栋闲置老宅进行修缮活化，在尊重民宅原始制式的原则下，把现代生活需求注入其内部空间，使传统与现代并行不悖，给予村民一个重新审视乡村老宅的可能，并引得村民的关注和效法；民谣歌手赵勤老师用端午民谣演唱会这样一种清新现代的方式演绎出细腻动听的乐曲，并且邀请青田舞蹈队上台起舞，为乡村生活添加更多元的活力；渠岩老师以当地传统民俗中秋“烧奔塔”为内核，在其中加入新的文化内涵，重构青田“成人礼”，使番塔之火复燃，让人们重新体会到礼俗秩序的力量；摄影家王小红老师和何崇岳老师凭借极具个人风格的拍摄技法，寄托了自身对乡村的理解和感情，勾勒出各自视角下的乡村风光 …… 无论是修旧如旧的乡土建筑，还是唤起乡愁的节庆复兴，都浸润了艺术家们的浪漫情怀和社会责任，充满了浓烈的反现代性意味。

在这里，青田并不是一间封闭的“画室”，渠老师试图与各方寻求合作，并积极地与政府、资本等达成共识，践行“有理念的行动者”和“行动中的思考者”，表现出极大的包容性。丹尼斯·狄德罗（Denis Diderot）在论述艺术家与社会之间的关系时提及，艺术家常常面临两难境地：他们希望坚持自主性，成为自由的创造者，不为任何艺术之外的目的所羁绊；有时想加入最前沿的思想意识中，用作品影响社会的道德良知。① 查尔斯·R.辛普森（Charles R. Simpson）曾对曼哈顿苏豪区的艺术家进行民族志考察，发现艺术家不成功的原因在于反对商业理论，因此缺乏市场对其作品的认同，他们倾向于波希米亚式的生活，激情是他们唯一的创作源泉；相反，成功的艺术家则更倾向于作品与现代商业的融合，激情之外更善于理性选择。也就是说，艺术家们一方面要为其艺术事业而努力，另一方面要面对和芸芸众生一样的压力。② 如若把青田艺术乡建实验比作一场波希米亚行动，那么这段故事不再只是一个“为艺术而艺术”的纯粹“抒情”的神话，也不再会与前所未有的现代性格格不入，其实践更多了理性的意味，这源于对现代生活流动性和随机性的接受而非拒绝，并且评价其复杂的反讽策略和美学影射，在现代社会中赢得一席之地。③ 因为艺术家本就存在于社会的各个阶级，所以要倡导重构艺术家与政治、资本等要素之一的联系。渠老师将艺术家在乡建中

---

① [美]迈耶·夏皮罗：《艺术的理论与哲学 —— 风格、艺术家和社会》，沈语冰、王玉冬译，南京：江苏凤凰美术出版社，2016年，第202–209页。

② Simpson, C. R. *The Artist in the City*. Chicago: University of Chicago Press, 1981, p89.

③ [匈]玛丽·格拉克：《流行的波希米亚 —— 十九世纪巴黎的现代主义与都市文化》，罗靓译，合肥：安徽教育出版社，2009年，第1–5、226–227页。

扮演的角色总结为四点：基层官员的启蒙者、在地学徒、当地矛盾的协调者、不良生活的斗争者，始终将青田的乡建工作重点放在多主体的本地实践中，以乡村文化主体精神与村民诉求为要旨，在复杂的互动过程中进行多边对话，在动态的协商中调整行动策略。

艺术家的创作活动往往会在不经意之间，成为纯粹的自我激情、冲动以及价值观念的表达，当他们进入公共领域后则会积极对话并试图对社会产生效应。艺术乡建的独特之处在于，艺术家既会坚持自身的艺术个性、独到的见解和社会责任感，也将村民的反馈、需求和差异性考虑在内。艺术家之所以成为“艺术家”，而非普通艺术教育培养出的“艺匠”，是因为他们不甘于复制模板，不安于既定规则。他们渴望表达艺术思想，也努力提炼理论准则，奈何理念与实践之间总会充满弹性，尽管此前已构想出近乎完美的理念体系，但在实践中或许会因为过于追求戏剧性的张力而忘却既定模型。为了应对瞬息万变的乡建挑战，很多时候并不能“三思而后行”，而是将“善于言”和敏于行合二为一；甚至在“不假思索”中行动起来，随之在摸索中反观和复盘。理解自我尚需时日，被他者领会、承认并赞同则更为漫长，因此不少误解和批判掺杂其中。新事物的兴起总是伴随着非议：赞誉者称艺术乡建既是当代艺术的新形态，也是乡村振兴的新路径；批评者则认为，特立独行者们拥有令凡人无法企及的天赋和才华，巫师式的魔力和梦幻般的魅惑赋予他们话语特权和豁免金牌，也足以编织出琉璃般璀璨剔透的神话，然而这些蜻蜓点水的做法不过是徒有虚名，所有的附庸风雅只是在自我感动罢了。但毋庸置疑的是，我所认识的艺术家正在审慎地调试固有的艺术观念和社会交往态度，努力地在强调个人性及实验性的创作与注重公共性、与公众对话的创作之间寻求微妙的平衡，同时也在不同的具体场合和语境支架中探求各有差异的艺术表现形式，对现实予以兼容或适度地超越。[①]“十年磨一剑，

① 翁剑青：《景观中的艺术》，北京：北京大学出版社，2016年，第442页。

霜刃未曾试”，争议在所难免，明知不可为而为之者，是为勇者。

二、乡关何处：原真性的迷思

在艺术家的理想中，艺术已不再局限于审美取向，为此，渠老师提出通过艺术实践建立人与人之间“情感共同体”的理念——不同主体从“在地”的艺术活动中建立起“自我”与“他者”的理解桥梁，尽可能使用当地元素，在尊重乡土环境和信仰体系的基础上，创造空间的新意义，力图重塑被市场经济冲击的礼俗社会，建筑起渐行渐远的“家园”。[①] 作为一个社会学/人类学概念，“家园”是中国人世界观体系的本土化表达，是从整体观和主体性视角对生活世界的呈现，也是主体在遭遇自愿或非自愿的变迁时所表现出的泰然态度。[②] 建立在中国乡村意义上的“家园”，反映着生命、生存和生境的基本功能，可以具象化为用一系列语义——生命、空间、地方、亲属、政治、社会、规约、防御等连缀的单位。[③] 站在这样的视角，中国所经历的城镇化实质上是“人的城镇化”的栖居实践，即作为主体的人在城镇变迁中能动地设计、创建和经营自己深度参与、融入自身劳动和体验的家园的过程。[④] 无论身在城市还是乡村，卑微的浮云游子们总是面临精神疏离的危机。在古典进化论的驱动下，居住在乡村的人，从来没有放弃过进城的努力，始终怀抱着向上攀爬的憧憬，自愿离开乡土，成为城市中跌跌撞撞的漂泊者；留在故土的人们则更关心身边的切实利益，期待改变现有的生活

---

① 渠岩：《谁的艺术乡建？》，《美术观察》2019年第1期。

② 李晓非、朱晓阳：《作为社会学/人类学概念的“家园”》，《兰州学刊》2015年第1期。

③ 彭兆荣：《重识“村落—家园”——后疫情时代传统村落的人类学再考察》，《西北民族研究》2021年第1期。

④ 陈浩：《人类学家园研究述评》，《民族研究》2015年第2期。

困境，过上繁华都市的生活。追索“家园”成为认清、唤醒和拯救自我的稻草，尤其是在这样一个“无根”的时代。传统意义上，家是一个稳定的物理空间，再融合了人们的生计、道德、审美等实践，就成为一个物质和精神统一的有机实体。现代社会中的疏离者飘荡在城乡之间，他们或在旅途中闲情漫步，或疲于奔命却迷失了方向，于是无数次与故乡擦肩而过。当原初的家园之根消失不见，那就更难以寻找一处心安之地。回家，并不仅意味着机械式的返回，也不只是空间层面与人口学意义上的回流，更重要的是传统根基的追寻和人文精神的复归，完成传统与现代的接续，重新塑造人与家、城与乡的新关系。家园，是人们栖息之地，除了对土地的拥有，人与家还有更多相依相属的可能，出生与成长、生产与索求、浸润与滋养、照护与共享、救赎与回归。用艺术再造“家园”，无疑继承了激浪派“反艺术”的宗旨：反对一切艺术陈规，崇尚个体自由，打破艺术与生活的边界，以批判性和多样化的艺术行为和媒介，呈现出悲天悯人、济世救民的社会理想，虽然颇具乌托邦意味。

但是，“家园”的再造不仅仅是物质形态的改造，更难以捕捉的是精神传承。乡村的土壤中沉淀着深厚的历史文化脉络，家族的生命在日积月累中伴随着婚冠丧祭实现传续，水、路、电、气、房等的改造和美化都是肉眼可见的，这些任务的完成也触手可及。村民亟待解决的问题是务实的，尤其是改变现有的生活困境，即使整治生态环境，还以绿水青山，也希望以此作为致富的资本，距离精神升华总是格外遥远，这也反映出无形传承的紧迫性。艺术社会行动相较于理性的思维方式，展现出更加温情的一面。相比于以往简单粗暴的“易地重建”，渠岩老师选择给村民留下空间，传递出自主选择的可能性。但是，这也在无形中增加了难度，因为艺术家的苦辛创作未必能在短时间内为广大村民接受，总会出现理想与现实的反差。无论是城市化还是商品化，所有外来力量的进入都会给乡村结构和伦理生活造成极大冲击，当代艺术作为一个创新的思想语汇，其介入势必会产生新的社会关系。使用非本土的元素进行改造和重构，若不能按照原有逻辑塑造，可能会事与愿违，造成结果和目的的错位。不可否认，大部分艺术发明在一定程度上基于乡村文脉而创造，但并不排除编织和想象的可能——毕竟在多数事件中，要在过去与现在之间画一条明晰的界线并不容易。艺术家的浪漫想象与当地人的务实规划或者现实性的盘算之间可能会出现矛盾，所以，多数情况下所重建出来的面貌总会不由自主地陷入乡愁的羁绊——来自城里人或返乡人对现代性的焦虑和对原乡的憧憬，那与若干年前当地人的状态也许是天壤之别。所以，无论我们的艺术创作如何与当地生活密切结合，如何努力契合当地文化传统的发展逻辑，都无法回到想象中的“原点”，也不可能建成真正的“传统”意义上的“家园”，而是加入现代元素建构而成的我们印象中的“传统”的“家园”。但这不是艺术家过于理想化，也不是村民思想太过封闭，而是当今社会面临传统断裂的困境。

任何事物都不是静止和真空的存在，乡村是不断生长的，每一寸肌肤都沾染着岁月的痕迹，也经历着现代化、城市化、全球化的洗礼，因此基于田野线索的呈现，我们应重新审视“原真”意义的变化。艺术家、政府、民间组织、媒体和在地村民之间拥有不同的立场和需求，内生动力和外部加持始终处在彼此的拉扯中。[①] 随着艺术乡建中多重主体的共同实践，原真性呈现出的意义也在持续不断地被重新协商——用老宅修复更新乡村景观、岁时年节再造仪式、媒介在社会中传播乡村隐喻等方式，共同塑造出一系列家园的象征符号，让青田成为一个可见的“地方”。因此，“家园”的筑造是一个不断添补、拼凑、修订的“再造”过程，意味着乡村从“空间”（space）

① 刘姝曼:《乡村振兴战略下艺术乡建的“多重主体性”——以“青田范式”为例》,《民族艺术》2020年第6期。

向“地方”（place）逐步转变。“地方”是一个有温度的词汇，重新赋予“空间”以人文意义，是对特定时空生成的情感联结及态度与行为的忠诚。历年来千村一面的建设模糊了乡村作为“地方”的独特面貌，青田艺术乡建的意义在于，通过引人注目的表现让人们居住的地方变得鲜明而真实，通过使个人生活和集体生活的愿望、需要和功能性规律为人们所关注，以实现对地方的认同，[①] 并激发出“恋地情结”（topophilia）—— 涉及人的感知、态度和价值观，即人与环境的情感纽带。[②] 如今的乡村经历了前所未有的改革，故去的东西是不可能挽回的。如今展现在眼前的“家园”虽然并非梦想的原初，却是“拟真”的景观，是基于拟像和仿真建构起人类日常生活中物质性和符号性的意象，对真实本身加以坚定和确认。处在该场域中的人能够被起源式的具体映象所引导，在起源式的体验中感知和拣择出自己的文化态度，这种原真性的独特建构则会在人与环境的长期互动中逐步“自然化”。[③] 所以，艺术乡建作为一种反思性的社会行动，各主体在乡土之上共同塑造出一种“折返式”（reflexivity）的现代性，并以此遮蔽被现代性遮蔽的现实。[④] 通过乡土景观的重新编码，激发出人们新的感知，这种情感不是针对遥不可及的原点，而是源于当下的“地方”。

艺术对“家园”的再造仿佛一场“冒险”，尽管逝去的故乡是不可触摸的幻影，但艺术乡建的价值在于唤醒对家园的记忆与情感，寻找一种精神的

① [美]段义孚：《空间与地方 —— 经验的视角》，王志标译，北京：中国人民大学出版社，2017年，第147页。

② [美]段义孚：《恋地情结》，志丞、刘苏译，北京：商务印书馆，2019年，第4–5页。

③ [美]理查德·A. 彼得森：《创造乡村音乐》，卢文超译，南京：译林出版社，2017年，第254页。

④ 张原：《地方感的拟真 —— 基于当代中国行动艺术的人类学思考》，载方李莉主编：《艺术介入美丽乡村建设：人类学家与艺术家对话录》，北京：文化艺术出版社，2017年，第114–116页。

回归。这种认同感和归属感流淌在故土的历史、信仰、语言中，并联结着今天的生活。“再造”不是主观臆想或凭空捏造，而是意味着在肯定乡村传统价值的前提下，在乡村固有的文脉根基上，发掘特色乡土文化资源，并进行富有想象力和能动性的创造，赋予公共空间、节庆习俗、生活样式等以新的生命。当代艺术的参与尽管是一种外部力量的“介入”——力求“润物细无声”，也偶尔显露出“志在千里”“壮心不已”的姿态，或许也能为激活乡土文化注入鲜活动力，为生活于其中的人们提供一种共同的认同感和归属感，那不仅是身份的延续，更是对文化多样性和人类创造力的尊重。“实迷途其未远，觉今是而昨非”，我们也许永远无法回到“萧鼓追随春社近，衣冠简朴古风存”的从前，但是我们可以为回到饱含温暖和真意的“地方”而永不停息。

第二节　草根NGO：公益与困境并存

一、和衷共济：慈善与商业“结盟”

榕树头基金会是顺德由当地企业家在民间发起的第一个乡村振兴公益组织，即草根NGO[①]，另外成立青禾田公司和岭南乡研院，进而创立“学术引领+公益支持+商业运营”的创新协同架构。由企业家为主体的组成体系，或许从一开始就面临着一个困境，那就是如何获取资金来源，从而完善基金会的自我“造血”的可持续生存机制，于是就有了慈善与商业“结盟”的考虑。在这一方面，榕树头基金会并非先行者。从20世纪70年代始，公益形象与企业效益的结合便已成为一种“时尚”，一方面在商业领域中策略性地寻求资源，另一方面发展社会责任，以此证明自己对社会、环境与道德的允诺。[②] 20世纪90年代中期，随着全球化和市场化潮流的推进，公益组织与企业合作日益繁盛。到如今二者的关系已经变得不太明晰，原本有些精神洁

① 朱健刚将那些由民间自下而上自发产生的NGO称为草根NGO，以示与GONGO（政府组织的NGO）的区别，它们多由民间人士自下而上发起，直接从事公益服务或者组织社区行动。

② Burchell, J. & Cook, J. *Sleeping with the Enemy? Strategic Transformations in Business-NGO Relationships through Stakeholder Dialogue*, *Journal of Business Ethics*, 2013, 113（3）, pp. 505–518.

癖的慈善关系，逐渐演变成合作甚至战略同盟。[①] 在广府地区，人们早已对这种将商业伦理运用到慈善公益事业的实践司空见惯，理性且多样化的尝试在这样开放且包容的社会中层出不穷。

通常基金会的资金来源主要有三：民间捐赠、企业盈利和政府支持。正因为民间资金来源有限，企业家们才不得不选择自我“造血”的方式，但从目前工程搁置、只投不赚的窘迫局面来看，仅靠前两种方式，基金会几乎难以为继。像榕树头基金会这样的草根NGO，受制于资金是其面临的巨大挑战，若想有一番作为，“以商养善”的“慈善资本主义”策略便可以解决燃眉之急。企业家们在此扮演着双重角色：作为企业家，他们要精打细算，考虑成本、利润、税收、社交等问题；作为慈善者，还要积极投身到青田的艺术乡建中，承担起相应的社会责任。他们并没有局限于打造青田样板，还有更长远的目标和更广泛的视野。只是在标榜“慈善”“公益”的同时，盈利性的操作让人不得不担忧，这是否会带来内部的犬儒主义和腐败，是否会引发自身内部的危机，[②] 这些疑虑似乎并非空穴来风。尽管资本在市场竞争中无可厚非，但是如果不由自主地受制于自身职业的企业理念和资本逻辑，则会打破公益事业超脱商界的颇为纯净的“神话”。

面对疑虑，基金会也在不断调整内部机制，调整操作以更好地遵循规则。除资金短缺外，基金会还存在成立时间较早、配备人员不足等问题。首先在成立之前，顺德并没有先例，因此在制度、环境、专业等方面都需要“摸着石头过河”；其次，由于基金会的理事们主要来自不同的企业，每个人名下都有几个甚至十几个公司，分身乏术是常有之事；再者，基金会目前

① 叶敬忠：《发展的故事：幻象的形成于破灭》，北京：社会科学文献出版社，2015年，第299页。

② Fowler, A. *The Virtuous Spiral, A Guide to Sustainability for NGOs in International Development*. London：Earthscan，2002.

只聘请了一位刚刚走出校门的大学生担任秘书，所有繁杂的行政事务都需要她一人承担。以小见大，专业能力不足或许是很多草根基金会最明显的“软肋”，如果在引进资本时信息不够公开透明，则可能会加剧各主体间的紧张关系；如果工作指令下达不明朗，则可能导致员工在工作时只能依靠猜测，甚至即将完成的工作也要因为随性的决定而从头再来。凡此种种，不一而足。

二、得堪依仗：公益与政府“互助”

为了规避以上问题，工作人员需要提升业务能力并积累经验；另外，草根NGO与政府合作，也是一个非常理智的选择。因为，这种互助看似是一种“共赢”：政府通过直接拨款、项目委托、合同外包、政府采购、无偿划拨土地即办公场所，提供免税待遇等方式，对基金会予以支持，苦于寻求资源、参与社会公共事务、扩展宣传的草根公益组织一臂之力；基金会在得到助力后，苦心经营的成员在心理上也寻觅到一丝安慰，可以更好地投入到青田的艺术乡建中，所有的服务与成果都将成为政府最新政绩的重要组成部分。比如，基金会作为“青田家园行动”的志愿者，联合龙潭村委会，坚持每周义务劳动，带动村民一起清洁家园环境，希望从清理垃圾开始，提升村民的素质和责任感；与广东省农业科学院合作，举办“青藜讲座”，倡导“美塘行动”，希望透过“桑基鱼塘”生产方式的复归，创造出更加因地制宜的有机农业生产模式，使村民重新检视自己与自然的关系；与顺德区农业局共同筹办“乡村振兴大讲堂”，致力于培养和提升顺德乡建工作者和村居基层干部对乡村振兴的认识和理解，传播乡建理念和实践方法；协助广东工业大学的乡建研究与教学机构“青田学院”，承担艺术乡建的教学科研创作与交流任务等。

但是仔细想来，作为“策略性”的行动者，基金会在寻求与政府合作的互动中，并非“共赢”这么简单。[①] 因为，资本的拥有者本身背后还有另外一支团队，他们也必须为自己的组织谋求可持续生存。但是在这一双边关系中，身为草根的基金会在强势的政府面前，只能扮演弱势的从属者角色。身处幕后的他们为资源掌控者服务，因此多数情况下公益操作是不“民主”的，通常只对“合适人选”尽职尽责，而那些人才真正具有“合适”的背景和特权。况且，精英主义历来是政府与基金会人员倡导的工作态度，尽管声称一定要“赋权”给底层人民，学习地方性知识，与当地人建立良好的伙伴关系，真正做到“自下而上”的发展，但在日常执行中却很容易忘却。更进一步说，由谁构成“合适人选”，帮扶谁、抛弃谁，决定权仿佛又都掌握在“精英”手中，而他们更倾向于选择为“受尊敬的”组织效力的那些人，更擅长以一种项目官员能够理解的普适性和技术官僚式的语言思考和说话。[②] 在这种情况下，基金会很难独立地为村民发声，一方面，受制于这个不平等的窠臼；另一方面，自身能力还不足以强大到独当一面。

这就意味着，在规则制定和实际操作中，为了实现政府的美好期待，草根基金会很容易被规训、被异化，很难真正代表草根的利益，充其量只能担任“代理”。基金会的“代理”身份亦是双重的，为政府和村民同时代理。一边做乡建行动者，一边做村民代言者，但如若不能为当地人发声，这样的职责就失去了意义。在此之前，承担这一职务的是青田队委，负责村民日常和上传下达。基金会的介入分担了队委的压力，但无形之中也增加了村民的惰性和依赖性，“大包大揽”的后果是要承担起全部的表扬和批评。并且，

---

① Fisher.W.F. *Doing Good?The Politics and Antipolitics of NGO Practices*, *Annual Review of Anthropology*, 1997（26）, pp.439–464.

② [英]英德杰特·帕马：《以慈善的名义：美国崛起进程中的三大基金会》，陈广猛、李兰兰译，北京：北京大学出版社，2018年，第296–299页。

原本通畅的社情民意信息通道似乎被切断了，以前村民有何意见或建议就直接向队委反映，由村里德高望重的老人帮忙解决，但现在当人们把想法反馈给基金会时，由于其工作繁杂和业务能力稍显不足，反而让很多村民的事情被搁置或遗忘。这些工作中的本可以规避的小失误，时常令村民颇感无奈或心存不满，这也让原本在做好事的基金会有口难分。

以榕树头基金会为代表的基层社会组织在竞争日益加剧的环境中，既在政府、市场培植的土壤中收获成长，又受到这些无可取代的力量的钳制，无法自主发展；部门内部又无法回避资金来源不足、技术不专业、管理无序等困难。事实上，慈善的背后暗含着资本、权力、知识等各种力量的博弈，公益的行动者也是奉献与索取的冲突性合体。因此，基金会在锻造自我的同时，也在被外界现实所形塑。抛开所有美好的修辞，基金会很难为民众争取些什么，在艺术乡建的历程中尽管做了很多工作，但却没有起到应有的理想效果，有时反而容易成为精英主义的推波助澜者，在资本和权力的高歌猛进中，加剧社会和经济的不平等。[①] 由此可见，一个表面看似寻常并且光鲜的“自下而上”的神话，细细品来却隐藏着种种无奈。

① 叶敬忠：《发展的故事：幻象的形成与破灭》，北京：社会科学文献出版社，2015年，第310–311页。

第三节　在地村民：等待和行动同在

一、于无声处：从冷静观望到沉默参与

经过三年多的磨合，外来乡建者的实践在青田村民内已有相当大的接纳度。青田村民在艺术家、基金会和镇政府的共同倡议下，参与过很多活动，比如青藜讲座、家园行动、端午音乐会、村民大合照等。每逢重要议题，徐主席、马会长、杨秘书长等都会第一时间找到青田队委成员，一起开会商讨，村民只需静待队址外墙的宣传栏上贴出红底黑字的通知。在热情的乡建者看来，村民的反应过于冷静，任凭乡建者投入多少资金、举办多少活动，似乎都无法感动“当地人”。人类学者总会有一种“主位”立场的自觉，本能地和“当地人”站在一起，这也是所有乡建者追求的目标。不过，这一群体并不是纯一不杂的，大家有着不同的价值观、思维方式、行为习惯、审美偏好等，每个人都是具有能动性和多样性的存在。当一个团队进入本地社群之中，拥有同样诉求的村民自然会向前迈进，能够将那些行之有效的新事物快速运用到自己的生活中，并且能够在众多方案中审时度势地做出选择和调整，充分调动起自己的主体性。不过绝大部分仍然是沉默的旁观者，毕竟拥抱、观望、远离都是人之常情。从长计议，结果也未必如此悲观。但需要省思的是，为什么会出现如此令人尴尬的问题？青田是如今乡村振兴的写照，

很多乡建者面临着这样的困境。解决问题的关键依然在于是否触及“三农”问题的根本，即将主体性真正落实到村民身上。

众所周知，参与式发展的主要范畴是“赋权”（empower）。对于沉默的大多数，我们此前一直强调“参与”，但是如果不是积极地参与，不是一个自发的行动者的参与，那这个充满活力的语汇便失去了意义。村民们的确没有离席，但却从未“在场”，他们或被动或主动地丧失了自己的发言权。草根NGO的介入的确分担了村民委员会的压力，通过各种方式通知村民参与活动，或与少数村民交流了解想法，但也只是给极个别村民发言的机会。村民貌似有了反馈意见的渠道，但也只是少数村民发言的机会，况且他们的声音极其微弱，把控全局的依旧是掌握丰富资源的赋权者们。这更像是一场发展游戏，“赋权”的口号如同赋权者手中的一个玩具，是否把这个道具交给村民、什么时候交给他们、在多大程度上由村民掌握，还是要看乡建者是否把村里当成自己的家、是否把村民看作自己的亲人。[①] 村民没有反对，是因为乡建者带来了一系列资金和资源，但如果把这一切消耗殆尽，再不能深度动员，很难想象未来的工作将如何开展。

但是从另一角度来说，村民自己对于主动权的把握也并不积极。我在和村民交谈时经常会听到这样的企盼：“只要你们好好干，我们就会越来越好”“我们的希望在你们身上，千万不要忘记我们”等。外来乡建者的“热心帮扶”无形之中也增加了村民的惰性和依赖性。“大包大揽”意味着乡建团队要承担起全部的表扬和批评，村民对其事务繁杂且缺少经验等方面不满，也常使乡建者苦不堪言。如果参与还是一种操纵的过程，而不是村民自发的要求，那么任由摆布和所谓“自上而下”的发展模式也如出一辙。尽管

① 张有春：《贫困、发展与文化：一个农村扶贫规划项目的人类学考察》，北京：民族出版社，2014年，第228页。

在参与式发展中，乡建者意识到要与村民建立一种新型的合作伙伴关系，尽量在平等对话的基础上，与村民共同商讨村落发展，也表达了加强村民自主性的意愿，希望村民能够热爱自己的家园，培养对家乡的拥有感和自豪感。但从目前来看，这种“参与式”的理念只是为舞台上“表演”的乡建者增添了一抹亮丽的色彩。这也提醒我们，仅仅靠自下而上的村民“参与”远远不够，乡建者的“协助者”角色同样关键。协助并非喧宾夺主，也非放任自流，而是一座“桥梁”，一个能够输送能量的“管道”。

依然回到最初的话题，乡村建设在于外来者与本地人的互动，没有一个过程是按照既定框架进行的，也不会完全合乎人们脑海中最理想的完美状态，从始至终，一直是冲突、谈判、妥协的交叠，个体间的张力变动不居，从而塑成一个既挣扎又融合的共同体。所以，在艺术乡建中，交流和理解远比创作更有意义。然而，一切艺术的表达只有得到接受者的理解才能最终生效。在青田的艺术乡建中，村民的反馈无疑是该作品中的后续，也应当是互动中最灵动的部分。村民的接受也有一个过程，只要受众源源不断而来，理解步步深入，那么艺术乡建的过程就不会终结。

二、任重道远：从拉扯挣扎到相互融合

“青田范式”可谓当今艺术参与乡村振兴的缩影，民族志文本中的主人公也只是乡建主体中很小的一部分，故事中的每个人物都是鲜活的，都在一定程度上体现出各自的主体性。毋庸置疑，乡村振兴的主体性应牢牢把握在村民手中，放眼过去，乡村的历史记忆与当下的生活叙事，是由世代生活在乡村里的人通过努力创造而成的，承载着多样化且地方性的文化积淀以及当地人的认同感、归属感和自信心；面向未来，热心的乡建者们开发出的新产业、新业态、新模式等，需要村民的真正参与，不能让美丽乡村沦为城市的

“后花园”。因此，如果主体性不能落实到村民，就很难触及“三农”问题的根本。强农、惠农、富农只能是一种单向的扶持和社会救济措施，美丽乡村也只能徒有其表。①

在长达一年多的体验式参与观察中，我逐渐发现，参与乡建的不同主体往往经历着从拉扯到互融的参与过程，所以，或许用“多重主体性”去阐释彼此间的复杂关系更为贴切。起初，面对乡建者，村民总有很多不解，他们不知艺术乡建是否是房地产商主导的“圈地运动”，不知艺术家为何将被遗弃的老宅视作“珍宝”，不知这个不起眼甚至被遗忘的小村庄为何能受到政府“青睐”，抑或吸引猎奇的游客纷至沓来。一时间，青田被潮水般的长枪短炮席卷，边角空地上停满陌生牌号的轿车，村民成为聚光灯下的被帮扶对象。以渠老师为代表的艺术家和致力于反哺桑梓的榕树头基金会努力和村民建立长效互助关系，在艺术的加持下，把文化变成可视、可听、可感的气氛及象征性的文化符号，并渗透进人们的生活空间，引导村民发现乡村生活的另外的可能性。但道路是崎岖的，经过是波折的：企业家凭借一腔反哺桑梓的热血，义无反顾地投入资金，但是多年从商经验和“打好算盘”的本能一再提醒他们，慈善并非主业，永无止境的投入只会让自己的生意不堪重负，因此需要依托乡村资源进行商业运营，实现自我“造血”。尽管农文旅的方式并不能从真正意义上解决乡村问题，反而可能导致这些承载乡村文明的老宅被低贱地收购为城市人休闲娱乐的后花园；但至少为少数村民提供了就业岗位，为当地人带来些许收益。与此同时，镇政府也以积极的姿态介入到青田乡建的引领工作中，基金会则担当起各项具体活动的执行者。任何探索都饱含知易行难的无奈与纠结，“吃螃蟹”注定是一场冒险，随之而来的是铺天盖地的媒体消息和学术讨论，赞美与批评同在。有时乡建者们也会自我怀

① 王建民：《民族地区的乡村振兴》，《社会发展研究》2018年第1期，第26页。

疑，不知自己是否应该这样做，不知现在做成这样能否令人满意，不知放弃原本自由自在的生活和随心所欲的工作而把全部精力投射到青田是否为自己套上了沉重的枷锁，不知青田未来将走向何方……然而，有冒险才有希望，当所有人都选择开诚布公，所有困难就会迎刃而解，如是而已。

在这样一个循环往复的艺术乡建尝试中，我们看到，艺术家、企业家、政府官员和当地村民在乡村建设中存在诸多竞争关系，体现在利益、审美等多重方面，一个共同体中展现出的相互拉扯、挣扎、妥协、合作的关系，如同一张“网络”，也似一种“合金”；既不是完全公共的，也不是纯粹个人的，而是复杂的混合体、杂交的生命体。因此，艺术参与乡村振兴，不仅是“主体性”和“主体间性”的问题，更是“多重主体性”的问题。但是，乡建者与本地村民的互动，并不是按照既定框架进行的，也不会完全合乎人们脑海中最理想的完美状态。人的实践是能动的设计与表演，其中有太多自我矛盾、牵强附会的选项供人们任意提取，以便谋求经济的、感情的、声望的便宜。① 从始至终，一直是冲突、谈判、妥协的交叠，个体间的张力变动不居，形塑成一个既挣扎又融合的共同体。在多主体的互动和探索中，相信青田艺术乡建会向着更好的方向稳步前进。

新世界的建设并不是人类的简单集合，成功的因素取决于，每个人都应该有驾驭自己意识的意志，善于发现未来与本质相洽的一个全新的人。博伊斯将这种变幻莫测的关系定义为“力的态势”。这不会来自那些已经被我们所观察和感知到的过去，更重要的来自一种认识，这种道德产生于关爱他人的温暖之心，是人与人之间最终形成超越个体的共同体的先决条件。它并不

---

① 纳日碧力戈:《民族志与作为过程的人类学：读英戈尔德在拉德克利夫——布朗讲座上的演讲稿》,《云南民族大学学报》（哲学社会科学版）2011年第6期，第56-60页。

来自任何强制性的灌输，而是来自每个人的心底。[①] 尽管我们应该最大限度地解放自我，但也应该建立在恪守信条、遵循规章的基础上；尽管自由是积极的生产概念，但并不意味着随心所欲、恣意妄为，也不是消极逃避，而是人必须出于他的自由和责任而有所作为。最好的状态是人类拥有的都是“善的意志”，但这确实只是一个美好的愿望。因为没有任何一个个体有资格评判谁具有或不具有善的意志，只能说善在过程之中是一种可能，也是一种必需，但也有可能被误解，被蒙蔽。人可能会陷落在某些“力的态势”中而不自知，被迫南辕北辙地行进。原则上，我们的目标的确能够实现，但这世界上总有太多的不幸，任何消极之力或邪恶之力都或许会使光明的结果暂时蒙蔽——不过没有关系，没有什么是比正视失败更重要的了。人们只有在自己的劳作中、在自己曾经的失误中，才能不断得以改善。

因此，多重主体性意味着人要勇于承担责任，人们能够凭借自身的力获得成功，同时也吸取了“他者”之力，这是一个交互的过程。村民、艺术家、企业家、基层政府、社会组织等在这一场域中表达出不同的诉求，拉力越强或维持时间越久，理想则越容易实现；但多数情况下，各方总会经过商讨做出让步，使得目标与每个主体的距离尽量均衡；发展的阶段不同，各方的力量也不尽相同，最终结果成功与否，不能单纯归结于一方，而是多主体共同作用的结果。但是，乡村并不是真空的乌托邦，无论是村民的日常实践、艺术家的奇思妙想，还是企业家的未雨绸缪，无一不渗透着国家的“隐形在场”。国家则在三个层面上管理着个体化的过程：第一，国家在推动和支持个体在经济生活、私人生活和一些有选择的公共生活中崛起的同时，也在努力防止个体对政治权力的诉求。第二，当各社会阶层的个体向国家提出公开

① [德]福尔克尔·哈兰：《什么是艺术？——博伊斯和学生的对话》，韩子仲译，北京：商务印书馆，2017年，第2、32、206页。

诉求时，国家会根据这些个体所处的社会群体的等级给予不同的回答，公务员、私营企业家、大学生和知识分子被赋予更多的表达和发展的特权，相比之下农民和工人获得的机会就会更少，并且要接受更严谨的管理。第三，国家更倾向于接受孤立个体的维权行动和自我利益的诉求，却不能容忍由个体组织起来的群体性行为，尤其是那些超越了社会阶层或地理区位的群体性行为。① 所以，在这样一个上下通达的管道中，多主体受到意识形态和规则制度的制约，随着大环境的不断变化，人们也在持续调整着自己的行为，在不同的场景中各得其所、各取所需，在动态中达到平衡。但需要注意的是，无论这一结构如何变幻，其重心都不应该偏离，即生活在乡村里的人——这是所有乡建者达成的共识和努力的方向。

总之，在这场“家园”再造的求索中，每个主体的理念和做法都处于各自理性的判断，并无是非对错之分，喜怒哀乐、悲欢离合，多重主体间互动的复杂张力正体现出当今乡村建设的瓶颈。“家园”好似一个不可触摸的幻影，但艺术参与的意义不在于“重建”，而在于“唤醒”。艺术如同一颗种子，它也许不能治愈复原或合理化我们的乡愁，带我们回到闲庭信步、悠然自得的从前，制造一个供万人瞻仰的史诗般的盛举；甚至在未来的某个时间节点，可能会因为种种纠葛，如梦幻泡影一般地回到开端，让昔日的耕耘零落成泥，令奋争的意愿逐渐冷若冰霜。无论如何，艺术可以创造一种状态，在这样一个机遇中，让历尽沧桑而初心未泯的人们，用翻新的角度与清晰的视野，再次审视乡土和家园。“起向高楼撞晓钟，不信人间耳尽聋”，把种子埋进土里，让你我共同等待下一个春天。

---

① 阎云翔：《中国社会的个体化》，上海：上海译文出版社，2012年，第344–345页。

参考文献

一、中文文献

（一）专著

1. [英]奈杰尔·巴利：《天真的人类学家——小泥屋笔记》，何颖怡译，上海：上海人民出版社，2003年。
2. [法]罗兰·巴特：《罗兰·巴特随笔选》，怀宇译，天津：百花文艺出版社，1995年。
3. [美]霍华德·S.贝克尔：《艺术界》，卢文超译，南京：译林出版社，2014年。
4. [美]阿诺德·贝林特：《艺术与介入》，李媛媛译，北京：商务印书馆，2013年。
5. [美]理查德·A.彼得森：《创造乡村音乐》，卢文超译，南京：译林出版社，2017年。
6. [法]皮埃尔·布迪厄：《艺术的法则——文学场的生成和结构》，刘晖译，北京：中央编译出版社，2001年。
7. [美]维克托·布克利：《建筑人类学》，潘曦、李耕译，北京：中国建筑工业出版社，2018年。

8. [美]伊万·布莱迪:《人类学诗学》，徐鲁亚等译，北京：中国人民大学出版社，2010年。

9. [法]居伊·德波:《景观社会》，王昭凤译，南京：南京大学出版社，2006年。

10. [美]段义孚:《空间与地方——经验的视角》，王志标译，北京：中国人民大学出版社，2017年。

11. [美]段义孚:《恋地情结》，志丞、刘苏译，北京：商务印书馆，2019年。

12. 方李莉主编:《艺术介入美丽乡村建设——人类学家与艺术家对话录》，北京：文化艺术出版社，2017年。

13. 方李莉主编、王永健副主编:《艺术介入乡村建设——人类学家与艺术家对话录之二》，北京：文化艺术出版社，2021年。

14. 费孝通:《美国与美国人》，北京：生活·读书·新知三联书店，1985年。

15. 费孝通:《费孝通论小城镇建设》，北京：群言出版社，2000年。

16. 费孝通:《乡土中国》，北京：人民出版社，2008年。

17. [英]威廉·冈特著:《美的历险》，肖聿、凌君译，北京：中国文联出版公司，1987年。

18. 高名潞:《中国当代艺术史》，上海：上海大学出版社，2021年。

19. [美]玛丽·格拉克:《流行的波希米亚——十九世纪巴黎的现代主义与都市文化》，罗靓译，合肥：安徽教育出版社，2009年。

20. [美]丹尼尔·哈里森·葛学溥:《华南的乡村生活——广东凤凰村的家族主义社会学研究》，周大鸣译，北京：知识产权出版社，2012年。

21. [德]尤尔根·哈贝马斯:《交往行为理论》，洪佩郁、蔺青译，重庆：重庆出版社，1993年。

22. [德]福尔克尔·哈兰：《什么是艺术？——博伊斯和学生的对话》，韩子仲译，北京：商务艺术馆，2017年。

23. [德]马丁·海德格尔：《演讲与论文集》，孙周兴译，北京：生活·读书·新知三联书店，2005年。

24. 胡台丽：《台湾展演与台湾原住民》，台北：联经出版事业股份有限公司，2003年。

25. [美]华琛、华若璧：《乡土香港：新界的政治、性别及礼仪》，张婉丽、廖迪生、盛思维译，香港：香港中文大学出版社，2011年。

26. （民国）黄佛颐撰：《广州城坊志》，广州：广东人民出版社，1994年。

27. 黄淑娉：《广东族群与区域文化研究》，广州：广东高等教育出版社，1999年。

28. [英]E.霍布斯鲍姆、T.兰格：《传统的发明》，顾航、庞冠群译，南京：译林出版社，2004年。

29. 金江波、潘力：《地方重塑——公共艺术的挑战与机遇》，上海：上海大学出版社，2016年。

30. [美]格兰·凯斯特：《对话性创作：现代艺术中的社群与沟通》，吴玛悧等译，台北：远流出版事业股份有限公司，2006年。

31. [香港]科大卫：《皇帝和祖宗——华南的国家与宗族》，卜永坚译，南京：江苏人民出版社，2010年。

32. [美]詹姆斯·克利福德、乔治·E.马库斯编：《写文化——民族志的诗学与政治学》，高丙中等译，北京：商务印书馆，2006年。

33. [美]苏珊·雷西：《量绘形貌——新类型公共艺术》，吴玛悧等译，台北：远流出版事业股份有限公司，2004年。

34. 李健明:《千年水乡话杏坛》，长春：时代文艺出版社，2004年。

35. 李小云、齐顾波、徐秀丽编:《普通发展学》，北京：社会科学文献出版社，2012年。

36. [美]奥尔多·利奥波德:《沙乡年鉴》，侯文蕙译，长春：吉林人民出版社，1997年。

37. 梁培宽:《梁漱溟先生纪念文集》，北京：中国工人出版社，2003年。

38. 梁漱溟:《乡村建设理论》，上海：上海人民出版社，2011年。

39. 廖迪生、张兆和:《香港地区史研究之二：大澳》，香港：三联书店（香港）有限公司，2006年。

40. 刘可强:《环境品质与社区参与》，台北：艺术家出版社，1994年。

41. 刘重来:《卢作孚与民国乡村建设研究》，北京：人民出版社，2007年。

42. [美]费迪南得·伦德伯格:《富豪和超级富豪：现代金钱权势研究》，蔡受百、姚会广译，北京：商务印书馆，1977年。

43. [美]乔治·E.马尔库斯、米开尔·M.J.费彻尔:《作为文化批评的人类学——一个人文学科的实验时代》，王铭铭等译，北京：生活·读书·新知三联书店，1998年。

44. [美]麦肯·迈尔斯:《艺术·空间·城市：公共艺术与都市远景》，简逸姗译，台北：创兴出版社有限公司，2000年。

45. [法]亨利·缪尔热:《波希米亚人：巴黎拉丁区文人生活场景》，孙书姿译，北京：华夏出版社，2003年。

46. 倪再沁:《艺术反转——公民美学与公共艺术》，台北：台湾典藏家庭公司，2005年。

47. [英]英德杰特·帕马:《以慈善的名义：美国崛起进程中的三大基金会》，陈广猛、李兰兰译，北京：北京大学出版社，2018年。

48. 潘天舒：《发展人类学概论》，上海：华东理工大学出版社，2009年。
49. 潘天舒、赵德余主编：《政策人类学：基于田野洞见的启示与反思》，上海：上海人民出版社，2016年。
50.（清）屈大均：《广东新语》，北京：中华书局，1985年。
51. 渠岩：《艺术乡建：许村重塑启示录》，南京：东南大学出版社，2015年。
52. 饶秉才、欧阳觉亚、周无忌编：《广州话词典》，广州：广东人民出版社，2019年。
53. 顺德市地方志办公室编：《顺德县志（清咸丰、民国合订本）》，广州：中山大学出版社，1993年。
54. 顺德市规划国土局、顺德市民政局编：《广东省顺德市地名志》，1998年。
55. 孙振华、鲁虹主编：《艺术与社会——26位著名批评家谈中国当代艺术的问题》，长沙：湖南美术出版社，2005年。
56. [美]詹姆斯·斯科特：《国家的视角：那些试图改变人类状况的项目是如何失败的》，王晓毅译，北京：社会科学文献出版社，2004年。
57. 王本壮等：《社区×营造——政策规划与理论实践》，北京：社会科学文献出版社，2017年。
58. 王洪义：《西方当代美术：不是艺术的艺术史》，哈尔滨：哈尔滨工业大学出版社，2008年。
59. 王建民：《艺术人类学新论》，北京：民族出版社，2008年。
60. 王南溟：《观念之后：艺术与批评》，长沙：湖南美术出版社，2006年。
61. 翁剑青：《景观中的艺术》，北京：北京大学出版社，2016年。
62. 吴国霖：《石破天惊》，广州：花城出版社，2014年。

63. 吴玛悧主编:《艺术与公共领域——艺术进入社区》，台北：远流出版事业股份有限公司，2007年。

64. 吴琼:《雅克·拉康——阅读你的症状》，北京：中国人民大学出版社，2011年。

65. [美]迈耶·夏皮罗:《艺术的理论与哲学——风格、艺术家和社会》，沈语冰、王玉冬译，南京：江苏凤凰美术出版社，2016年。

66. [加拿大]简·雅各布斯:《美国大城市的死与生》，金衡山译，南京：译林出版社，2006年。

67. [英]维多利亚·D.亚历山大:《艺术社会学》，章浩、沈杨译，南京：江苏美术出版社，2013年。

68. 阎云翔:《中国社会的个体化》，上海：上海译文出版社，2012年。

69. 晏阳初:《平民教育与乡村建设运动》，北京：商务印书馆，2013年。

70. 杨弘任:《社区如何动起来》，新北：群学出版有限公司，2014年。

71. 叶春生:《岭南风俗录》，广州：广东旅游出版社，1988年。

72. 叶敬忠:《发展的故事：幻象的形成与破灭》，北京：社会科学文献出版社，2015年。

73. 余定邦、牛军凯:《陈序经文集》，广州：中山大学出版社，2004年。

74. 俞孔坚:《回到土地》，北京：生活·读书·新知三联书店，2014年。

75. 俞孔坚:《理想景观探源——风水的文化意义》，北京：商务印书馆，1998年。

76.（清）张渠撰，程明校点:《粤东闻见录》卷上《杂神》，广州：广东高等教育出版社，1990年。

77. 张有春:《贫困、发展与文化：一个农村扶贫规划项目的人类学考察》，北京：民族出版社，2014年。

78. 周大鸣:《当代华南的宗族与社会》，哈尔滨：黑龙江人民出版社，

2003年。

79. 周彦华：《艺术的介入——介入性艺术的审美意义生成机制》，北京：中国社会科学出版社，2017年。
80. 周彝馨：《佛山传统建筑研究》，广州：中山大学出版社，2015年。
81. 庄孔韶：《时空穿行：中国乡村人类学世纪回访》，北京：中国人民大学出版社，2004年。

（二）论文

1. 蔡志祥：《华南：一个地域，一个观念和一个联系》，华南研究会编辑委员会编：《学步与超越：华南研究论文集》，香港：文化创造出版社，2004年。
2. 常宁生、蒋奇谷：《美国当代艺术学院教育》，《南京艺术学院学报（美术与设计版）》2011年第3期。
3. 陈岸瑛：《关于公共艺术的几点思考》，《雕塑》2005年第4期。
4. 陈春声：《乡村的故事与国家的历史——以樟林为例兼论传统乡村社会研究的方法问题》，《中国乡村研究》2003年第2期。
5. 陈浩：《人类学家园研究述评》，《民族研究》2015年第2期。
6. 陈忠烈：《“靠树为坛”——中国先民驻留澳洲的证据》，《广东社会科学》2003年第6期。
7. 陈忠烈：《明清以来珠江三角洲“神文化”的发展与特质》，广东炎黄文化研究会编：《岭峤春秋——岭南文化论集（三）》，广州：广东人民出版社，1996年。
8. 陈忠烈：《“众人太公”和“私伙太公”——从珠江三角洲的文化设施看祠堂的演变》，《广东社会科学》2000年第1期。
9. 邓小南、渠敬东、渠岩等：《当代乡村建设中的艺术实践》，《学术研究》2016年第10期。

10. 方李莉:《重塑“写艺术”的话语目标——论艺术民族志的研究与书写》,《民族艺术研究》2017年第6期。

11. 方李莉:《论艺术介入美丽乡村建设——艺术人类学视角》,《民族艺术》2018年第1期。

12. [美]华琛:《神的标准化:在中国南方沿海地区对崇拜天后的鼓励(960—1960年)》,韦思谛编:《中国大众宗教》,陈仲丹译,南京:江苏人民出版社,2006年。

13. [英]华德英:《意识模型的类别:兼论华南渔民(1965)》,冯承聪编译:《从人类学看香港社会:华德英教授论文集》,九龙:大学出版印务公司,1985年。

14. 黄海妍:《论广州陈氏书院的性质与功能》,《广东史志》1998年第4期。

15. 黄兆晖:《公共艺术的“社会转向”风暴悄然而至》,《南方都市报》2003年12月15日。

16. 季中扬、康泽楠:《主体重塑:艺术介入乡村建设的重要路径——以福建屏南县熙岭乡龙潭村为例》,《民族艺术研究》2019年第4期。

17. 焦兴涛:《寻找“例外”——羊蹬艺术合作社》,《美术观察》2017年第12期。

18. 赖香伶、朱惠芬:《宝藏岩国际艺术村》,《公共艺术》2012年第8期。

19. 李公明:《当代艺术的社会学转向与学院人文教育》,《艺术探索》2004年第4期。

20. 李公明:《论当代艺术在公共领域中的社会学转向》,皮道坚、鲁虹主编:《艺术新视界》，长沙：湖南美术出版社，2003年。

21. 李耕、冯莎、张晖:《艺术参与乡村建设的人类学前沿观察——中国艺术人类学前沿话题三人谈之十二》,《民族艺术》2018年第3期。

22. 李晓非、朱晓阳:《作为社会学/人类学概念的“家园”》,《兰州学刊》2015年第1期。

23. 林开世:《什么是“人类学的田野工作”? 知识情境与伦理立场的反省》,《考古人类学刊》2016年第84期。

24. 刘珩:《空间清洗、文化亲密性和“有担当的人类学”》,《思想战线》2015年第2期。

25. 刘绍华:《伦理规范的发展与公共性反思：以美国及台湾人类学为例》,《文化研究》2012年第14期。

26. 刘绍华、林文玲:《应用人类学的伦理挑战：美国经验的启发》,《华人应用人类学学刊》2012年第1卷第1期。

27. 刘姝曼:《艺术介入乡村建设的回首、反思与展望——基于“青田范式”的人类学考察》,《民族艺林》2017年第4期。

28. 刘姝曼:《艺术活化乡村的困境与省思——以广东省青田坊为例》,《公共艺术》2018年第2期。

29. 刘姝曼:《从“青田范式”看乡土建筑伦理》,《中国艺术》2018年第6期。

30. 刘姝曼:《乡村振兴战略下艺术乡建的“多重主体性”——以“青田范式”为例》,《民族艺术》2020年第6期。

31. 刘姝曼:《“乡愁”的多元属性与现实意义——来自〈人类学与乡愁〉著作的启示》,《北京社会科学》2020年第10期。

32. 刘志伟:《开放的历史及其现代启示——读〈华南丝区：地方历史

的变迁与世界体系理论〉》，《农村经济与社会》1988年第5期。

33. 孟凡行：《地方性、地方感与艺术民族志创新》，《思想战线》2018年第1期。

34. 欧宁：《碧山共同体：乌托邦实践的可能》，《新建筑》2015年第1期。

35. 潘家恩、杜洁：《中国乡村建设研究述评》，《重庆社会科学》2013年第3期。

36. 潘家恩、温铁军：《三个‘百年’：中国乡村建设的脉络与展开》，《开放时代》2016年第4期。

37. 潘家恩、张兰英、钟芳：《不只建设乡村：当代乡村建设的内容与原则》，《中国图书评论》2014年第6期。

38. 彭兆荣：《重识“村落—家园”——后疫情时代传统村落的人类学再考察》，《西北民族研究》2021年第1期。

39. 渠岩：《艺术乡建——许村家园重塑记》，《新美术》2014年第11期。

40. 渠岩：《谁的艺术乡建?》，《美术观察》2019年第1期。

41. 渠岩、王长百：《许村——艺术乡建的中国现场》，《时代建筑》2015年第3期。

42. 孙庆忠：《都市村庄：南景——一个学术名村的人类学追踪研究》，《广西民族学院学报》（哲学社会科学版）2004年第1期。

43. 孙振华：《公共艺术的政治学》，孙振华、鲁虹主编：《公共艺术在中国》，香港：香港新源美术出版社，2004年。

44. 王建民：《人类学艺术研究对于人类学学科的价值与意义》，《思想战线》2013年第1期。

45. 王建民：《民族地区的乡村振兴》，《社会发展研究》2018年第1期。

46. 王建民、曹静:《人类学的多模态转向及其意义》,《民族研究》2020年第4期。

47. 王孟图:《从“主体性”到“主体间性”:艺术介入乡村建设的再思考——基于福建屏南古村落发展实践的启示》,《民族艺术研究》2019年第6期。

48. 王铭铭:《反思“社会”的人间主义定义》,《西北民族研究》2015年第2期。

49. 向丽:《艺术的民族志书写如何可能——艺术人类学的田野与意义再生产》,《民族艺术》2017年第3期。

50. 杨晓华:《文化价值的变迁与艺术的功能》,方李莉主编:《艺术介入美丽乡村建设:人类学家与艺术家对话录》,北京:文化艺术出版社,2017年。

51. 于长江:《“互为主体性”——艺术家与乡民的一种互动模式》,方李莉主编:《艺术介入美丽乡村建设:人类学家与艺术家对话录》,北京:文化艺术出版社,2017年。

52. 张晖:《“民族志转向”与艺术乡建的“在地性”问题》,《公共艺术》2018第5期。

53. 张士闪:《乡民艺术民族志书写中主体意识的现代转变》,《思想战线》2011年第2期。

54. 张士闪:《眼光向下:新时期中国艺术学的“田野转向”——以艺术民俗学为核心的考察》,《民族艺术》2015年第1期。

55. 张原:《地方感的拟真——基于当代中国行动艺术的人类学思考》,方李莉主编:《艺术介入美丽乡村建设:人类学家与艺术家对话录》,北京:文化艺术出版社,2017年。

56. 赵旭东:《线索民族志:民族志叙事的新范式》,《民族研究》2015

年第1期。

57. 赵旭东:《乡村成为问题与成为问题的中国乡村研究——围绕“晏阳初模式”的知识社会学反思》,《中国社会科学》2008年第3期。

58. 周大鸣:《凤凰村的追踪研究》,《广西民族学院学报》(哲学社会科学版)2004年第1期。

59. 周建新:《历史人类学在中国的论争与实践——以华南研究为例》,《内蒙古社会科学》(汉文版)2006年第3期。

60. 朱健刚:《草根NGO与中国公民社会的成长》,《开放时代》2004年第6期。

61. 朱健刚:《慈善不应被资本逻辑左右》,《文化纵横》2010年第6期。

62. 朱健刚、景燕春:《国际慈善组织的嵌入:以狮子会为例》,《中山大学学报》(社会科学版)2013年第4期。

63. 朱晓阳:《介入,还是不介入?这是一个问题?——关于人类学介入客观性的思考》,《原生态民族文化学刊》2018年第10卷第3期。

64. 左靖:《碧山、茅贡及景迈山——三种文艺乡建模式的探索》,《美术观察》2019年第1期。

(三)报纸

1. 渠岩:《青田计划:乡村建设中的艺术介入与摄影实践》,《中国摄影报》2020年5月22日,第9版。

2. 王建民:《艺术先锋和实践反思》,《中国文化报》2016年8月23日,第3版。

3. 朱建中:《“可怕”的顺德人》,《经济日报》1992年5月10日,第1版。

（四）网络

1. 佛山市顺德区委组织部:《顺德加强基层大治理推动乡村振兴“1+5”系列文件“干货”满满》，2018年3月14日，http：//zzb.shunde.gov.cn/sdqwzzb/view.php?id=25300-110265。
2. 凤凰艺术:《姜俊、张正霖：公共艺术、经济运作与艺术商业管理》, 2018年8月16日，http://art.ifeng.com/2018/0816/3437709.shtml。
3. 观察者网:《碧山计划引哈佛博士周韵与策展人欧宁笔战》，2014年7月16日，https://www.guancha.cn/culture/2014_07_06_244166.shtml。
4. 顺德城市网:《美丽田园示范区拟获得2000万元扶持资金》，2018年2月12日，http://www.shundecity.com/view-207804-1.html。
5. 顺德城市网:《霸屏央视43分钟，青田范式引全国关注》，2018年8月27日，http：//www.shundecity.com/a/sxxt/2018/0827/214991.html。
6. 艺术国际:《石节子美术馆：种在黄土地上的美术馆》，2012年7月26日，http：//art.china.cn/huihua/2012-07/26/content_5192063.htm 。

二、外文文献

（一）专著

1. ALLPORT, G. *The Nature of Prejuice*, Reading: Addison-Wesley, 1954.
2. BARZUN, J. *The House of Intellect*, New York: Harper, 1959.
3. BASOW, S. *Sex-role stereotypes* , Monterey: Brooks/Cole, 1980.
4. DOBYNS, H. F. et al. *Peasants*, *Power and Applied Social Change*: *Vicos as a Model*, CA: Sage Publications, Inc, 1971.

5. ESCOBAR, A. *Encountering Development: The Making and Unmaking of the Third World.* Princeton NJ: Princeton University Press, 1995.
6. FABIAN, J. *Time and the Other: How Anthropology Makes Its Object.* New York: Columbia University Press, 1983.
7. FERGUSON, J. *The Anti-Politics Machine: "Development", Depolitization, and Bureacratic Power in Lesotho.* University of Minnesota Press, 1990.
8. FRANKENBERG, R. *Communities in Britain*, Harmondsworth: Penguin, 1966.
9. GARDNER, K. & LEWIS, D. *Anthropology, development, and the post-modern challenge* . London: Pluto Press, 1996.
10. GLASSMAN, B. *Anti-semitic stereotypes without jews*, Detroit: Wayne State University Press, 1975.
11. GOODMAN, N. *Ways of Worldmaking*, Hassocks: Harvester, 1978.
12. GRANA, C. *Bohemianism versus Bourgeosis*, New York: Basic Books, 1964.
13. GREENBERG, C. *Art and Culture*, Boston: Beacon Press, 1961.
14. GUPTA, A. *Postcolonial Developments: Agriculture in the Making of Modern India*, Durham, NC: Duke University Press, 1998.
15. HANDELMAN, DON. *Models and Mirrors: Towards an Anthropology of Public Events.*With a new preface by the author. Oxford: Berghahn Books, 1998.
16. HAUXWELL, H. *Daughter of the Dales*, London: Arrow, 1991.
17. JACKSON, M. *At Home in the World.* Durham: Duke University Press, 1995.

18. KUPER, A. *The Invention of Primitive Society*, London: Routledge, 1975.

19. PECKHAM, M. *Man's Rage for Chaos*, Philadelphia: Indiana University Press, 1955.

20. RAPPORT, N. J. 1993a. *Diverse World-view in an English Village*, Edinburgh: Edinburgh University Press, 1980.

21. SIMPSON, C. R. *SoHo: The Artist in the City*.Chicago: University of Chicago Press, 1981.

22. STALLABRASS J. *Contemporary Art: A Very Short Introduction*, Oxford: Oxford University Press, 2004.

23. WAGNER, R. *The Invention of Culture*, Englewood Cliffs: Prentice-Hall, 1975.

（二）期刊

1. ASHMORE, R. & BOCA, F. D. *Conceptual approaches to stereotypes and stereotyping*, In D. Hamilton ed., *Cognitive processes in stereotyping and intergroup behavior*, Hillsdale: Erlbaum, 1981.

2. BECKER, H. S. *Art as Collective Action*, In C.Lee Harrington and Denise D.Bielby, eds., *Popolar Culture: Production and Consumption*. Malden, MA: Blackwell, 2001[1974]

3. BURCHELL, J. & COOK, J. *Sleeping with the Enemy? Strategic Transformations in Business-NGO Relationships through Stakeholder Dialogue*, *Journal of Business Ethics*, 2013, 113（3）.

4. CERNEA, M.ED. *Social Organization and Development Anthropology*, In Malinowski Award Lecture, *Society for Applied Anthropology*.

Washington, DC: The World Bank, 1995.

5. COHEN, E. *Authenticity and Commoditization in tourism*, *Annals of Tourism Research* 1988, 15(3).

6. DAVID D. G. *Anthropology and Development: Evil Twin or Moral Narrative?*, *Human Organization*, 2002, vol. 61, No. 4.

7. ESCOBAR A. *Anthropology and the Development Encounter: The Making and Marketing of Development Anthropology*, *American Ethnologist*, 1991, 18 (4).

8. EDENSOR, T. *Waste Matter—The Debris of Industrial Ruins and Disordering of the Material World*, *Journal of Material Cultural*, 2005b (10/3).

9. FISHER, W. *Development and Resistance in the Narmada Valley*, In William Fisher ed. *Toward Sustainable Development*, 1995.

10. FISHER, W. F. *Doing Good?The Politics and Antipolitics of NGO Practices*, *Annual Review of Anthropology*, 1997 (26).

11. FORSYTHE, D. *Urban Incomers and Rural Change.The Impact of Migrants from the City on Life in an Orkney Community*, *Sociologia Ruralis*, 1980, vol. 20, No. 1.

12. HERZFELD, M. *Engagement, Gentrification and the Neoliberal Hijacking of History*, *Current Anthropology*, vol. 51, supp. 2, October 2010.

13. HOROWITZ, M. *Development Anthropology in the Mid-1990s*, *Development Anthropology Network* 12 (1 and 2), 1994.

14. JORDAN, C. *The Evaluation of Social Sculpture in the United States: Joseph Beuys and the Works of Suzanne Lacy and Rick Love*, *Public Art*

Dialogue, 2013, vol.3, No.2.

15. MOGGACH, D. *How I learnt to Be a Real Countrywoman*, In D. Spears ed., *Woman's Hour fiftieth Anniversary Short Story Collection*, London: BBC, 1996.
16. PELKMANS, M. *The social life of Empty Building: Imagining the Transition in Post-Soviet Ajaria*, Focaal: *Journal of Global and Historical Anthropology*, 2003 (41).
17. STRATHERN, M. *The Villages as an Idea*, In A. P. Cohen ed., *Belonging: Identity and Social Organization in British Rural Cultures*, Manchester: Manchester University Press, 1982.
18. STRATHERN, M. *Why Anthropology? Why Kinship?*, paper presented at the ESRC seminar Kinship and New Peproductive Technologies, University of Manchester, September, 1991.
19. TAX, S. *The Fox Project*, *Human Organization* 17 (1), 1952.

后 记

回 首

生命中每一次出发都会带来玄妙的感受。去往青田是我人生中的一次重大跨越——在这里不仅有田园牧歌般的桃源情调，还有动人心魄的生命角色，更让我深刻体会到当地的人情冷暖与光怪陆离。遗憾的是，我贫瘠的文字无法将这些荡气回肠的故事一一呈现，只能将这点点滴滴沉淀在心底。行文至此，我依旧怀念那间小屋，窗外那英雄般的木棉，小巷里、鱼塘边、河涌畔、榕荫下那一张张令人心醉的笑颜。

我始终坚信，任何一个主体的思想、实践和感悟都不应被遮蔽在浩瀚的时空叙事中，如果这些交织并叠加的观点和经验迷失在空洞的悬想中，或许会遗憾地失去欣赏和理解的能力。田野中的家人，往往拥有比我更加深厚的社会阅历和生命体验，但依然出于对晚辈的呵护，向我袒露心扉。肩负着这样的期许和信任，我从未想过要漠然旁观，更不想让这些声音因磨损而沉寂，于是用眼睛和耳朵记录下那些不可磨灭的生活现场，因为唯有耐心倾听和真切表达才是我对他们的坦诚回馈。终于，那些曾经穿梭于田野时空里的片语只言，在我无数次的回首思量和推敲苦吟中，落笔为一段段生命纪事。

犹记得2019年凤凰花开的季节，当我完成博士毕业论文答辩，将散发着油墨味道的论文捧到渠岩老师手上，眼前的老者湿了眼眶。但是，民族志书写不会因为一次田野调查的结束而终止，毕业至今，两年时光转瞬而逝，我穿行于工作地和田野地之间，在多次回访中继续向我的青田亲人询问请教。田野的一年只是沧海桑田中的一瞬，我唯恐自己的短暂停留无法触及他们生存的肌理，也生怕苍白的言辞不能准确表达当事者的意愿，更无意打扰和冒犯；怀着种种忐忑，我选择携着阶段性的发现回归田野，秉持着“主体间性”的原则，以论文汇报的方式迎接众乡亲的审阅。碧云姐、瑞叔等青田家人的耐心解答弥合了我的不安，我善意的提醒也渗透在乡建者之后的行动中——只有正视困境才有破局的可能，无论晦暗还是艰涩，理解永远比批判更重要。

“青田”从来都不只是青田。它是一层隐喻、一重缩影，它牵连着更广阔而复杂的乡村建设时空，折射着作为主体的人在城乡变迁中能动地创建和营造自己家园的生动过程。经过一系列填补、调试、校正、打磨，青田艺术乡建的多声部交互民族志，在多重主体的共同参与和见证中逐步生成。学海无涯，这本书是我学术成长中最初的尝试，谢谢所有人鼓励我迈出这无畏而稚嫩的一步。

感恩

感谢我的导师王建民教授。他是严师，亦是慈父。尽管工作繁忙，但每一次课程都会安排得井井有条，尤其是每周一次的Office Time，风雨无阻、有始有终。除在外田野，我从未缺席，因为王老师的金句总能让我茅塞顿开。他对于论文的要求格外严苛，哪怕是标点、数字、格式等低级错误也绝不会轻易放过，这也激励我用更加严格的标准来要求自己。我一直把恩师视为榜样，不仅是学术导师，更是人生导师，他孜孜不倦、精益求精的精神是我前进的动力，所以我从来不敢懈怠，也不会感觉疲惫。

感谢我的报道人兼田野导师渠岩教授。他是艺术家，更是开拓者。他用生命追寻着艺术的真谛，每当面对乡村建设中的风暴，即使双臂疲惫不堪，也要毫不犹豫地去尝试、无所畏惧地去战斗，直到摘到梦想中的那颗星。一个好汉三个帮，郭建华老师、王小红老师、刘柳师姐等富有社会责任感的艺术家们，一直用实际行动默默支持。从许村到青田，他们的坚毅和果敢令我敬佩。感谢渠老师对我的赏识和支持，为我搭建起学术和实践的桥梁，让我在困顿之时开辟出新的方向。我深知每一个机会都来之不易，因此倍加珍惜。

感谢党委书记王立胜研究员、合作导师李河研究员。后博士阶段的修行是对知识积累的馈赠，跨学科交流和互鉴使我逐渐懂得“转化”的奥妙：既要信步苍苔、咬定青山，还要登楼远望、仰瞻云汉。徜徉在这段珍贵而奢侈的时光轮渡中，所有的磨砺和训诲，都会让我在迎接未来的挑战中更加泰然自若、从容不迫。感谢我的启蒙老师张晓琼教授。十年前的温暖鼓励，让我在懵懂年华与人类学奇妙相遇。庆幸的是，面对日渐坚硬而残酷的时代剧变，我依然能够怀揣最初的悲悯与热忱，义无反顾地在这条道路上继续行走。

感谢我的田野伙伴。瑞叔、结姨、胜迁婆婆、亮哥、婵姐、霏姨、茴姨、细叔、平叔、麦哥、宝叔、邦哥、牛叔、叶姨……，从萍水相逢到心心相印，村民们给予我家的温暖和关爱；谢谢徐主席、马会长、胡会长、杨秘书长、碧云姐、燕姐、基哥、欣姐、张总、何总、佘总……，顺德的有识之士让我深切感受到反哺桑梓的情怀；谢谢与我一起行走乡间的小伙伴，若芷、灵均、磊华、旭莹、园园、阿盈、大鹏哥、雪云姐、阿春、阿德、阿聪、阿欢、佩欣、梓艺……，烈日下有你有我，所以不寂寞。我糟糕的记忆令我很难道出所有人的姓名，但我知道他们有一个共同的名字——“青田村友”。感恩这群可爱的人儿，让我在顺德青田那个曾经陌生的角落有了惦念和牵挂。

我成长在一个和谐、快乐的家庭，和妈妈是闺蜜，和爸爸是知己，奶奶和姥姥已逾鲐背之年。所以，我不管做什么事情都很有底气，从来不会感到慌乱和畏惧。家，永远是我的支撑和依靠，让我每天充满正能量奔跑，让我用善良和真诚温暖身边的每一个人。转眼间，我已寒窗苦读廿四载，在外求学十余年。每次离家，总充满亏欠与纠结，我怕我承受不起他们不舍的、不放心的、满眼的目送。感谢我的家人在我的求学之路上的支持，你们永远是我最坚实的后盾，我爱你们！

远 望

承载着所有的幸运和爱，我常常陶醉于坐在郁郁葱葱的老树下，听老人们讲那光阴的故事；迷恋于走在乡间小路上，哼一曲小调在耳旁荡漾，任思绪在晚风中飞扬；沉浸于躺在小河畔，嗅着青草的芬芳，等待夕阳垂暮，仰望漫天星斗；流连于站在木桥之上，任流水从脚下潺潺而过，数着摩肩接踵的人群，看着迤逦的灯影跃动；欢欣于乘一叶扁舟，望两岸青山如黛，林木葱葱……人类学者的田野虽是孤独的、艰辛的，又是浪漫的、温馨的。

在我眼中，一个人类学者要有强健的体魄，能够背起行囊走南闯北；要有渊博的知识，能够通古博今，谈天说地；还要有宽广的胸襟，能够理解自身的世界，欣赏他人的生活。他们不惮风雨、不避艰险，以一腔孤勇，走进他者的世界，观察、探索、发现、书写中包含着对众生福祉的关切与省思。“纸上得来终觉浅，绝知此事要躬行”，感谢人类学给予我一种生命眼光，让我以谦卑的姿态触摸这个世界，用脚步丈量、用心灵感悟——这是我的志业、我的使命。

常怀敬畏和感恩之心，我永远在路上……

刘姝曼

于大明湖畔

2021年3月16日